旅游管理/酒店管理专业理实一体化教材

茶与茶文化

（第2版）

主　编　　徐　明

副主编　　何　平　　　胡小苏

　　　　　李秋婵　　　宋爱辉

主　审　　徐结坤

企业管理出版社
EMPH ENTERPRISE MANAGEMENT PUBLISHING HOUSE

图书在版编目（CIP）数据

茶与茶文化 / 徐明主编. —2 版. —北京：企业管理出版社，2020.7
ISBN 978-7-5164-2139-0

I. ①茶… II. ①徐… III. ①茶文化 – 中国 – 教材 IV. ① TS971.21

中国版本图书馆 CIP 数据核字（2020）第 084949 号

书　　名：茶与茶文化（第 2 版）

作　　者：徐　明

责任编辑：寇俊玲　　黄　爽

书　　号：ISBN 978-7-5164-2139-0

出版发行：企业管理出版社

地　　址：北京市海淀区紫竹院南路 17 号　　　　邮编：100048

网　　址：http://www.emph.cn

电　　话：编辑部（010）68701638　发行部（010）68701816

电子信箱：qyglcbs@emph.cn

印　　刷：北京七彩京通数码快印有限公司

经　　销：新华书店

规　　格：185 毫米 ×260 毫米　16 开本　16 印张　294 千字

版　　次：2020 年 7 月第 1 版　　2020 年 7 月第 1 次印刷

定　　价：58.00 元

内容提要

本教材是"旅游管理／酒店管理专业理实一体化教材"之一。全书内容丰富，简单易懂，图文并茂，生动有趣，操作性强。

全书的主要内容包括：茶的基本知识、茶与健康、茶叶的冲泡技艺、现代花草茶、中外饮茶风俗、中国茶文化、茶道。

本书既适用于中等职业学校旅游服务与管理专业、高星级饭店运营与管理专业、茶叶生产与加工专业的学生使用，也可作为本科、高职高专院校旅游管理专业、酒店管理专业、餐饮管理专业及相关专业的教材，还可作为茶艺师培训学校的教材和茶艺爱好者的自学用书。

前　言

近年来，随着旅游教育事业的蓬勃发展，职业院校开办的旅游服务专业——"茶、茶艺、茶文化"课已成为各大旅游院校学生的必修课之一。因为旅游业是一个涉及多种学科、实践性强、知识面广且知识更新较快的行业，2009年编写的《茶与茶文化》教材，部分数据已过时，部分内容过于繁杂，有些表述已不符合国家政策，所以，对该教材的修订工作迫在眉睫。

与第1版教材比较，本教材有三大特点：一是编辑的方法创新。针对行业需要，为学生设计出典型的以任务为驱动的课程体系。本书全部内容以提问的形式展开，满足现代职业院校学生的学习需求。二是按适用和实用的原则，对内容进行了删减或补充完善。三是对第1版教材中的过时数据或错误表述进行了更新、更正，已更新至2019年年底。

本教材在编写过程中坚持理论联系实际，并根据旅游业的现状和发展趋势，力图为相关从业人员提供国内外茶、茶艺、茶文化的先进经验，便于学习交流。教材侧重于茶艺的基础知识和基本技能。本书可作为中等旅游职业学校、高等旅游职业院校和本科院校的专业教材，也可作为酒店、茶艺馆、酒楼服务员的岗位培训用书和旅游从业人员的自学用书。

本教材由广东省旅游职业技术学校的徐明主编，海南省旅游学校的何平、广东省电子商务技师学院的胡小苏、贵州省赤水市中等职业学校的李秋婵、烟台文化旅游职业学院的宋爱辉任副主编。贵州省遵义市职业技术学校的金小玲、陈金念、张兵兵，贵州省遵义市播州区职业学校的付智俊，贵州省赤水市中等职业学校的龚建伟、周霞、冯燕，海南省经济技术学校的陈卫琼，海南省农业学校的陈丽娜，珠海市第一中等职业学校的唐华，肇庆开放大学的杨亚娟，广东省财经职业技术学校的谭莎莎，广东省海洋工程职业技术学校的黄晓南、李春苑，广东省民政职业技术学校的冯雨婷，烟台文化旅游职业学院的王绚丽、王璐，济南市技师学院的李付娥也参与了本教材的编写工作。全书由广州恒福茶文化股份有限公司总经理、高级茶艺师、高级品茶师徐结坤先生审阅、定稿。

本教材在编写过程中，引用了一些作者的研究成果及相关的书刊、网站资料，在此对原作者表示衷心的感谢。由于本书编者水平有限，缺点、错误在所难免，恳请广大读者批评指正，我们将在再版时更正，谢谢！

本教材还配备了电子教学资料包，包括电子教案、教学指南、练习题答案等，能够为老师授课和学生学习提供诸多便利，请通过以下联系方式获取。

电话：（010）68701074　企业管理出版社编辑部

邮箱：qyglcbs@yeah.net

徐　明

2020 年 6 月

目　录

项目一 茶的基本知识

 导语

你知道吗？世界饮茶的历史始于中国，茶叶的种植也始自中国，那么对茶叶的了解也应该从中国开始。作为中国人，了解茶叶的基本知识，等于了解了我国的一部分历史，提高了自我生活品位。在生活和工作中用好茶叶的知识，是一个现代人的社交礼仪需求之一。请重点学习本项目以下内容：

1. 茶的起源与发展
2. 茶叶的分类与制作
3. 中国名茶及产茶区
4. 世界名茶及产茶区

任务一 熟悉茶的起源与发展

问题一 茶是如何起源的？

茶树原为中国南方的嘉木，茶叶作为一种著名的保健饮品，是古代中国南方人民对中国饮食文化的贡献，也是中国人民对世界饮食文化的贡献。据可查的大量实物证据和文史资料显示，世界其他国家的饮茶习惯和茶树种植都传自中国。以下是我国茶学界的一些说法。

（一）茶树的起源

茶树的最初学名是 Camellia Sinensis（L.），1950 年，中国植物学家钱崇澍根据国际命名和茶树特性的研究，确定以 Camellia Sinensis（L.）O.Kuntze 为茶树学名，在中国通用迄今。在植物学分类系统中，茶树所属的被子植物门起源于距今约一亿年以前的白垩纪，而其中的山茶目植物约产生在六千万年以前。

人类发现和利用茶树，最早是采自野生，用于制药。若按照《神农本草经》中的记载来推算，在中国，茶随着从药用发展到饮用，野生茶树已不能满足人们的需要，于是人们采茶籽或掘取野生茶苗进行栽培和繁殖。根据东晋常璩所著的《华阳国志·巴志》所述，周武王于公元前1066年联合当时四川、云南的部落共同讨纣之后，巴蜀所产的茶已被列为贡品，并记载有"园有芳蒻、香茗"。由此推断，在公元前一千多年，中国人已经开始人工栽培茶树了，那么茶树栽培距今当有三千多年历史。

 茶博士

茶树的分类

茶树是多年生常绿木本植物，按树干来分，有乔木型、半乔木型和灌木型三种类型（分别见图1-1、图1-2、图1-3）。

图1-1　乔木型茶树

图1-2　半乔木型茶树

乔木型茶树：形高大，主干明显、粗大，枝部位高，多为野生古茶树。云南是普洱茶的发源地和原产地，在云南发现的野生古茶树，树高10米以上，主干直径需二人合抱。

半乔木型茶树：有明显的主干，主干和分枝容易分别，但分枝部位离地面较近，如云南大叶种茶树。

灌木型茶树：主干矮小，分枝稠密，主干与分枝不易分清，我国栽培的茶树多属此类。

当今已知最老的野生茶树为云南思茅镇沅

图1-3　灌木型茶树

千家寨2700年野生大茶树，这棵茶树由云南天福集团认养。另一棵具代表性的野生茶树是云南勐海大黑山巴达野生大茶树，高32米，树龄为1700年。另外，思茅澜沧县邦崴的一棵野生茶树，树龄为1000年，高12米。此树为野生茶树与栽培型茶树杂交而成，因此被称为"过渡型野生茶树"。易武茶区曼秀落水洞也有一棵此类茶树，高10米左右。还有一种是栽培型茶树，也称之为家茶，大叶种、中叶种、小叶种掺杂其中，无人采摘或少为人采摘，简单说就是荒废的茶园。此茶树至少百年以上，景迈万亩古茶园全为此树种，树高约为2～3米。古"六大茶山"之曼丽茶区，也有很多类似茶园。栽培型野生茶树，基本上是由野生茶树移植下来的。倚邦周围属小叶种大叶型、勐海南糯山人工栽培的茶树，树龄为800年，最具代表性，但已枯死。茶树由老百姓多年采摘及照顾，高度多为1～2米；有些茶树，茶农为了方便采摘，将其砍矮，在易武茶区、曼庄茶区、革登茶区及倚邦茶区甚至基诺茶区皆是此种状况，而这些茶区都未喷洒农药，所以也称之为生态茶或有机茶。目前云南茶区台地茶茶园最多，光是大渡岗茶厂就有2万多亩茶园。台地茶为现在使用最多的茶园，因为台地茶种植较容易管理、产量多，缺点就是没有遮阴且有的茶园会喷洒农药。

（二）饮茶的发源时间

1. 神农时期

唐·陆羽《茶经》："茶之为饮，发乎神农氏（见图1-4）。"在中国的文化发展史上，往往是把一切与农业、植物相关的事物起源都归结于神农氏，归到这里以后就再也不能向上推了。也正因为如此，神农才成为农之神。

2. 西周时期

晋·常璩《华阳国志·巴志》："周武王伐纣，实得巴蜀之师……茶蜜……皆纳贡之。"这一记载表明在周武王伐纣时，巴国就已经以茶与其他珍贵产品纳贡与周武王了。《华阳国志》中还记载，那时就有人工栽培的茶园了。

3. 秦汉时期

西汉·王褒《僮约》中有"烹茶尽具""武阳买茶"一说，经考该茶即今茶。近年长沙马王堆西汉墓中，发现陪葬清册中有刻有"槚一

图1-4 神农氏

笥"和"槚笥"的竹简文和木刻文，经查证"槚"即古文中茶的另一种说法，说明当时湖南饮茶颇广。

4.六朝时期

中国有饮茶起于六朝的说法，有人认为起于"孙皓以茶代酒"，有人认为系"王肃茗饮"而始；日本、印度则流传饮茶系起于"达摩禅定"的说法。

茶故事三则

一、孙皓以茶代酒

根据《三国志·韦曜传》中记载，吴国皇帝孙皓率群臣饮酒，规定赴宴的人每人至少得喝7升酒，而韦曜不胜酒力，只能喝2升，孙皓便赐茶以代酒。由此可知三国时代，上层社会饮茶风气甚盛，同时已有"以茶代酒"之说。

二、王肃茗饮

唐代以前人们饮茶叫作"茗饮"，就和煮菜而饮汤一样，是用来解渴或用来佐餐的。这种说法可由北魏人杨衒之所著的《洛阳伽蓝记》中的描写窥得。书中记载当时喜欢"茗饮"的，主要是南方人，北方人日常则多饮用酪浆；书中还记载了一则故事：北魏时，齐朝的一位官员王肃向北魏称降，刚来时不习惯北方吃羊肉、酪浆的饮食，便常以鲫鱼羹为饭，渴则饮茗汁，一饮便是一斗，北魏首都洛阳的人均称王肃为"漏卮"，就是永远装不满的容器。几年后，北魏高祖皇帝设宴，宴席上王肃食羊肉、酪浆甚多，高祖便问王肃："你觉得羊肉比起鲫鱼羹来如何？"王肃回答道："莒附庸小国，鱼虽不能和羊肉比美，但正是春兰秋菊各有好处。只是茗叶熬的汁不中喝，只好给酪浆作奴仆了。"这个典故一传开，茗汁便有了"酪奴"的别名。这段记载说明：首先，茗饮是南方人的时尚，上至贵族朝士，下至平民均有好者，甚至是日常生活之必需品，而北方人则歧视茗饮；其次，当时的饮茶属牛饮，甚至有人饮至一斛二升，这与后来细酌慢品的饮茶大异其趣。

三、达摩禅定

传说菩提达摩自印度东使中国，誓言以9年时间停止睡眠进行禅定，前3年达摩如愿成功，但后来渐不支终于熟睡。达摩醒来后羞愤交加，遂割下眼皮，掷于地上。不久后掷眼皮处生出小树，枝叶扶疏，生意盎然。此后5年，达摩相当清醒，然还差一年又遭睡魔侵入，达摩采食了身旁的树叶，食后立刻脑清目明，心志清楚，方得以完成 9 年禅定的誓言，达摩采食的树叶即为后代的茶，此乃饮茶起于"达摩禅定"的说法的由来。故事中叙述了茶的特性，并说明了茶素提神的效果。

（三）饮茶发源地的考证

关于饮茶的发源地，有这么几种说法。

1. 西南说

我国西南部是茶树的原产地和茶叶发源地。这一说法所指的范围很大，所以正确性就较高了。

2. 四川说

清·顾炎武《日知录》："自秦人取蜀而后，始有茗饮之事。"言下之意，秦人入蜀前，今四川一带已知饮茶。其实四川就在西南，四川说成立，那么西南说当然也就成立了。四川说要比西南说"精密"一些，但是准确性方面风险性会大些。

3. 云南说

有研究者认为，云南的西双版纳一带是茶树的发源地，这一带是植物的王国，有原生的茶树种类存在，但是这一说法具有"人文"方面的风险，因为茶树可以是原生的，而茶则是活化劳动的成果。

4. 川东鄂西说

陆羽《茶经》："其巴山峡川，有两人合抱者。"巴山峡川即今川东鄂西。该地有如此出众的茶树，是否就有人将其利用成为茶叶，尚未见到证据。

5. 江浙说

考古学家认为饮茶的历史始于以河姆渡文化为代表的古越族文化。在浙江余姚田螺山遗址就出土了 6000 年前的古茶树。江浙一带目前也是我国茶叶行业最为发达的地区之一。

（四）饮茶的方式

人类是怎样养成饮茶习惯的？或者说茶是怎样起源的？现在对这一问题有多种答案。

1. 祭品说

这一说法认为茶与一些其他的植物最早是作为祭品用的，后来有人尝食之发现食而无害，便"由祭品，而菜食，而药用"，最终成为饮品。

2. 药物说

这一说法认为茶"最初是作为药进入人类社会的"。《神农百草经》中写道："神农尝百草，日遇七十二毒，得荼而解之。"

3.食物说

"古者民茹草饮水""民以食为天"，食在先符合人类社会的进化规律。

4.同步说

"最初利用茶的方式方法，可能是作为口嚼的食料，也可能是作为烤煮的食物，同时也逐渐作为药料饮用。"这几种方式的比较和积累最终就发展成为"饮茶"这种最好的方式。

现在我们可以论证茶在中国很早就被认识和利用，也很早就有茶树的种植和茶叶的采制。但是也可以考证，茶在社会中各阶层被广泛普及品饮，大致是在唐代陆羽的《茶经》传世以后。所以宋代有诗云"自从陆羽生人间，人间相学事春茶"。也就是说，茶发明以后，有一千年以上的时间并不为大众所熟知。

问题二　茶的发展经历了哪些阶段？

我国茶史经历了五个阶段。

（一）野生药用阶段

远在公元前2737—公元前2697年茶被神农发现，并被用为药料，自此，茶逐渐被推广为药用。

（二）少量种植供寺僧、贵族饮用阶段

饮茶的习惯，最早应当起源于川蜀之地，后逐渐向各地传播。至西汉末年，茶已成为寺僧、皇室和贵族的高级饮品。到三国之时，宫廷饮茶更为平常。

（三）大量发展阶段

从晋到隋，饮茶逐渐普及开来，成为民间饮品。不过，一直到南北朝前期，饮茶风气在地域上仍存在着一定的差别，南方饮茶较北方为盛，但随着南北文化的逐渐融合，饮茶风气也渐渐由南向北流行开来，但茶风的大盛却是在唐朝建立以后。唐代饮茶兴盛的原因有以下几点。

（1）唐朝确立以后，社会安定，经济发达，交通便利，促使茶的生产、贸易和消费大大发展。

（2）饮茶的兴盛还与唐朝政府颁布的禁酒令有关。由于人口的增长以及战乱所造成的农民大量的流亡、土地的丧失，使得唐中期以后的粮食十分匮乏，而造酒却需要消耗大量粮食，为了缓解这一矛盾，唐肃宗于乾元元年颁布禁酒令，开始在长安禁酒，这便使许多嗜酒而不得饮的人转向饮茶，以茶代酒，促进了饮茶风气的传播。

（3）唐代饮茶的兴盛与贡茶的兴起、诗风的大盛、推行科举制度、佛教的传播有着千丝万缕的联系。唐以前的饮茶是粗放式的。唐代随着饮茶风气的盛行，饮茶方式也发生了显著变化，出现了细煎慢品式的饮茶方式，这一变化在饮茶史上是一件大事，其功劳应归于茶圣陆羽。

宋人饮茶继承了唐人饮茶的方式，但比唐人更为讲究，制作也更为精细，而尤为精细的是宫廷团茶（饼茶）的制作。宋代饮茶虽以饼茶为主，但同时也有一些有名的散茶，如日铸茶、双井茶和径山茶，散茶尤为文人所喜爱。

明代在唐宋散茶的基础上加以发扬光大，使之成为盛行明、清两代并且流传至今的主要茶类。明代炒青法所制的散茶大都是绿茶，兼有部分花茶。

清代除了名目繁多的绿茶、花茶之外，又出现了乌龙茶、红茶、黑茶和白茶等，从而奠定了我国茶叶种类的基本格局。

（四）衰落阶段

尽管我国古代劳动人民对茶叶有不少的宝贵经验，并为世界各国发展茶叶生产做出了贡献，但由于 1949 年以前腐败政府的统治，茶叶科学技术和经验得不到总结、发扬和利用，茶叶生产在帝国主义的排挤和操纵下，日趋衰败。

（五）中华人民共和国成立后我国茶叶生产大发展阶段

我国茶叶生产在 1949 年后获得了恢复和发展。第一阶段是 1950—1970 年，这 20 年基本上以垦复、发展、努力扩大种植面积为主，这期间茶园面积平均每年增加 7.3%，而茶叶产量平均每年增加 5.9%。第二阶段是 1970 年后，这一阶段的重点转向改善茶园结构，提高茶园单产，完善制茶工艺。进入 20 世纪 90 年代后，名优茶生产异军突起，种类繁多，不但恢复生产了许多历史上的名茶，还创制了种类繁多的新茶。

茶叶生产和饮用已经历了几千年的历史过程，人们对茶叶的需求也出现了新的变化。这是因为，在社会发展中，一旦人们对衣、食、住、行的基本要求得到了满足，就开始产生保健和文化生活方面的需求升级。茶，这种天然保健饮品必将愈来愈受到人们的青睐。与此同时，由于它富含对人体有益的成分，更会吸引大量消费者。茶叶已成为人们生活中不可缺少的伴侣。

问题三 我国饮茶方法是怎样演变及传播的？

在我国，秦统一六国之后，茶叶原产地之一的巴蜀地区（今四川一带）的饮茶习俗开始传至中原，饮茶之风逐渐兴起。这种传播和兴起，是从南向北逐渐递进的。在魏晋南北朝时（原始粥茶法），疆域在今山西、内蒙古等地的北魏，人们把饮茶看作奇风异俗，鄙称茶为"酪奴"。而到了隋唐时期，饮茶风习已传遍全国，连边疆的少数民族在领略了饮茶的好处以后，也把茶叶作为生活中必不可少的物品了。我国的饮茶方法以四个朝代分别阐述。

（一）唐代

根据陆羽《茶经》的记载，唐代茶叶生产过程是"晴，采之、蒸之、捣之、拍之、焙之、穿之、封之，茶之干矣。"饮用时，先将饼茶放在火上烤炙。然后用茶碾将茶饼碾碎成粉末，放到水中去煮。煮时，水面出现细小的水珠像鱼眼一样，并"微有声"称为一沸。此时加入一些盐到水中调味。当锅边水泡如涌泉连珠时，为二沸，这时要用瓢舀出一瓢水备用，以竹夹在锅中心搅打，然后将茶末从中心倒进去。稍后锅中的茶水"腾波鼓浪""势若奔涛溅沫"，称为三沸，此时要将刚才舀出来的那瓢水再倒进锅里"救沸育华"，一锅茶汤就算煮好了。如果再继续烹煮，陆羽认为"水老不可食也"。最后将煮好的茶汤舀进碗里饮用。

（二）宋代

宋代饮茶方法被称为点茶法，它是在唐代烹茶法的基础上发展而成的，与其最大的不同之处就是不再将茶末放到锅里去煮，而是放在茶盏里，用瓷瓶烧开水注入，再加以击拂，产生泡沫后再饮用，也不添加食盐，保持茶叶的真味。点茶法也是宋代斗茶时采用的方法。斗茶是始于晚唐，盛于宋、元的品评茶叶质量高低和比试点茶技艺高下的一种茶艺；这种以点茶方法进行评茶及比试茶艺技能的竞赛活动，也是流行于宋、元的一种游戏。斗茶实际就是茶艺比赛，通常是二三或三五知己聚在一起，煎水点茶互相评审，看谁的点茶技艺更高明，点出的茶色、香、味都比别人更佳。还有两条具体标准：一是斗色，看茶汤表面的汤花的色泽和均匀程度，鲜白者为胜；二是斗水痕，水痕少者为胜。斗茶时所使用的茶盏是黑色的，它更容易衬托出茶汤的白色，茶盏上是否附有水痕也更容易看出来。因此，当时福建生产的黑釉茶盏最受欢迎。

宋代，我国茶业发展的又一个高峰。由于皇室的爱好和提倡，如宋徽宗赵佶曾亲自写了茶书《大观茶论》，成为皇帝写茶书的第一人；以评比茶叶质量优劣为主要内容的"斗茶"，以及展示泡茶技艺的"茗戏"，盛极一时。为皇室生产贡茶的贡茶园大量兴建，也极大地促进了茶叶生产的发展和饮茶之风的盛行。

（三）明代

我国的制茶工艺发生了重大变革，从生产团饼茶（类似于现代的紧压茶）改为生产散茶，以至饮茶的方法也相应地发生了根本性的变化。明代以前饮用团饼茶时，茶饼先要用炭火炙烤，然后打碎，放入茶碾碾细，再用茶箩筛过，最后放入壶中加水煎煮，饮用时加橘皮、盐等调味；明代改饮散茶以后，只要将茶叶置于茶壶、茶盏中用沸水冲泡即可，不仅大大简化了茶具，使操作简便易行，而且便于直接对茶察色、闻香、尝味和观形，增强了品茶的情趣，从而使饮茶进一步渗透到了千家万户的日常生活。

（四）清代

清代饮茶之风更是盛况空前，除了日常生活饮茶外，交际、议事、送礼、庆典、祭祀等都离不开茶。茶在人们的日常生活和社会生活中，占着益发重要的地位。

中国古代重要茶事进程录

◆原始社会

传说茶叶被人类发现是在公元前 28 世纪的神农时代，《神农百草经》有"神农尝百草，日遇七十二毒，得茶而解之"之说，当为茶叶药用之始。

◆西周

据《华阳国志》载，约公元前一千年周武王伐纣时，巴蜀一带已用所产的茶叶作为"纳贡"珍品，是茶作为贡品的最早记述。

◆东周

春秋时期，婴相齐景公时（公元前 547—公元前 490 年）"食脱粟之饭，炙三弋、五卵、茗菜而已"。表明茶叶已作为菜肴汤料，供人食用。（据《晏子春秋》）

◆西汉

据《僮约》记载，公元前 59 年，已有"烹茶尽具""武阳买茶"（该茶即今茶），这表明当时四川一带已有茶叶作为商品出现，是茶叶进行商贸的最早记载。

◆东汉

东汉末年的医学家华佗在《食论》中提出了"苦茶久食，益意思"，是茶叶药理功效的一次记述。

◆三国

史书《三国志》讲述了吴国君主孙皓（孙权的后代）有"密赐茶荈以代酒"一事，是"以茶代酒"最早的记载。

◆ 隋

茶的饮用逐渐开始普及，隋文帝患病，遇俗人告以烹茗草服之，果然见效。于是人们竞相采之，茶逐渐由药用演变成社交饮品，但主要还是社会上层的人饮用。

◆ 唐

唐代是茶作为饮品扩大普及的时期，并从社会的上层走向全民。

唐太宗大历五年（公元770年）开始在顾渚山（今浙江长兴）建贡茶院，每年清明前兴师动众督制"顾渚紫笋"饼茶，向朝廷进贡。

唐德宗建中元年（公元780年）纳赵赞议，开始征收茶税。

公元8世纪中期，陆羽《茶经》问世。

唐顺宗永贞元年（公元805年）日本僧人最澄大师从中国带茶籽茶树回国，是茶叶传入日本最早的记载。

唐懿宗咸通十五年（公元874年）出现专用的茶具。

◆ 宋

宋太宗太平兴国年间（公元976年）开始在建安（今福建建瓯）设宫焙，专造北苑贡茶，从此龙凤团茶有了很大发展。

宋徽宗赵佶在大观元年（公元1107年）亲著《大观茶论》一书，以帝王之尊，倡导茶学，弘扬茶文化。

◆ 明

明太祖洪武六年（公元1373年），设茶司马，专门司茶贸易事。

明太祖朱元璋于洪武二十四年（公元1391年）9月发布诏令，废团茶，兴叶茶。从此贡茶由团饼茶改为芽茶（散叶茶），对炒青叶茶的发展起了积极作用。1610年荷兰人自澳门贩茶，并转运入欧。1616年，中国茶叶运销丹麦。1618年，朝廷派钦差大臣入俄，并向俄皇馈赠茶叶。

◆ 清

1657年中国茶叶在法国市场销售。

康熙八年（1669年）英属东印度公司开始直接从万丹运华茶入英。康熙二十八年（1689年）福建厦门出口茶叶150担，开中国内地茶叶直接销往英国市场之先声。1690年中国茶叶获得美国波士顿出售特许执照。光绪三十一年（1905年）中国首次组织茶叶考察团赴印度、锡兰（今斯里兰卡）考察茶叶产制，并购得部分制茶机械，宣传茶叶机械制作技术和方法。1896年福州市成立机械制茶公司，是中国最早的机械制茶业。

任务二　熟悉茶叶的分类与制作

问题一　我国制茶的历史进程是怎样的？

中国的产茶历史已有数千年，其茶的制作方法、饮用方式都经过了千变万化（采食茶树鲜叶，从生煮羹饮到晒干收藏，从蒸青团茶到龙团凤饼，从团饼茶到散叶茶，从蒸青到炒青，从绿茶到其他茶，从素香到其他香）发展至今，人们所享用的几百种茶叶，是历代茶人成就的结晶。

人类利用茶，最早是从咀嚼茶树鲜叶开始的，接着发展为生煮羹饮。晋代郭璞（276—324年）《尔雅》中记载："树小如栀子，冬生叶，可煮羹饮。"但这时已不是直接煮鲜叶，而是将茶叶先做成饼状，干燥后收藏。饮用时，碾成末来冲泡，当作羹饮。茶饼的制作，是制茶工艺的萌芽。

到唐代时，茶饼的制作方法已很完善，陆羽《茶经·三之造》中记载："晴，采之、蒸之、捣之、拍之、焙之、穿之、封之，茶之干矣。"将蒸青茶饼的制作过程生动地描述了出来。

唐代至宋代，由于贡茶兴起，刺激了制茶技术的加快发展，此时，最著名的茶就是"龙团凤饼"，即将鲜叶采下，经蒸青后，冲洗、去汁，再放入瓦盆内研细，倒入龙凤模子中成形，烘干。据记载，龙凤茶始于宋太平兴国初年，是为了造贡茶而发明的，以区别于平民。此后，又出现一种小龙团，欧阳修《归田录》中载："茶之品莫贵于龙凤，谓之小团，凡二十八片，重一斤，其价值金二两，然金可有，而茶不可得。自小团茶出，龙凤茶遂为次。"

唐宋时代虽以团茶、饼茶为主，但其他茶类也已出现。到了明代，茶人们渐渐认识到，团茶、饼茶的制造耗费工时，而水浸、榨汁的工序又使茶的香味大损。于是，着手改制叶茶。真正促使叶茶取代饼茶，开创了茶叶历史新纪元的是明太祖朱元璋。他于1391年9月下了一道诏令："庚子诏，……罢造龙团，惟采茶芽以进……"由于这道朝廷诏令，散叶茶的时代开始了。

以往不论叶茶、饼茶，均是采用蒸青的方法。明代散茶占主要地位后，原来处于萌芽的炒青技术迅速发展起来，形成了一套完善的技法。

明代张源著的《茶录》中记述造茶："新采，拣去老叶及枝梗碎屑。锅广二尺四寸，将茶一斤半焙之，候锅极热，始下茶急炒。火不可缓，待熟方退火，撒入筛中，轻团数遍，复下锅中，渐渐减火，焙干为度。"记述辨茶："火烈香清，铛寒神卷。火烈生焦，柴疏失翠。久延则过熟，速起却还生。熟则犯黄，生则著黑。带白点者无妨，绝焦点者最胜。"将炒青绿茶的制法栩栩如生地描述了出来，这种工艺与现代炒青绿茶制法已相差无几，可见其历史的久远。

明代散叶茶的盛行和炒青技术的高度发展，使制茶技术有了广阔的发挥空间，在绿茶的基础上，逐渐产生了黄茶、黑茶、红茶和白茶，用各种香花窨制花茶的做法也开始普及。到了清代，又产生了乌龙茶。至此，六大基本茶类都已出现，各类茶叶的制茶技术也不断改进，日趋精湛。

随着茶叶生产的发展，输出贸易的频繁，中国的制茶技术传播到世界各个产茶国，使品类繁多、各具特色的茶叶为世界共享。

问题二　影响茶叶品质的关键工艺有哪些?

茶叶之所以会分成那么多种类，并不是因为茶树树种的关系，不是说这棵茶树叫乌龙茶树，制造出来的茶就是乌龙茶，这一棵茶树叫红茶树，制造出来的就是红茶。茶叶的不同是因为制造工艺的不同，你喜欢把它制成红茶，就采用红茶制造工艺；喜欢制成绿茶，就采用绿茶制造工艺。在茶叶制造方法上，影响茶叶品质最主要的因素是发酵、揉捻以及焙火。

（一）发酵

从茶树上摘下来的嫩叶称为"茶青"，也就是鲜叶。茶青摘下来之后，首先要让它失去一些水分，称为"萎凋"（见图 1-5），然后就是发酵（见图 1-6）。发酵是茶青和空气接触产生氧化的过程，它与一般东西的发酵是不同的，其实是叶子的"渥红"作用，民间习惯说"发酵"，就方便地采用这个说法。茶青"渥红"的过程，是影响茶叶品质的关键。茶青的发酵并不是用触酶来发酵，而是经过萎凋的茶青，其本身所含的成分和空气中的氧产生变化作用而来。发酵后，茶叶会从原来的碧绿色逐渐变红，发酵程度越深颜色越红。

鲜叶经过静置到一定的时间而炒干燥的茶叶，称为部分发酵茶，或者"半发酵茶"。这类茶叶是最复杂的，因为静置时间的长短不同，就会发生不同程度的变化，发酵从 10% 到 70% 都有，例如，台湾文山包种茶的发酵约 15%；冻顶茶发酵约 25%；木栅铁观音茶发酵约 40%；乌龙茶发酵 60%～70%。这类茶因为属于部分发酵，所有干茶呈现青色，发酵越高青色越深，甚至转为青褐色。总的来说，呈现的颜色是青蛙皮的颜色，因此称为"青茶"。

图 1-5 萎凋

图 1-6 发酵

发酵也影响茶叶的香气，因不同的发酵程度，而有不同的香气种类。不发酵的绿茶是菜香，是天然新鲜的香气；全发酵的红茶则是麦芽糖香。半发酵的乌龙茶，它的发酵可以分为轻发酵（如包种茶）、中发酵（如冻顶茶、铁观音茶）和重发酵（如白毫乌龙茶）。因此，乌龙茶类的香气从花香、果香到熟果香都有。发酵程度的不同，对于茶的风味及香气有着很大的影响。当茶青发酵到人们需要的程度时，用高温把茶青炒熟或煮蒸熟，以便停止茶青继续发酵，这个过程叫"杀青"（见图 1-7）。

（二）揉捻

茶青经过杀青之后就进入揉捻（见图 1-8）的步骤。揉捻是把叶细胞揉破，使得茶所含的成分在冲泡时容易溶入茶汤中，也较容易揉出所需的茶叶形状。干茶的外形有条索形、半球形、全球形和碎片状几种。一般说来，干茶的外形越是紧结就越耐泡，并且在冲泡的时候，为了使茶香完全溢出，应该用温度高一点儿的水冲泡。

图 1-7 杀青

图 1-8 揉捻

揉捻成形之后就要干燥（见图 1-9），干燥的目的是要将茶叶的形状固定，并且利于保存使之不容易变坏。经过这些步骤制造出来的茶叶就是初制茶叶了，也称为"毛茶"。

（三）焙火

初制完成后，为了让茶叶成为更高级的商品，要拣去茶梗，然后再烘焙（见图 1-10）成为精制茶。焙火是茶叶制成之后用火慢慢地烘焙，使得茶叶的香气从清香转为浓香。造成茶叶特性不同的要素，除了发酵之外就是焙火，焙火和发酵对于茶叶所产生的结果不同，发酵影响茶汤颜色的深浅；焙火则关系到茶汤颜色的明亮度。焙火越重，茶汤颜色变得越暗，茶的风味也因此变得更老沉。

图 1-9　干燥

图 1-10　烘焙

所谓生茶、熟茶，就是茶叶焙火的轻重。焙火轻的茶或未经焙火的茶，在感觉上比较清凉，俗称为生茶。焙火较重的茶在感觉上比较温暖，俗称熟茶。焙火影响茶叶的品质特性，焙火越重，则咖啡碱与茶单宁（多酚类）挥发的越多，刺激性也就越少。所以喝茶会睡不着觉的人，可以喝焙火较重、发酵程度较深的熟茶。

问题三　茶叶命名的方法有哪些？

不同种类的茶叶，命名的方法五花八门，大致可以概括为以下 10 种。

（一）根据形状而命名

如形似瓜子的安徽六安"瓜片"；形似眉毛的浙江、安徽、江西的"眉茶""秀眉""珍眉"；形似一株株小笋的浙江长兴"紫笋"；形状圆直如针的湖南岳阳的"君山银针"、湖南安化的"松针"；形曲如螺的江苏的"碧螺春"；状如蟠龙的浙江临海"蟠毫"；形似竹叶的四川峨眉山的"竹叶青"；犹如一朵朵兰花的安徽岳西的"翠兰"；有的把一根根茶叶以丝线扎结成各种花朵形状，如江西婺源的"墨菊"、安徽黄山的"绿牡丹"等。

（二）结合产地的山川名胜而命名

如浙江杭州的"西湖龙井"，普陀山的"普陀佛茶"，安徽歙县的"黄山毛峰"，江苏金坛的"茅山青峰"，湖北的"神农奇峰"，江西的"庐山云雾""井冈翠绿""灵岩剑峰""天舍奇峰"，云南的"苍山雪绿"，四川的"鹤林仙茗"等。

（三）根据外形色泽或汤色命名

对六大茶类的命名就是如此。如绿茶、白茶、黑茶、红茶、黄茶和青茶（乌龙茶）。

（四）将外彩色泽与形状结合而命名

如"银豪""银峰""银芽""银针""银笋""玉针""雪芽""雪莲"等。

（五）依据茶叶的香气、滋味特点而命名

如具有兰花香的安徽舒城的"兰花茶"，滋味微苦的湖南江华的"苦茶"。

（六）根据采摘时期和季节而命名

如清明节前采制的称"明前茶"，雨水前采制的称"雨前茶"，3～5月采制的称"春茶"，6～7月采制的称"夏茶"，8～10月采制的称"秋茶"。当年采制的称"新茶"，不是当年采制的称"陈茶"。

（七）根据加工制造工艺而命名

如用铁锅炒制的称"炒青"；用烘干机具烘制成的称"烘青"；利用太阳光称"晒青"；茶的鲜叶用蒸汽处理后制成的称"蒸青"；茶叶用香花窨制而成的称"花茶"；茶叶经蒸压而成形的称"紧压茶"，这类紧压茶有的形似砖块，称"砖茶"，有的形似饼块，称"饼茶"。也有的根据茶叶加工时发酵的程度加以区分，如发酵茶（红茶）、半发酵茶（乌龙茶）和不发酵茶（绿茶）。

（八）根据包装的形式命名

如"袋泡茶""小包茶"。

（九）依照茶树品种的名称而命名

如乌龙茶中的"水仙""乌龙""肉桂""黄梭""大红袍""奇兰""铁观音"等，这些既是茶叶名称，又是茶树品种名称。

（十）按茶叶添加的果汁、中药以及功效等命名

如荔枝红茶、柠檬红茶、猕猴桃茶、菊花茶、杜仲茶、人参茶、柿叶茶、甜菊茶、减肥茶、戒烟茶、名目茶、益寿茶、青春茶等。

问题四　茶叶是如何分类的？其制作方法有哪些？

茶叶种类繁多，令人眼花缭乱。在制茶工业上，一般以制造方法来分类，而普通的消费者并不容易了解制造茶叶的方法。因此，商品上是以干茶的颜色或茶汤的颜色、形状、特质来区分茶的类别。目前，茶叶的品种可按以下几种情况分类。

（一）按茶叶的加工方式及发酵程度分

可分为不发酵茶类、半发酵茶类及全发酵茶类，其制造流程分别如下。

1. 不发酵茶类

龙井：茶青→炒青→揉捻→炒揉→干燥

眉茶、珠茶：茶青→炒青→揉捻→滚桶初干→滚桶整形→再干

煎茶：茶青→蒸青→初揉→揉捻→中揉→精揉→干燥

炒青工艺如图 1-11 所示。

2. 半发酵茶类

白茶类：茶青→室内摊青萎凋→烘青→轻揉→焙干

文山包种茶：茶青→日光萎凋（热风萎凋）→室内萎凋及搅拌（进行部分发酵）→发酵程度 8%～25%→炒青→揉捻→干燥

乌龙茶：茶青→日光萎凋（热风萎凋）→室内萎凋及搅拌（进行部分发酵）→发酵程度 8%～25%→炒青→初干→热团揉→再干

图 1-11　炒青

铁观音茶：茶青→日光萎凋（热风萎凋）→室内萎凋及搅拌（进行部分发酵）→发酵程度 50%～60%

白毫乌龙：茶青→日光萎凋（热风萎凋）→室内萎凋及搅拌（进行部分发酵）→发酵程度 50%～60%→炒青→回干→揉捻→干燥

3. 全发酵茶类

切青红茶：茶青→室内萎凋→切青→揉捻→补足发酵→干燥

工夫红茶：茶青→室内萎凋→揉捻→解块→补足发酵→干燥

碎红茶：茶青→室内萎凋→揉捻→揉碎→补足发酵→干燥

分级红茶：茶青→室内萎凋→揉捻→筛分→再揉→补足发酵→干燥

（二）根据茶叶的颜色、品质、特点的不同分类

1. 绿茶类（见图 1-12）

绿茶是我国分布最广、品种最多、消费量最大的茶类。不发酵（发酵度为 0）、外形绿、汤水绿、叶底绿，经过杀青、揉捻、干燥等工艺制成的，保持绿色特征，可供饮用的茶，均称为绿茶。其特点如下。

颜色：碧绿、翠绿或黄绿，久置或与热空气接触易变色。

原料：嫩芽、嫩叶，不适合久置。

香味：清新的绿豆香，味清淡微苦。

性质：富含叶绿素、维生素 C。茶性较寒凉，咖啡碱、茶碱含量较多，较易刺激神经。

绿茶又可细分为四类。

（1）炒青绿茶。经过杀青、揉捻后用炒滚方式为主干燥的绿茶称为炒青绿茶。炒青绿茶又可细分为细嫩炒青，如龙井、碧螺春、南京雨花茶、安化松针等；长炒青，如珍眉、秀眉、贡熙等；圆炒青，如平水珠茶等。

图 1-12 绿茶

（2）烘青绿茶。是用烘笼进行烘干的，烘青绿茶经再加工精制后大部分作熏制花茶的茶坯，香气一般不及炒青高，少数烘青名茶品质特优。因其外形亦可分为条形茶、尖形茶、片形茶、针形茶等。条形烘青，主要产茶区都有生产；尖形、片形茶主要产于安徽、浙江等地。

（3）晒青绿茶。是用日光进行晒干的，在湖南、湖北、广东、广西、四川、云南、贵州等省有少量生产。晒青绿茶以云南大叶种的品质最好，称为"滇青"；其他如川青、黔青、桂青、鄂青等品质各有千秋，但不及滇青。

（4）蒸青绿茶。以蒸汽杀青是我国古代的杀青方法，唐朝时传至日本，相沿至今；而我国则自明代起即改为锅炒杀青。蒸青是利用蒸汽量来破坏鲜叶中的酶活性，形成干茶色泽深绿、茶汤浅绿和茶底青绿的"三绿"的品质特征，但香气较闷带青气，涩味也较重，不及锅炒杀青绿茶那样鲜爽。由于对外贸易的需要，我国从 20 世纪 80 年代中期以来，也生产少量蒸青绿茶。主要品种有恩施玉露，产于湖北恩施；中国煎茶，产于浙江、福建和安徽三省。

2. 红茶类（见图 1-13）

红茶类属全发酵茶（发酵度：100%）。红茶是通过萎凋、揉捻、充分发酵、干燥等基本工艺程序生产的茶叶，通常是碎片状，但条形的红茶也不少。因为它的颜色是深红色，泡出

图 1-13 红茶

来的茶汤又呈朱红色，所以叫"红茶"。英文却把它称作"Black Tea"，意思是黑茶，确实外国人喝的红茶颜色较深，呈暗红色。其特点如下。

颜色：暗红色。

原料：大叶、中叶、小叶都有，一般是切青、碎形和条形。

香味：麦芽糖香，一种焦糖香，滋味浓厚略带涩味。

性质：温和。不含叶绿素、维生素 C。因咖啡碱、茶碱较少，兴奋神经效能较低。

红茶分为三类。

（1）小种红茶。是世界红茶的始祖，有正山小种和外山小种之分。正山小种产于福建省武夷山市桐木关一带，生产在桐木关高海拔山区；政和、古田、沙县及江西铅山等地所产的仿照正山品质的小种红茶，统称"外山小种"或"人工小种"。小种红茶汤色艳红亮丽，有松烟香，味甘醇似桂圆汤。

（2）工夫红茶。是我国特有的红茶品种，也是我国传统出口商品。其特点是做工精细，茶叶条索紧细美观，色泽乌润，汤色浓红，香气高爽。工夫红茶产于福建、湖北、江西、湖南、广东、安徽、云南、四川等地，主要种类有：祁门工夫、滇红工夫、宁红工夫、宜红工夫、川红工夫、闽红工夫、湖红工夫等八大类别。按品种又可分为大叶工夫和小叶工夫两个品种，大叶工夫茶是以乔木或半乔木茶树鲜叶制成；小叶工夫茶是以灌木型小叶种茶树鲜叶为原料制成的工夫茶。

（3）红碎茶。是一种国际规格的商品茶，其制作方法源于印度。经过萎凋、揉捻后，用机器切碎，然后经发酵、烘干而制成的红茶称为红碎茶。为了便于饮用，常把一杯量的红碎茶装在专用滤纸袋中，加工成"袋泡茶"。我国红碎茶生产较晚，始于 20 世纪的 50 年代后期，产区主要是云南、广东、海南、广西、四川、贵州等地。近年来红碎茶产量不断增加，质量也不断提高。

3.青茶类（见图 1-14）

青茶类属半发酵茶（发酵度：10%～70%），俗称乌龙茶，经过炒青、揉捻、干燥、包揉、初干等工艺。这种茶种类繁多，呈深绿色或青褐色，泡出来的茶汤则是蜜绿色或蜜黄色。其特点如下。

图 1-14　乌龙茶

颜色：青绿、暗绿。

原料：两叶一芽，枝叶连理，大都是对口叶，芽叶已成熟。

香味：花香果味，从清新的花香、果香到熟果香都有，滋味醇厚回甘，略带微苦亦能回甘，是最能吸引人的茶叶。

性质：温凉。略具叶绿素、维生素 C，茶碱、咖啡碱约有 3%。

青茶又称乌龙茶，按其产地可分为四类。

（1）闽北乌龙茶。产于福建北部武夷山一带的乌龙茶都属于闽北乌龙茶。武夷山主要品种有驰名中外的茶王"大红袍"和肉桂、水仙等。

（2）闽南乌龙茶。产于福建南部安溪、华安、永春、平和等地的乌龙茶统称为闽南乌龙茶。最有名的是安溪铁观音，产量占全国乌龙茶产量的 1/4。

（3）广东乌龙茶。产于潮州地区的凤凰单丛、凤凰水仙、石古坪乌龙、岭头单丛等最为有名。

（4）台湾乌龙茶。分为三类：①包种茶产于台北市和桃园县。包种茶色泽较绿，汤色黄亮，口感接近绿茶，但有乌龙茶特有的香和韵。发酵程度 8% ～ 10%。②冻顶乌龙、高山乌龙，发酵程度 15% ～ 25%。③椪风茶（也称膨风茶），发酵程度 50% ～ 60%。"椪风"在闽南语中原为"吹牛"之意，因为这种茶的价钱高到令人难以置信，故名椪风茶。其代表性品种是东方美人，又名白毫乌龙。

4. 白茶类（见图 1-15）

白茶类属部分发酵茶（发酵度：10%）。白茶选用的是芽叶上白茸毛细密的茶树品种的茶青，经过萎凋、晒干或烘干等工艺程序制成的茶叶，属于轻微发酵茶，其汤色清淡，滋味鲜酵爽口。该茶是条状的白色茶叶，泡出来的茶汤呈象牙色；因白茶是采自茶树的嫩芽制成，细嫩的芽叶上面盖满了细小的白毫，白茶的名称就因此而来。其特点如下。

颜色：色白隐绿，干茶外表满披白色茸毛。

图 1-15　白茶

原料：福建大白茶种的壮芽或嫩芽制造，大多是针形或长片形。

香味：汤色浅淡，味清鲜爽口、甘醇，香气弱。

性质：寒凉，有退热祛暑的作用。

白茶依照原料的不同分为白芽茶和白叶茶两类。

（1）白芽茶：完全选用大白茶肥壮的芽头制成，品种有福建福鼎市"北路白毫银针"、政和县"南路白毫银针"。

（2）白叶茶：采摘一芽二、三叶或用单片叶按白茶生产工艺制成的白茶统称为"白叶茶"。品种有白牡丹、贡眉、寿眉等，产地福建松溪河、建阳等地，台湾地区也有生产。

5. 黄茶类（见图 1-16）

黄茶类属部分发酵茶（发酵度：10%）。制造工艺似绿茶，在制茶的过程中有渥堆焖黄这道独特的工艺程序，焖黄工艺分为湿坯焖黄和干坯焖黄，焖黄时间短的15 ～ 30 分钟，长的则需 5 ～ 7 天。工艺流程以蒙顶黄芽为例：鲜叶→杀青→初包（焖黄）→复锅→复包（焖黄）→三炒→摊方→四炒→烘焙。其特点如下。

颜色：黄叶黄汤。

原料：带有茸毛的芽头、芽或芽叶制成。制茶工艺类似绿茶，在过程中加以焖黄。

香味：香气清纯，滋味甜爽。

性质：凉性，因产量少，是珍贵的茶叶。

黄茶依据原料芽叶的嫩度和大小可分为三类。

（1）黄芽茶：原料细嫩，采摘单芽或一芽一叶加工而成，其代表性品种有湖南岳阳市的"君山银针"，四川雅安的"蒙顶黄芽"以及安徽霍山的"霍山黄芽"。

（2）黄小茶：采摘细嫩芽叶加工而成的黄茶，其代表性品种有湖南岳阳的"北港毛尖"和浙江温州的"平阳黄汤"等。

（3）黄大茶：采摘一芽二、三叶甚至一芽四、五叶为原料加工而成的黄茶。其代表有安徽"霍山大黄茶"以及"广东大叶青"等。

6. 黑茶类（见图 1-17）

黑茶类属后发酵茶（随时间的不同，其发酵程度会变化），是通过杀青、揉捻、渥堆发酵、干燥等工艺程序生产的茶，因其渥堆发酵的时间较长，成品色泽呈油黑色或黑褐色，故名黑茶。这类茶多半销往俄罗斯或我国边疆地区；大部分内销，少部分销往海外。因此，习惯上把黑茶制成的紧压茶称为边销茶。其特点如下。

颜色：青褐色，汤色橙黄或褐色，虽是黑茶，但泡出来的茶汤未必是黑色。

原料：花色、品种丰富，大叶种等茶树的粗老梗叶或鲜叶经后发酵制成。

香味：具陈香，滋味醇厚回甘。

性质：温和。可存放较久，耐泡耐煮。

黑茶按其产地可分为四类。

（1）湖南黑茶；

（2）湖北老青茶；

（3）四川边茶；

（4）广西黑茶（六堡茶）。

图1-16　黄茶：君山银针

图1-17　黑茶

7. 花茶类（见图1-18）

花茶是将茶叶加花窨烘而成（发酵度视茶类而别，大陆以绿茶窨花多，台湾以青茶窨花，目前红茶窨花越来越多）。这种茶富有花香，以窨的花种命名，如茉莉花茶、牡丹绣球、桂花乌龙茶、玫瑰红茶等。花茶又名"窨花茶""香片"等。饮之既有茶味，又有花的芬芳，是一种再加工茶叶。其特点如下。

颜色：视茶类而别，但都会有少许花瓣存在。

原料：以茶叶加花窨焙而成，茉莉花、玫瑰、桂花、黄枝花、兰花等，都可加入各类茶中窨成花茶。

香味：浓郁花香和茶味。

性质：凉、温都有，因富花的特质，饮用花茶另有花的风味。

花茶又分为三种。

（1）熏花花茶，它是用茶叶和香花进行拼和窨制，使茶叶吸收花香而制成的香茶；

（2）工艺花茶，要经过杀青兼轻揉、初烘理条、选芽装筒、造型美化、定型烘焙、足干贮藏等工艺程序才能制成；

（3）花果茶，一般选用红茶、绿茶或普洱茶与花草科学配伍而成。

8. 紧压茶类（见图 1-19）

紧压茶以红茶、绿茶、青茶、黑茶的毛茶为原料，经加工、蒸压成型而成。因此，紧压茶属于再加工茶类。其外形色泽褐红，内质汤色红浓明亮，香气独特陈香，滋味醇厚回甘，叶底褐红。

图 1-18　花茶

图 1-19　紧压茶

中国目前生产的紧压茶，主要有花砖、普洱方茶、竹筒茶、米砖、沱茶、黑砖、茯砖、青砖、康砖、金尖塔、方包茶、六堡茶、湘尖、紧茶、圆茶和饼茶等。它们的特点如下。

颜色：大都是暗色，视何种茶类为原料而有所不同。泡出来的茶汤颜色也属于深色。

原料：各种茶类的毛茶都可作为原料，属于再加工茶类。

香味：沉稳、厚重。

性质：现代紧压茶与古代的团茶、饼茶在原料上有所不同。古代是采摘茶树鲜叶经蒸青、磨碎、压模成型后干燥制成。现代紧压茶是以毛茶再加工，蒸压成型而成。

其中"普洱茶"依照它的外观形状、存放条件和存放时间长短，又分为以下几种。

（1）普洱散茶和普洱紧压茶。未经蒸压，保持条索状的普洱茶称为普洱散茶；通过蒸压做成不同形状的普洱茶统称为普洱紧压茶。常见的有普洱沱茶、七子饼茶、金瓜普洱、普洱方茶等。

（2）干仓普洱和湿仓普洱。存放在常温、常湿的仓房中，让生普洱茶在自然温湿条件下缓慢地后发酵，逐渐陈化的普洱茶称为"干仓普洱"。干仓普洱随着存放时间的延长，具有"越陈越香"的特点。用清水加湿、渥堆发酵等快速陈化方法生产出来的普洱茶，称为"湿仓普洱"。湿仓普洱的品质很难随着储存时间的延长而逐年改善。

（3）生普洱与熟普洱。尚未完成陈化过程的新普洱称为"生普洱"。通过快速发酵或经长期干仓陈化的普洱茶称为"熟普洱"。品质优良的熟普洱汤色呈亮丽的琥珀色，滋味浓醇，带有特殊的陈香。品质优良的生普洱汤色清亮，滋味浓烈，香气鲜爽。

9. 粉茶和抹茶类（见图1-20）

粉茶以不发酵茶为主，也有青茶粉茶、红茶粉茶、花果茶粉茶等，是用茶叶磨成粉末而成。抹茶是经覆盖栽培的碾茶，经磨成极其细微的粉末而成。

颜色：绿抹茶翠绿；青茶粉茶黄绿；红茶粉茶褐色。

原料：抹茶是日本特产；中国台湾所产茶粉是将茶叶磨成粉，与日本抹茶不同，并非真正的抹茶。抹茶是一种特殊茶，绿茶为主，制造抹茶的原料是一种专门的日本碾茶，利用石磨磨成万分之一厘米以下，可悬浮在热水中而不沉淀。其特点如下。

香味：海苔青味或菜香味。

性质：营养成分较丰富，叶绿素、维生素C较多，性较寒。

10. 添加味茶和非茶之茶

因制茶技术的发展以及市场的需要，有了以茶叶再加工的茶，以及将茶叶添加其他材料产生新的口味的添加味茶。例如液态茶，茶叶配上草药的草药茶、八宝茶。有的根本是没有茶叶的非茶之茶，如杜仲茶、冬瓜茶、绞股蓝茶、刺五加茶、玄米茶等。此类茶大都是以有疗效而为人们所饮用。因此，也称其为"保健茶"（见图1-21），是一种民间传统、具有疗效的代用茶。

图1-20 抹茶

图1-21 保健茶

11. 配置茶

有丰富经验的茶师，用不同种类的茶叶进行拼配而成，一般在茶艺馆进行，例如安溪铁观音与武夷肉桂拼配，称为"双珍合璧"，香气独特。

（三）按茶叶的季节分

1. 春茶

当年3月下旬到5月中旬之间采制的茶叶。春季温度适中，雨量充沛，再加上茶树经过了冬季的休养生息，使得春季茶芽肥硕，色泽翠绿，叶质柔软，且含有丰富的维生素和氨基酸。春茶滋味鲜活，富有保健作用。

2. 夏茶

5月中旬至7月初采制的茶叶。夏季天气炎热，茶树新梢芽叶生长迅速，使得能溶解茶汤的水浸出物含量相对减少，特别是氨基酸及含氮量的减少，使得茶汤滋味、香气多不如春茶强烈。夏茶带苦涩味的花青素、咖啡碱、茶多酚含量比春茶多，不但使紫色芽叶色泽增加，而且滋味较为苦涩。

3. 秋茶

8月中旬以后采制的茶叶。秋季气候条件介于春、夏之间，茶树经春、夏季生长，新梢芽叶片大小不一、叶底发脆、叶色发黄，滋味和香气显得比较平和。

4. 冬茶

大约在10月下旬开始采制。冬茶是在秋茶采完后，气候逐渐转冷后生长的。因冬天茶梢芽生长缓慢，内含的物质浓度增加，所以滋味醇厚，茶气浓烈。

（四）茶叶按生长环境分

1. 平地茶

芽叶较小，叶底坚薄，叶面平展，叶色黄绿欠光润。加工后的茶叶条索较细瘦，骨身轻，香气淡，滋味淡。

2. 高山茶

因为环境适合茶树喜温、喜湿、耐阴的习性，所以有高山出好茶的说法。海拔高度的不同造成了高山环境的独特特点，从气温、降雨量、湿度、土壤到山上生长的树木，这些因素给茶树以及茶芽的生长都提供了得天独厚的条件。因此，高山茶与平地茶相比，芽叶肥硕、颜色绿、茸毛多；加工后的茶叶，条索紧结、肥硕、白毫显露，香气浓郁且耐冲泡。

 茶博士

黑茶的采制工艺

黑茶是一种后发酵茶，将制成的茶叶经过摆放产生再发酵，颜色呈黑色，因此称

为黑茶。中国西北、西南边疆地区，为了运输和贮藏的需要将其制成紧压茶，黑茶大部分属于紧压茶。其采制工艺流程如下。

（1）黑茶茶青：由于黑茶原料比较粗老，为了避免黑茶水分不足杀青不匀透，一般除雨水叶、露水叶和幼嫩芽叶外，都要按10：1的比例洒水（即10千克鲜叶1千克清水）。洒水要均匀，以便于黑茶杀青能杀匀杀透。

①黑茶手工杀青：选用大口径锅（口径80～90厘米），炒锅斜嵌入灶中呈30度左右的倾斜面，灶高70～100厘米。备好草把，用油桐树枝丫制成的三叉状炒茶叉，三叉各长16～24厘米，柄长约50厘米。一般采用高温快炒，锅温280～320℃，每锅投叶量4～5千克。鲜叶下锅后，立即以双手匀翻快炒，至烫手时改用炒茶叉抖抄，称为"亮叉"。当出现水蒸气时，则以右手持叉，左手握草把，将炒叶转滚焖炒，称为"渥叉"。亮叉与渥叉交替进行，历时2分钟左右。待黑茶茶叶软绵且带黏性、色转暗绿、无光泽、青草气消除、香气显出、折粗不易断，且均匀一致，即为杀青适度。

②黑茶机械杀青：当锅温达到杀青要求，即投入鲜叶8～10千克，依鲜叶的老嫩，水分含量的多少，调节锅温进行焖炒或抖炒，待杀青适度即可出机。

（2）黑茶初揉：黑茶原料粗老，揉捻要掌握轻压、短时、慢揉的原则。初揉时，揉捻机转速达40转/分钟，揉捻时间15分钟左右为好。待黑茶嫩叶成条，粗老叶成皱叠时即可。

（3）黑茶渥堆：是形成黑茶色香味的关键性工序。黑茶渥堆应有适宜的条件，选择背窗、洁净的地面，避免阳光直射，室温在25℃以上，相对湿度保持在85%左右。初揉后的茶坯，不经解决立即堆积起来，堆高约1米左右，上面加盖湿布、蓑衣等物，以保温保湿。渥堆过程中要进行一次翻堆，以利渥均匀。堆积24小时左右时，茶坯表面出现水珠，叶色由暗绿变为黄褐，带有酒糟气或酸辣气味，手伸入茶堆感觉发热，茶团黏性变小，一打即散，即为渥堆适度。

（4）黑茶复揉：将渥堆适度的黑茶茶坯解决后，上机复揉，压力较初揉稍小，时间一般6～8分钟。下机解块，及时干燥。

（5）黑茶烘焙：烘焙是黑茶初制中最后一道工序。通过烘焙形成黑茶特有的品质，即油黑色和松烟香味。干燥方法采取松柴旺火烘焙（不忌烟味）、分层累加湿坯和长时间的一次干燥，与其他茶类不同。

黑茶干燥在七星灶上进行。在灶口处的地面燃烧松柴，松柴采取横架方式，并保持火力均匀，借风力使火温均匀地透入七星孔内，温度均匀地扩散到灶面焙帘上。当焙帘上温度达到70℃以上时，开始撒上第一层茶坯，厚度约2～3厘米；待第一层茶坯烘至六七成干时，再撒第二层，撒叶厚度稍薄，这样一层一层地加到5～7层，总的厚度不超过焙框的高度。待最上面的茶坯达七八成干时，即退火翻焙。翻焙用特制铁叉，将已干的底层翻到上面来，将尚未干的上层翻至下面去。继续升火烘焙，待上、中、下各层茶叶干燥到适度，即行下焙。

黑茶茶梗易折断，手捏叶可成粉末，黑茶干茶色泽油黑、松烟香气扑鼻时，即为适度。

（6）黑茶干毛茶下焙后，置于晒簟上摊晾至与室温相同后，及时装袋入库。

黑茶产品特点：叶张宽大、条索卷折成泥鳅状，色泽细黑，汤色橙黄，香味醇厚，具有扑鼻的松烟香味，叶底黄褐。

任务三　熟悉中国名茶及产茶区

我国是茶叶的故乡，加之人口众多、幅员辽阔，因此茶叶的生产和消费居世界之首。我国地跨六个气候带，地理区域东起台湾基隆，南沿海南琼崖，西至藏南察隅河谷，北达山东半岛，绝大部分地区均可生产茶叶。全国大致可分为四大茶区：江南茶区、江北茶区、华南茶区、西南茶区。全国茶叶产区的分布，主要集中在江南地区，尤以浙江和湖南产量最多，其次为四川和安徽。甘肃、西藏和山东是新发展的茶区，年产量还不太多。

随着我国茶叶生产的发展，全国茶叶科研机构和教育机构也得到了较大发展，已建立健全了科研和教育网络，大量的研究成果已推广应用，科学种茶、科学制茶和茶业管理的水平正在不断提高，这为我国茶叶生产的发展奠定了坚实的基础。截至2018年年末，我国茶园面积达293.04万公顷（1公顷=0.01平方千米），茶叶产量为261万吨，茶叶出口量达36.4742万吨，超过印度而居世界首位。

问题一　我国著名的产茶区有哪些？各有哪些特点？

（一）江南茶区

江南茶区位于中国长江中、下游南部，包括浙江、湖南、江西等省和皖南、苏南、鄂南等地，为中国茶叶主要产区，年产量大约占全国总产量的2/3。生产的主要茶类有绿茶、红茶、黑茶、花茶以及品质各异的特种名茶，诸如西湖龙井、黄山毛峰、洞庭碧螺春、君山银针、庐山云雾等。

茶园主要分布在丘陵地带，少数在海拔较高的山区。这些地区气候四季分明，年平均气温为 15 ～ 18℃，冬季气温一般在 –8℃。年降水量 1400 ～ 1600 毫米，春夏季雨水最多，占全年降水量的 60% ～ 80%，秋季干旱。茶区土壤主要为红壤，部分为黄壤或棕壤，少数为冲积壤。

（二）江北茶区

江北茶区位于长江中、下游北岸，包括河南、陕西、甘肃、山东等省和皖北、苏北、鄂北等地。江北茶区主要生产绿茶。

茶区年平均气温为 15 ～ 16℃，冬季绝对最低气温一般为 –10℃左右。年降水量较少，为 700 ～ 1000 毫米，且分布不匀，茶树经常受旱。茶区土壤多属黄棕壤或棕壤，是中国南北土壤的过渡类型。但少数山区，有良好的微域气候，故茶的质量不亚于其他茶区，如六安瓜片、信阳毛尖等。

（三）华南茶区

华南茶区位于中国南部，包括广东、广西、福建、台湾、海南等省（区），为中国最适宜茶树生长的地区。有乔木、小乔木、灌木等各种类型的茶树品种，茶资源极为丰富，生产红茶、乌龙茶、花茶、白茶和六堡茶等，所产大叶种红碎茶，茶汤浓度较大。

（四）西南茶区

西南茶区位于中国西南部，包括云南、贵州、四川三省以及西藏东南部，是中国最古老的茶区。茶树品种资源丰富，生产红茶、绿茶、紧压茶等，是中国发展大叶种红碎茶的主要基地之一。

问题二 我国的名茶主要有哪些？

（一）绿茶名品

1.西湖龙井（见图 1-22）

是我国名茶，产于浙江杭州西湖的狮峰、龙井、五云山、虎跑一带，历史上曾分为"狮、龙、云、虎"四个品类，其中多认为产于狮峰的品质为最佳。龙井素以"色绿、香郁、味醇、形美"四绝著称于世。形光扁平直，色翠略黄似糙米色，滋味甘鲜醇和，香气幽雅清高，汤色碧绿黄莹；叶底细嫩成朵。

2.庐山云雾（见图 1-23）

产于江西庐山。庐山云雾茶，古称"闻林茶"，从明代起始称"庐山云雾"。此茶产于江西庐山，是绿茶类名茶。

图 1-22　西湖龙井

图 1-23　庐山云雾茶

庐山云雾茶不仅具有理想的生长环境以及优良的茶树品种，还具有精湛的采制技术。在清明前后，随海拔增高，鲜叶开采期相应延迟到"五一"前后，以一芽一叶为标准。

庐山云雾茶的工艺特点：受天气条件的影响，云雾茶比其他茶采摘时间晚，一般在谷雨之后至立夏之间始开园采摘。采摘标准为一芽一叶初展，长度不超过 5 厘米，剔除紫芽、病虫害叶，采后摊于阴凉通风处，放置 4～5 小时后始进行炒制。经杀青、抖散、揉捻、理条、搓条、提毫、烘干、拣剔等工序精制而成。庐山云雾茶的品质特点为芽壮叶肥、白毫显露、色泽翠绿、幽香如兰、滋味深厚、鲜爽甘醇、耐冲泡、汤色明亮、饮后回味香绵。高级的云雾茶条索秀丽、嫩绿多毫、香高味浓、经久耐泡，为绿茶之精品。号称"匡庐奇秀甲天下"的庐山，北临长江，南傍鄱阳湖，气候温和，山水秀美，十分适宜茶树生长。庐山云雾芽肥毫显、条索秀丽、香浓味甘、汤色清澈，是绿茶中的精品

3. 黄山毛峰（见图 1-24）

产于安徽黄山，主要分布在桃花峰的云谷寺、松谷庵、吊桥庵、慈光阁及半寺周围。这里山高林密，日照短，云雾多，自然条件十分优越，茶树得云雾之滋润，无寒暑之侵袭，蕴成良好的品质。黄山毛峰采制十分精细。制成的毛峰茶外形细扁微曲，状如雀舌，香如白兰，味醇回甘。

4. 六安瓜片（见图 1-25）

为历史名茶，属绿茶类。创制于清末，是六安茶后起之秀。产于安徽六安市裕安区、金安区、金寨县，主产区位于齐头山、独山一带。齐头山地域产品因质量超群，

故有齐山名片之称。

图 1-24　黄山毛峰

图 1-25　六安瓜片

六安瓜片工艺独特，一是鲜叶必须长到"开面"才采摘；二是鲜叶通过"扳片"，剔除芽头、茶梗，掰开嫩片、老片；三是嫩片、老片分别杀青，生锅、熟锅连续作业，杀青、失水、造型相结合；四是烘焙分毛火、小火、拉老火，火温先低后高。特别是最后的工序拉老火、炉火猛烈、火苗盈尺，抬（烘）篮走烘，每次只烘 1.2 秒钟，即下烘翻拌，烘翻 80 ～ 120 次，才下烘承热装筒。

独特的采制工艺，形成了六安瓜片的独特风格。外形——单片顺直匀整，叶边背卷舒展，不带芽、梗，形似瓜子，干茶色泽翠绿，起霜有润。内质——汤色清澈，香气浓郁，滋味鲜醇回甘，叶底黄绿匀亮。优质的齐山名片具有花香野韵，为片茶之珍品。"六安瓜片药效高，消食解毒去疲劳"，在国内市场享有很高声誉。1949 年后，一直主销长江中下游的芜湖、南京、上海等城市，在沿淮、淮北、河南、山东、苏北以及京津地区，一度是紧俏茶品，供不应求。20 世纪 80 年代，六安瓜片进入新加坡等市场，受到华侨同胞的好评。

5. 太平猴魁（见图 1-26）

属绿茶类，为历史名茶，创制于清末。产于安徽黄山市黄山区（原太平县）新明、龙门、三口一带。主产区位于新明乡三门村的猴坑、猴岗、颜家。茶园皆分布在 350 米以上的中低山，土质多黑沙壤土，土层深厚，富含有机质。茶山地势多坐南朝北，位于半阴半阳的山脊山坡。茶树长势好，加上肥培管理和适度修剪，芽叶肥壮、重实、匀齐。优质的芽叶长约 6 厘米，1 芽 2 叶的芽尖和叶尖长短相齐。由于鲜叶质量要求高，每公顷茶园只能产 70 ～ 80 千克猴魁茶。

太平猴魁外形两叶抱芽，扁平挺直，自然舒展，白毫隐伏，有"猴魁两头尖，不散不翘不卷边"之称。叶色苍绿匀润，叶脉绿中稳红，俗称"红丝线"；兰香高爽，滋味醇厚回甘，有独特的猴韵，汤色清绿明澈，叶底嫩绿匀亮，芽叶成朵肥壮。

6. 都匀毛尖（见图 1-27）

又名"白毛尖""细毛尖""鱼钩茶""雀舌茶"，是贵州三大名茶之一，中国十大名茶之一。产于贵州都匀市，属黔南布依族苗族自治州。都匀位于贵州省的南部，市区东南东山屹立，西面蟒山对峙。都匀毛尖主要产地在团山、哨脚、大槽一带，这里山谷起伏，海拔千米，峡谷溪流，林木苍郁，云雾笼罩，冬无严寒，夏无酷暑，四季宜人，年平均气温为 16℃，年平均降水量在 1400 多毫米。加之土层深厚，土壤疏松湿润，土质是酸性或微酸性，内含大量的铁质和磷酸盐，这些特殊的自然条件不仅适宜茶树的生长，而且形成了都匀毛尖的独特风格。

图 1-26　太平猴魁

图 1-27　都匀毛尖

7. 信阳毛尖（见图 1-28）

产于河南信阳，是我国著名的内销绿茶，以原料细嫩、制工精巧、形美、香高、味长而闻名，已有二千多年历史。人云："师河中心水，车云顶上茶。"成品条索细圆紧直，色泽翠绿，白毫显露；汤色清绿明亮，香气鲜高，滋味鲜醇；叶底芽壮、嫩绿匀整。

信阳毛尖风格独特，质香气清高，汤色明净，滋味醇厚，叶底嫩绿；饮后回甘生津，冲泡四五次，尚保持有长久的熟栗子香。

8. 洞庭碧螺春（见图 1-29）

产于江苏太湖之滨的洞庭山。碧螺春茶叶是用春季从茶树采摘下的细嫩芽头炒制而成；高级的碧螺春，每千克干茶需要茶芽 13.6 万～15 万个。外形条索紧结，白毫显露，色泽银绿，翠碧诱人，卷曲成螺，故名"碧螺春"。汤色清澈明亮，浓郁甘醇，鲜爽生津，回味绵长；叶底嫩绿显翠。

图 1-28 信阳毛尖

图 1-29 洞庭碧螺春

9.蒙顶甘露（见图 1-30）

蒙顶茶产于地跨四川省名山、雅安两县的蒙山，四川蒙顶山上有汉代甘露祖师吴理真手植七株仙茶的遗址。蒙顶甘露是中国最古老的名茶，被尊为茶中故旧，名茶先驱。蒙顶甘露茶形状纤细，叶整芽全，身披银毫，叶嫩芽壮；色泽嫩绿油润；汤色黄碧，清澈明亮；香馨高爽，味醇甘鲜，沏二遍时，越发鲜醇，使人齿颊留香。蒙顶山茶自唐入贡以来久负盛名，有"仙茶"之誉，古往今来均为我国名茶珍品。

10.婺源绿茶（见图 1-31）

产于江西省婺源县，婺源县地处赣东北山区，为怀玉山脉和黄山山脉环抱，地势高峻，峰峦耸立，山清水秀，土壤肥沃，气候温和，雨量充沛，终年云雾缭绕，最适宜栽培茶树。这里"绿丛遍山野，户户有香茶"，是中国著名的绿茶产区。

其特点有：叶质柔软，持嫩性好，芽肥叶厚，有效成分高，宜制优质绿茶。香气清高持久，有兰花之香，滋味醇厚鲜爽，汤色碧绿澄明，芽叶柔嫩黄绿，条索紧细纤秀，锋毫显露，色泽翠绿光润。

图 1-30 蒙顶甘露

图 1-31 婺源绿茶

（二）红茶名品

1. 祁红（见图 1-32）

在红遍全球的红茶中，祁红独树一帜，百年不衰，以其高香形秀著称，博得国际市场的经久青睐，奉为茶之佼佼者。祁红，是祁门红茶的简称。为工夫红茶中的珍品，1915 年曾在巴拿马国际博览会上荣获金牌奖，创制一百多年来，一直保持着优异的品质风格，蜚声中外。祁红生产条件极为优越——天时、地利、人勤、种良，得天独厚。所以祁门一带大都以茶为业，上下千年，始终不败。祁红工夫一直保持着很高的声誉，芬芳常在。

祁红以高香著称，具有独特的清鲜持久的香味，被国内外茶师称为砂糖香或苹果香，并蕴藏有兰花香，清高而长，独树一帜，国际市场上称之为"祁门香"。英国人最喜爱祁红，全国上下都以能品尝到祁红为口福，皇家贵族也以祁红作为时髦的饮品，用茶向女王祝寿，赞美茶为"群芳最"。

2. 川红（见图 1-33）

川红工夫，简称川红，产于四川省宜宾等地，是 20 世纪 50 年代开始生产的工夫红茶。川红工夫茶是我国工夫红茶的主要品种之一，亦属红茶珍品之一。川红工夫外形条索肥壮圆紧，显金毫，色泽乌黑油润，内质香气清鲜带枯糖香，滋味醇厚鲜爽，汤色浓亮，叶底厚软红匀。川红珍品——"早白尖"，更是以早、嫩、快、好的突出特点及优良的品质，博得国内外茶界人士的好评。

图 1-32　祁门红茶

图 1-33　川红

3. 滇红（见图 1-34）

滇红工夫，简称滇红，产于云南西双版纳和景洪、普文等地。滇红工夫茶，属大叶种类型的工夫茶，是我国工夫红茶的新葩，以外形肥硕紧实、金毫显露和香高味浓的品质而称著于世。滇红是世界茶叶市场上的著名红茶品种。滇红分工夫茶和碎茶两种。滇红工夫特点是外形条索紧结、肥硕雄壮，干茶色泽乌润、金毫特显，内质汤色艳亮，香气鲜郁高长，滋味浓厚鲜爽，富有刺激性，叶底红匀嫩亮。

4.湖红（见图1-35）

湖红工夫，简称湖红，主产湖南省安化、桃源、涟源、邵阳、平江、浏阳、长沙等县市。湘西石门、慈利、桑植、张家界等县市所产的工夫茶谓之"湘红"，也归入"湖红工夫"范畴。湖红工夫以安化工夫为代表，外形条索紧结尚肥实，香气高，滋味醇厚，汤色浓，叶底红稍暗。平江工夫香高，但欠匀净；浏阳的大围山一带所产的茶香高味厚（靠近江西修水，归入宁红工夫）；安化、桃源工夫外形条索紧细，毫较多，锋苗好，但叶肉较薄，香气较低；涟源工夫是新发展的茶，条索紧细，香味较淡。

图1-34　滇红

图1-35　湖红工夫

5.闽红（见图1-36）

闽红工夫，简称闽红，是政和工夫、坦洋工夫和白琳工夫的统称，均系福建工夫红茶特产。三种工夫茶产地不同、品种不同、品质风格不同.但各自拥有自己的消费爱好者，盛兴百年而不衰。

（1）政和工夫。政和工夫产于闽北，以政和县为主，松溪以及浙江的庆元地区所产红毛茶，亦集中在政和县加工。政和工夫按品种分为大茶、小茶两种。大茶系采用政和大白条

图1-36　闽红工夫

制成，是闽红三大工夫茶的上品。外形条索紧结、肥壮多毫，色泽乌润；内质汤色红浓，香气高而鲜甜，滋味浓厚，叶底肥壮尚红。小茶系用小叶种制成，条索细紧，香似祁红，但欠持久，汤稍浅，味醇和，叶底红匀。政和工夫以大茶为主体，扬其毫多味浓之优点，又适当拼以高香之小茶，因此，高级政和工夫体态匀称，毫心显露，香味俱佳。

（2）坦洋工夫。坦洋工夫分布较广，主产福安、拓荣、寿宁、周宁、霞浦及屏南北部等地。坦洋工夫源于福安境内白云山麓的坦洋村，相传清咸丰、同治年间（公元1851～1874年），坦洋村有胡福四（又名胡进四）者，试制红茶成功，经广州远销西欧，很受欢迎，此后茶商纷纷入山求市，接踵而来并设洋行，周围各县茶叶亦渐云集坦洋，坦洋工夫的名声也就不胫而走。坦洋工夫外形细长匀整、带白毫，色泽乌黑有光，内质香味清鲜甜和，汤鲜艳呈金黄色，叶底红匀光滑。其中坦洋、寿宁、周宁山区所产工夫茶，香味醇厚，条索较为肥壮；东南临海的霞浦一带所产工夫茶色鲜亮，条形秀丽。

（3）白琳工夫。白琳工夫产于福鼎市太姥山白琳、湖林一带。白琳工夫茶系小叶种红茶，当地种植的小叶种红茶具有茸毛多、萌芽早、产量高的特点。一般的白琳工夫，外形条索细长弯曲，茸毫多呈颗粒绒球状，色泽黄黑，内质汤色浅亮，香气鲜纯有毫香，味清鲜甜和，叶底鲜红带黄。

6. 宁红（见图 1-37）

宁红工夫，简称宁红，是我国最早的工夫红茶珍品之一，产于江西省修水县，修水在元代称宁州，故此得名。"宁红茶"素以条索秀丽、金毫显露、锋苗挺拔、色泽红艳、香味持久而闻名中外。宁红茶的成品共分 8 个等级，其中特级宁红以紧细多毫、峰苗毕露、乌黑油润、鲜嫩浓郁、鲜醇爽口、柔嫩多芽、汤色红艳著称于世。

7. 英德红茶（见图 1-38）

英德红茶产于广东，以浓、强、鲜明显而著称。秋季生产，含有自然花香，它色泽乌润，香气高锐，茶汤红亮，滋味浓烈，饮后甘美怡神，清心爽口，适合清饮。而加上牛奶、白糖后，色、香、味也俱佳。英德红茶在中国香港、中国澳门，以及东南亚地区很受欢迎。

8. 云南红碎茶（见图 1-39）

云南红碎茶具备独特风格。它的原料芽叶肥壮、叶底柔软、持嫩性好，其主要内含物如水浸出物、多酚类、儿茶素含量均高于国内其他优良品种，是我国著名的红茶良种。云南红碎茶香气高锐浓郁，汤色红艳明亮，滋味浓厚强烈，加乳后呈姜黄色，味浓爽，富有刺激性。品质优异，在国际市场上享有较高盛誉。

图 1-37　宁红

图 1-38　英德红茶

9. 正山小种（见图 1-40）

正山小种属条形小种红茶，产于福建省崇安县星村镇桐木关村。因集中于星村加工，故又称"星村小种"。正山小种茶历史悠久，品质别具风格，香气高锐，微带橙木香，滋味强烈而爽口；加入牛奶后，芳香不减，形成的奶茶犹如琼浆玉脂，惹人喜爱。

图 1-39　云南红碎茶

图 1-40　正山小种茶

（三）黄茶名品

1. 君山银针

君山银针产于湖南岳阳洞庭湖中的君山，黄茶中的珍品。其成品茶芽头茁壮，长短大小均匀，茶芽内面呈金黄色，外层白毫显露完整，而且包裹坚实，茶芽外形很像一根根银针，故得其名。君山茶历史悠久，唐代就已生产、出名。文成公主出嫁西藏时就曾选带了君山茶。后梁时已列为贡茶，以后历代相袭。

该品种全由芽头制成，茶身满布毫毛，色泽鲜亮，香气高爽，汤色橙黄，滋味甘醇，虽久置而其味不变。冲泡时可从明亮的杏黄色茶汤中看到三起三落、雀舌含珠，具有很高的欣赏价值。其采制要求很高，比如采摘茶叶的时间只能在清明节前后7～10天内，还规定了9种情况下不能采摘，即雨天、风霜天、虫伤、细瘦、弯曲、空心、茶芽开口、茶芽发紫、不合尺寸。

君山又名洞庭山，为湖南岳阳市君山区洞庭湖中岛屿，有"洞庭帝子春长恨，二千年来草更长"的描写。岛上土壤肥沃，多为砂质土壤，年平均温度16～17℃，年降雨量为1340毫米左右，相对湿度较大，3～9月的相对湿度约为80%，气候非常湿润。春夏季湖水蒸发，云雾弥漫，岛上树木丛生，自然环境适宜茶树生长，山地遍布茶园。

2. 蒙顶黄芽（见图1-41）

蒙顶黄芽是四川省雅安市蒙顶山又一名茶，属于芽形黄茶之一，该茶自唐始至明、清皆为贡品。蒙顶黄芽采摘于春分时节，以每年清明节前采下的圆肥单芽为原料，鲜叶采摘标准为一芽一叶初展，每500克鲜叶约有8000～10000个芽头，芽叶整齐，形状扁直，芽匀整多毫，色泽金黄，内质香气清纯，汤色黄亮，滋味甘醇，叶底嫩匀。

图1-41 蒙顶黄芽

俗话说："昔日皇帝茶，今入百姓家！"这就是蒙顶黄芽的真实写照。

（四）花茶名品

1. 苏州茉莉花茶（见图1-42）

我国茉莉花茶中的佳品。苏州茉莉花茶，约于清代雍正年间已开始发展，距今已有280多年的产销历史。据史料记载，苏州在宋代时已栽种茉莉花，并以它作为制茶的原料。1860年时，苏州茉莉花茶已盛销于东北、华北一带。

苏州茉莉花茶以所用茶胚、配花量、窨次、产花季节的不同而有浓淡，其香气依花期有别，头花所窨者香气较淡，"优花"窨者香气最浓。苏州茉莉花茶主要茶胚为烘青，也有杀茶、尖茶、大方茶，特高者还有以龙井、碧螺春、毛峰窨制的高级花茶。与同类花茶相比属清香类型，香气清芬鲜灵，茶味醇和含香，汤色黄绿澄明。

1949年，苏州茉莉花茶开始出口，外销东南亚、欧洲、非洲等20多个国家和地区。

2. 福建茉莉花茶（见图1-43）

（1）福州茉莉花茶。

选用上等绿茶为原料，配窨天然茉莉鲜花精制而成，产品芬芳浓郁，醇甘鲜爽，水色明净，叶片嫩绿，又称香片。福州茉莉花茶，以烘清茶坯窨制者分，则有特级、1～7级八个品目。特种茉莉花茶的品目有：东风、灵芝、银毫、凤眉、秀眉、雀舌毫、明前绿等上品。品质特点是：浓香型茶，花香浓烈而鲜灵持久，茶汤醇厚显香，汤色黄绿明亮，耐泡。高档茶虽经三次冲泡，仍香味较浓。

图1-42 苏州茉莉花茶

图1-43 福建茉莉花茶

（2）天山银毫。

福建宁德茶厂生产，选用高级天山烘青绿茶与"三三伏"优质茉莉，按传统工艺窨制而成。茶形紧秀匀齐，白毫显露，色泽嫩绿，水色透明，香气鲜灵浓厚，叶底肥嫩柔软。

3. 珠兰花茶（见图1-44）

珠兰花茶，是我国主要花茶产品之一，因其香气芬芳幽雅、持久耐贮而深受消费者青睐。珠兰花茶主要产于福州、安徽歙县等地，以清香幽雅、鲜香持久的珠兰和米兰为原料，选用高级黄山毛峰、徽州烘青、老竹大方等优质绿茶作茶坯，混合窨制而成。其中尤以福州珠兰花茶为佳，福州珠兰花茶以香气浓烈持久而著称。另外，珠兰黄山芽为珠兰花茶的珍品，其品制特征是外形条索紧细，锋苗挺秀，内毫显露，色泽深绿油润，花干整枝成串，一经冲泡，茶叶徐徐沉入杯底，花如珠帘，水中悬挂，妙趣横生，细细品啜既有兰花特有的幽雅芳香，又兼高档绿茶鲜爽甘美的滋味，一杯在手，实为一种精神享受，尤为女士所喜爱。普通的珠兰花茶外形条索紧细匀整，色泽墨绿油润，花粒黄中透绿，香气清纯隽永，滋味鲜爽回甘，汤色淡黄透明，叶底黄绿细嫩。

4. 玫瑰花茶（见图1-45）

我国目前生产的玫瑰花茶主要有玫瑰红茶、玫瑰绿茶、九曲红玫瑰茶等花色品种。广东、上海、福建人嗜饮玫瑰红茶，著名的玫瑰花茶有广东玫瑰红茶、杭州九曲红玫瑰茶等。

图1-44 珠兰花茶

图1-45 玫瑰花茶

5. 桂花茶（见图1-46）

桂花茶以广西桂林、湖北成宁、四川成都、重庆等地产制最为著名。广西桂林的桂花烘青、福建安溪的桂花乌龙、四川北碚的桂花红茶均以桂花的馥郁芬芳衬托茶的醇厚滋味而别具一格，成为茶中之珍品，深受国内外消费者青睐。

6. 玳玳花茶（见图1-47）

玳玳花茶是我国花茶家族中的一枝新秀，由于其香高味醇的品质和玳玳花开胃通气的药理作用，深受国内消费者的欢迎，被誉为"花茶小姐"。畅销华北、东北、江浙一带。玳玳亦称回青橙，芸香科，柑橘属，常绿灌木，枝细长，叶互生，革质，椭圆形，春夏开白花，香气浓郁，果实扁球形。当年冬季为橙红色，翌年夏季又变青，故称"回青橙"，因有果实数代同生一树的习性，亦称"公孙橘"。一般进厂的鲜花应立即摊放散热，厚度4～6cm，雨花则要等表面水蒸发后才会"破头"开放，故应辅以风扇使表面水速蒸发。玳玳花花瓣厚实，芳香油在较高的温度条件下才容易散发，因此常加温热窨，以有利香气的挥发和茶坯吸香。由手将茶花拌和后，送上烘干机加温，出烘后立即围囤窨制。玳玳花茶一般用中档茶窨制而成。

图 1-46 桂花茶

图 1-47 玳玳花茶

（五）乌龙茶名品

1.安溪铁观音（见图 1-48）

产于福建安溪，铁观音的制作工艺十分复杂，制成的茶叶条索紧结，色泽乌润砂绿。好的铁观音，在制作过程中因咖啡碱随水分蒸发还会凝成一层白霜；冲泡后，有天然的兰花香，滋味纯浓。用小巧的工夫茶具品饮，先闻香，后尝味，顿觉满口生香，回味无穷。近年来，发现乌龙茶有健身美容的功效后，铁观音更是风靡日本和东南亚。

2.冻顶乌龙（见图 1-49）

冻顶乌龙茶，被誉为台湾茶中之圣。产于台湾南投鹿谷乡，因其鲜叶采自青心乌龙品种的茶树上，故名冻顶乌龙。冻顶为山名，乌龙为品种名。但按其发酵程度，属于轻度半发酵茶，制法与包种茶相似，应归属于包种茶类。

图 1-48 安溪铁观音

图 1-49 冻顶乌龙

文山包种和冻顶乌龙，系姊妹茶。冻顶茶品质优异，在台湾茶市场上居于领先地位。其上选品外观色泽墨绿鲜艳，并带有青蛙皮般的灰白点，条索紧结弯曲，乾茶具有强烈的芳香；冲泡后，汤色略呈柳橙黄色，有明显清香，近似桂花香，汤味醇厚甘润，喉韵回甘强。叶底边缘有红边，叶中部呈淡绿色。

3. 武夷岩茶（见图1-50）

产于闽北"秀甲东南"的名山武夷，茶树生长在岩缝之中。武夷山位于福建崇安东南部，方圆60千米，有36峰、99名岩，岩岩有茶，茶以岩名，岩以茶显，故名岩茶。武夷产茶历史悠久，唐代已栽制茶叶，宋代将茶列为皇家贡品，元代在武夷山九曲溪之四曲畔设立御茶园，专门采制贡茶，明末清初创制了乌龙茶。武夷山栽种的茶树，品种繁多，有大红袍、铁罗汉、白鸡冠、水金龟"四大名枞"，此外还有以茶树生长环境命名的，如不见天、金锁匙等；以茶树形状命名的，如醉海棠、醉洞宾、钓金龟、凤尾草、玉麒麟、一枝香等；以茶树叶形命名的，如瓜子金、金钱、竹丝、金柳条、倒叶柳等；以茶树发芽早迟命名的，如迎春柳、不知春等；以成茶香型命名的，如肉桂、石乳香、白麝香等。

武夷岩茶具有绿茶之清香，红茶之甘醇，是中国乌龙茶中之极品。武夷岩茶属半发酵茶，制作方法介于绿茶与红茶之间。其主要品种有"大红袍""白鸡冠""水仙""乌龙""肉桂"等。

武夷岩茶品质独特，它未经窨花，茶汤却有浓郁的鲜花香，饮时甘馨可口，回味无穷。18世纪传入欧洲后，倍受当地群众的喜爱，曾有"百病之药"的美誉。武夷岩茶（习惯通称乌龙茶）是我国历代名茶中的上品，历经沧桑而不衰，迄今在国内外市场仍属佼佼者。

大红袍（见图1-51）是武夷岩茶中品质最优异者，其品质特点：条索壮结重实，色泽油润，内质香郁，味醇香甘，汤色清橙红，叶底绿叶红边。大红袍的营养价值和药用价值都很高。除了具备红绿茶的作用外，它所含的糖类及各种矿物质较多，耐冲泡，能促进身体健康。

4. 广东乌龙茶

主要产于广东潮汕地区，其主要代表有原产于广东省潮州市凤凰山的凤凰单丛（枞）茶等，其为历史名茶，始创于明代，并经单株（丛）采收制作而得名。

凤凰单丛茶品质优异，与其所独有的、丰富的品种资源紧密相关。凤凰山区毗临东海，茶区海拔上千米，自然环境有利于茶树的发育及形成茶多酚和芳香物质。

由于选用的茶树鲜叶优次和制作精细程度不同，按品质依次分为凤凰单丛、凤凰浪菜、凤凰水仙（见图1-52）三个品级。因茶香、滋味差异，人们习惯将单丛茶按茶香型分为黄枝香单丛茶、芝兰香单丛茶、桃仁香单丛茶、玉桂香单丛茶、通天香单丛茶等多种。

图1-50　武夷岩茶

图1-51　大红袍

凤凰单丛茶品质极佳，素有"形美、色翠、香郁、味甘"四绝。其外形挺直、肥硕、油润；幽雅清高的自然花香，浓郁、甘醇、爽口、回甘，橙黄、清澈、明亮的汤色，青蒂、绿腹、红镶边的叶底，极耐泡的底力，构成凤凰单丛特有的色、香、味内质特点。

5.水仙茶

主要分为武夷水仙（见图1-53）和闽北水仙两种。

武夷水仙的特点：条索肥壮紧结，叶端折皱扭曲，如蜻蜓头，不带梗，不断碎，色泽油润，香气浓郁清长，岩韵显，味醇厚，具有爽口回甘的特征。叶底呈绿叶红镶边。汤色浓艳清澈，呈橙黄色。

图1-52　凤凰水仙

图1-53　武夷水仙

闽北水仙的特点：条索壮结重实，叶端扭曲，色泽油润，香气浓郁带有兰花清香，滋味醇厚鲜爽有回甘味，汤色清澈，呈橙红色，叶底红边鲜艳。

6.闽北乌龙茶

武夷山除武夷水仙和素有"岩茶王"之称的"大红袍"外，还有肉桂（见图1-54）、铁罗汉、半天腰、白鸡冠、素心兰、水金龟、白瑞香、奇种、老枞水仙等多个珍贵品种，其香气、汤色、滋味无不各具风韵，世界名山武夷山也因此成为"茶树品种王国"。

图1-54　武夷肉桂

（六）紧压茶名品

1.云南普洱茶（见图1-55）

普洱茶是在云南大叶茶基础上培育出的一个新茶种。普洱茶亦称滇青茶，原运销集散地在普洱市，故此而得名，距今已有1700多年的历史。它是用攸乐、萍登、倚帮等11个县的茶叶，在普洱市加工成而得名。

图1-55　普洱茶

普洱茶的产区，气候温暖，雨量充足，湿度较大，土层深厚，有机质含量丰富。茶树分为乔木或乔木形态的高大茶树，芽叶极其肥壮而茸毫茂密，具有良好的持嫩性，芽叶品质优异。采摘期从3月开始，可以连续采至11月。在生产习惯上，划分为春、夏、秋茶三期。采茶的标准为二三叶。其制作方法为亚发酵青茶制法，经杀青、初揉、初堆发酵、复揉、再堆发酵、初干、再揉、烘干8道工序。

在古代，普洱茶是作为药用的。其品质特点是：香气高锐持久，带有云南大叶茶种特性的独特香型，滋味浓强富于刺激性；耐泡，经五六次冲泡仍持有香味，汤橙黄浓厚，芽壮叶厚，叶色黄绿间有红斑红茎叶，条形粗壮结实，白毫密布。

普洱茶有散茶与型茶两种。运销日本、马来西亚、新加坡、美国、法国等十几个国家。

2. 云南沱茶

云南沱茶是紧压茶中最好的一种，是以晒青毛茶作原料加工而成的。品质特点：沱茶为碗臼型，色泽暗绿露毫，香气清正，滋味浓厚甘和，汤色黄明，叶底嫩匀。茶中含梗 3%，灰分 7%。

3. 湖南茯砖茶

茯砖茶是西北边疆各族群众不可缺少的必需品。它具有外形齐整如砖，金花普茂，色泽黑褐，汤色红浓，味道醇厚，香气持久等特点。尤其特别的是茯砖茶中呈金黄色颗粒的冠突曲霉。经中外科学家们分析鉴定，具有极强的分解油腻、消食、调节人体脂肪代谢的功能，特别适合饮食结构中以奶、肉类为主食的人们饮用。茯砖茶约在 1860 年前后问世，茯砖早期称"湖茶"，因在伏天加工，故又称"伏茶"；因原料送到泾阳筑制，又称"泾阳砖"。现在茯砖茶集中在湖南益阳和临湘两个茶厂加工压制，年产量约 2 万吨，产品名称改为湖南益阳茯砖。茯砖茶分特制和普通两个品种，特制茯砖砖面色泽黑褐，内质香气纯正，滋味醇厚，汤色红黄明亮，叶底黑褐尚匀；普通茯砖砖面色泽黄褐，内质香气纯正，滋味醇和尚浓，汤色红黄尚明，叶底黑褐粗老。茯砖茶形状为长方砖形，规格为长 35cm、宽 18.5cm、高 5cm，每块重 2 千克（目前也有重量为 1 千克的小号茯砖销售）。茯砖茶在泡饮时，要求汤红不浊，香清不粗，味厚不涩，口劲强，耐冲泡。特别要求砖内金黄色霉菌（俗称金花）颗粒大，干嗅有黄花清香。

4. 湖北青砖茶（又名洞茶）

青砖茶产于湖北咸宁。青砖茶加工要复杂一些，因为它分为"面茶"和"里茶"，好茶为面茶，次茶为里茶，这样加工出来的青砖茶表面平整光滑。一、二级老青茶为面茶。特点：长方砖形，规格为长 34 厘米、宽 17 厘米、高 4 厘米，块重 2 千克。色泽青褐，香气纯正，滋味浓厚，汤色红黄明亮，叶底暗褐粗老。茶中含梗 25%，灰分 7.5%。该茶饮用时需将茶砖弄碎，放进特制的水壶中加水煎煮，茶汁浓香可口，具有清心提神、生津止渴、暖人御寒等功效。陈砖茶效果更好。

5. 黑砖茶

黑砖茶原产于湖南安化白沙溪，1939 年前后开始生产。因砖面压有"湖南省砖茶厂压制"8 个字，又称"八字砖"。因砖面用凸字字模，兰州市场称黑砖为"鼓字名牌安化黑砖"。现在年产量约 5000 吨，主销甘肃、宁夏、青海、新疆等省区，以兰州为集散地。

黑砖茶的外形为长方砖形，规格为长 35 厘米、宽 15 厘米、高 35 厘米。砖面端正，四角平整，模纹（商标字样）清晰。砖面色泽黑褐，内质香气纯正，滋味浓厚微涩，汤色红黄微暗，叶底老嫩尚匀。每片砖净重 2 千克。

6. 康砖茶

康砖茶产于四川雅安，每块 0.5 千克重的砖形紧压茶。该茶的特点为：金尖外形，色泽棕褐，香气平和，滋味醇和，水色红亮，叶底暗褐粗老。其主销川西和西藏，以康定、拉萨为中心，并转销西藏边远地区。

7. 花砖茶

花砖茶产于湖南安化，压制时把差的茶叶压在里面，较好的茶叶压在外面。该茶正面有花纹，砖面色泽黑褐，内质香气纯正，滋味浓厚微涩，汤色红黄，叶底老嫩匀称，每片花砖净重 2 千克。该茶销售以太原为中心，并转销晋东北及内蒙古自治区等地。

8. 米砖茶

米砖茶产于湖北省赵李桥茶厂，是以红茶的片末茶为原料蒸压而成的一种红砖茶。其面茶及里茶均用茶末，故称米砖。该茶色泽乌润，砖形四角平整，表面光滑，内质香味醇和，汤色深红，叶底均匀色红暗。砖面压有"中茶"字样和"火车头"的标记，重量为 1 千克。

任务四　了解世界其他名茶及产茶区

由于茶叶受到世界人民的欢迎，并成为三大饮品之一，所以世界茶业的发展速度也很快。目前，世界五大洲中已有 50 个国家种植茶叶，茶区主要集中在亚洲，亚洲茶叶产量约占世界茶叶产量的 80% 以上。

问题一　印度产茶的情况是怎样的？

（一）印度茶的起源与发展

印度茶叶生产于 19 世纪中叶。1823 年一个英国军官罗伯特·布鲁斯少校第一次在印度东北部阿萨姆地区发现了野生茶树。1834 年另一个布鲁斯（罗伯特的兄弟）又将我国茶籽引进印度（一说当时有人把我国的茶树苗引进印度）。1939 年印度的第一批茶叶运往伦敦试销，获好评。随后，印度第一个茶园"阿萨姆茶叶公司"的成立标志着印度茶叶行业的诞生。从此，"茶叶热"很快从东北的阿萨姆邦传到西孟加拉邦的大吉岭一带，后来又发展到南部的尼尔吉里山区。到1860年，阿萨姆地区至少已经有50家茶园，20世纪初叶印度茶叶产量已经超过我国。

根据可靠的记载，印度第一次种茶是在18世纪英国统治下，那时少量的茶籽由我国传至印度并被种植于加尔各答的皇家植物园中。19世纪英国驻印度总督提倡在印度种茶并派遣人员至我国研究茶树的栽培和茶叶的制造方法，同时采购茶籽、茶苗，并雇用我国技工。当时第一批采购的是武夷山的茶籽——适合制作红茶的茶树种籽，总而言之，今日的印度红茶是由我国传过去的。

印度的地理环境适合茶树生长，茶叶产区分布很广——从东到西、由北到南都有，按地理可分为南北两大区。全国22个邦均生产茶，其中北印的阿萨姆和大吉岭、南印的尼尔吉里等地区或以大或以质优而闻名于世。阿萨姆是印度最大茶区，产量约占总产量的50%以上。印度几个主要产茶区的茶叶各有其特点——阿萨姆茶的茶汤醇厚、味浓；大吉岭茶以其独特的幽雅香气被称为"茶中香槟"；尼尔吉里茶味鲜爽甘甜，香气清新，被誉为"拼配商之梦"。印度许多茶叶质量优良而稳定，其中大吉岭茶更是享有世界声誉的优质茶，是世界市场中的佼佼者，过去和我国祁红并列，可卖最高价。但是产量较小——通常只占印度茶叶产量的3%左右。

20世纪初叶印度茶叶年产量已达10万吨以上；然后在一个相当长的时期发展缓慢，1938年产量才突破20万吨大关；随后的十多年发展加快，1955年产量突破30万吨大关；又过了13年到1968年产量突破40万吨大关。由于需求增加，茶园面积也随之增加，20世纪70年代印度茶叶生产有了更大发展，产量显著增加。1976年印度茶叶产量突破50万吨大关以后增产势头更猛——1978年产量又增加到60万吨以上，10年后年产量突破70万吨大关。20世纪90年代，印度茶叶产量继续增加，1998年产量增至87.41万吨的创纪录水平，随后两年有所减少，但仍在80万吨以上。2001年产量为85.37万吨，2002年产量为82.61万吨，2018年产量为131万吨，年产量仅次于中国，位居世界第二。

（二）印度茶区概况

1. 金大吉岭（GOLDEN DARJEELING）茶区

产于印度北部喜马拉雅山脉，海拔约2000米处，产量稀少珍贵，有着卓然不同的果香风味。其显著的特征是含有麝香葡萄芬芳，茶色明亮动人，完全撷取最上选的花尖橙黄白毫（FTGFOP）等级，弥足珍贵。

饮用方式：以纯红茶为主。

2. 大吉岭（DARJEELING）茶区

产于印度北部喜马拉雅山岳，海拔约 1500
米处，属于中国小叶种，产季为 3 ~ 11 月，
Top Tea 则是在 5 ~ 6 月。FOP 等级的大吉岭
茶叶，因为含有许多有黄金蕊之称的新芽，故
又被称为"红茶的香槟"。如图 1-56 所示。

图 1-56　印度大吉岭茶

饮用方式：纯红茶，茶色呈橙黄色。

3. 阿萨姆（ASSAM）茶区

是西方最早发现茶树的地方，地处印度北
部喜马拉雅山麓的广大草原地带，无论是自然环境，还是气候条件，都是理想的红茶
产地。阿萨姆红茶最大的特点是茶味浓烈，有甘醇的余香，素有"烈茶"之称。非常
适合加入牛奶饮用，也适合以牛奶熬煮制成皇家奶茶。因冷却后易产生茶乳现象，故
不适合用来冲泡冰红茶。此外，因其成分容易释出，属浓烈红茶，故浸泡时间不需
太长。

饮用方式：最适合奶茶，茶色呈清澈而稍浓的红色。

4. 杜阿滋（DOOARS）茶区

产地位于印度东北部，阿萨姆以西。茶色较大吉岭茶浓，没有强烈的涩味，但香
气也较淡，其特征是口感佳而味道浓。一般大多使用在调和红茶或茶包。

饮用方式：奶茶，茶色呈较浓的橙黄色。

5. 尼尔吉里（NILGIRI）茶区

尼尔吉里茶叶在产地的发音是指" Blue Mountain（青山）"，茶树栽种在印度南部
平缓的丘陵地带。因为产区地理环境及气候条件与斯里兰卡相近，因此风味与斯里兰
卡茶相似。另因气候良好适合茶树生长，所以全年皆有生产，而 12 月到隔年 1 月所
采收的茶叶品质特别优良。

饮用方式：最适合奶茶及加入香料的调和红茶，茶色呈稍浓的橙黄色。

问题二　斯里兰卡的情况是怎样的？

斯里兰卡，1972 年以前为锡兰，是位于南亚次大陆南端东侧印度洋中的岛国，境
内北部和沿海地区是平原，中部和南部是高原和山地。北部属热带草原气候，南部属
热带雨林气候；经济以种植园为主。农产品有茶叶、橡胶、椰子"三宝"。

斯里兰卡主要茶叶产区集中在中南部地区的高原上。不同产区的茶叶通常按照海拔高度分为三个类型：高地茶（High-grown，高度1200米以上的产区）是高档茶，一般占全国茶叶产量的35%左右；中地茶（Mid-grown，高度600米以上）是中档茶，占25%左右；低地茶（Low-grown，高度600米以下），是低档茶，占40%。这里所说的高、中、低三个档次是相对的。有时低地茶由于其本身的特点（如浓度高）在某一市场售价甚至高于高地茶。锡兰红茶的6个产区包括乌瓦（UVA）、乌达普沙拉瓦（Uda Pussellawa）、努瓦纳艾利（Nuwara Eliya）、卢哈纳（Ruhuna）、坎迪（Kandy）、迪不拉（Dimbula），各产地因海拔高度、气温、湿度的不同，均有不同特色。在这些产地中，最具知名度的就是乌瓦茶。乌瓦茶和中国的祁门红茶、印度的阿萨姆红茶及大吉岭红茶，并称世界四大名茶。它的风味强劲、口感浑重，适合泡煮香浓奶茶。努瓦纳艾利茶则属高山茶，茶色清淡，茶味清香，以纯茶饮用最佳。坎迪茶则生长在中海拔产区，口感不若乌瓦茶深厚，但茶香与奶香交融后，形成恰到好处的折中口味。

锡兰茶（这个品名沿用至今，未随国名改变）香气馥郁，饮后香气常留口内，汤色也很亮。其茶叶可全年采摘，但因季节不同，品质有异。二月前后叫"特姆勃拉"茶季；八月前后叫"乌哇"茶季。在这两个茶季期间，所产茶质优价高。锡兰茶见图1-57。

图1-57 锡兰茶

斯里兰卡茶叶的特征是钠含量低。对于有高血压、需要摄取少量钠的人来说，是理想的饮品。

斯里兰卡茶叶绝大部分供应出口，国内消费很少。斯里兰卡茶叶的市场遍布世界各大洲的60多个国家和地区，其中万吨以上的主要买主及其在斯里兰卡茶叶出口中所占比重（以2001年为例）依次为：俄罗斯17%，阿联酋12%，叙利亚8.6%，利比亚6.6%，土耳其5.9%，伊拉克4.6%，伊朗4.1%。

斯里兰卡基本只出口红茶，绿茶只占极少数。

斯里兰卡的茶园面积长期以来变化不大，现有茶叶加工厂629家。其中既有附属于大茶园的，也有独立经营自行收购鲜叶加工成成品茶并自行销售的，后者约有200家。小茶园只能生产鲜叶，没有加工设备。斯里兰卡主要生产传统的红碎茶及少量

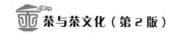

绿茶。

问题三　肯尼亚的情况是怎样的?

肯尼亚是 20 世纪的新兴产茶国，茶叶生产发展较快。茶叶生产已成为肯尼亚的支柱产业和外汇收入的重要来源。在肯尼亚独立时，没有出口茶叶的小农户；到了 2004 年，小农户出口的茶叶占全国茶叶总出口量的 60% 以上，余下的部分为早已建立的大型茶叶生产者出口。小农户种茶的发展，使茶叶成为肯尼亚最重要的出口商品，并且使高利润的园艺和旅游业部门分别退居到第二和第三位。肯尼亚的小农户种植茶叶，对于小农户的农村发展和公营企业而言是一种突破。肯尼亚茶叶发展局有限公司作为管理近 50 万种茶小农户的唯一机构，成功地将资源融入小农户茶叶生产渠道，在全国建立了 54 家茶厂。

自 1963 年独立以来，肯尼亚的茶叶种植面积从 4000 公顷扩大到 2000 年的 12 万公顷，目前是非洲第一大茶叶生产国和出口国，年产量从 1.8 万吨增长至 2001 年创纪录的 29.46 万吨。即使在遭受旱灾的 2000 年，该国茶叶产量也保持在 23 万吨以上。1963 年独立时，肯尼亚茶叶年出口量仅有 1.5 万吨，但到 2017 年出口量已增至 41.6 万吨。肯尼亚已成为世界上第一大茶叶出口国。巴基斯坦是肯尼亚茶叶的最大进口国，其次为英国、埃及、阿富汗等国家。

问题四　俄罗斯的情况是怎样的?

俄罗斯是为数不多的传统的茶叶消费大国之一，是当前世界第二大茶叶进口国，仅次于巴基斯坦。早在 400 多年前，他们的祖先就开始饮茶了。饮茶的传统在俄罗斯的形成是有其客观原因的：俄罗斯位于欧洲和亚洲的交会地带。长期以来，俄罗斯的发展一直深受欧亚各国的影响，尤其是东方邻邦，也是茶叶的故乡——中国的影响。

早在 17 世纪就有中国茶叶进入俄罗斯，从 1997 年开始，俄罗斯茶叶的年消费总量一直稳定在 15 万～16 万吨。而俄罗斯茶叶人均消费量为每年 1 千克。1997 年，得益于俄罗斯联邦政府将茶叶进口关税细化等一系列及时有效的措施，俄罗斯茶叶分包装业在短期内迅速得到恢复。到 20 世纪，俄罗斯每年进口我国茶叶已超过 7 万吨。到 1990 年增至 23.50 万吨；20 世纪后期直到 2017 年，一直在 16 万吨左右的较高水平上徘徊，人均年消费量 90 年代为 1215 克，现在一般稳定在 1000 克左右。

俄罗斯茶叶市场上的主要运营商均在当地建立了现代化的茶叶分包企业。与此同时，茶产业的投资总额也超过了 1.5 亿美元，到 2004 年年底，俄罗斯茶叶市场总量达到 16.6 万吨，总金额约为 10 亿美元。俄罗斯消费者对茶消费习惯仍未有太多变化：93% 消费的是红茶，7% 是绿茶。俄罗斯进口的茶叶中，有 77% 是原茶，这些原茶均在俄罗斯境内进行分包装。一次性冲泡的袋茶消费需求的增长也促进了俄罗斯茶叶市场总值的增长。目前，一次性冲泡袋茶的市场值占整个市场总值的 24%。

俄罗斯关税的调整改变了俄罗斯茶叶供货国的地理分布及进口品种的结构。如果说 20 世纪 90 年代初俄罗斯茶叶的主要供货国只有两个，即印度和斯里兰卡，而且当时进口的主要是小包装袋茶的话，那么现阶段这种情况已经发生了很大的变化。首先，俄罗斯茶叶供货国的名单也在不断扩大，而印度在这个名单中已经不能再保持领先地位。俄罗斯又开始以进口原茶为主。

问题五　越南的情况是怎样的？

越南是一个农业国家，农产品占全国 GDP 的 20%。茶叶在越南的种植已经有 3000 多年的历史了，但在 20 世纪 60 年代和 70 年代前期，每年的茶叶产量徘徊在 4000 到 6500 吨；而从 70 年代后期开始，茶叶产量开始腾飞。

1979 年产量超过 20000 吨，1985 年为 30000 吨，1996 年则为 40000 吨。近年来，产量增长甚至更快。在越南的 61 个省中，有 53 个省种植茶叶。茶园主要集中在北部山区（海拔 600 米以下）和中部地区（海拔 300～500 米）。主要茶区在越南首都河内附近。在这些地区，种植率达到了 60%，此外另有 26.1% 在南部中央高地的 Lam Dong 省，该地区位于胡志明市以北 300 多千米。在北方，共有 75 家国营茶叶加工厂，其中 30 家属于越南国家茶叶公司（VINATEA），另外 45 家属于各省所有，这些国有加工厂每天总共可加工约 1191 吨毛茶。

越南的茶叶有两个品种：绿茶和红茶。红茶主要用于出口，但直到 20 世纪 90 年代早期，产量仍然没有显著增加。相比之下，绿茶主要用于国内消费。绿茶是越南人日常生活中不可或缺的饮品。在越南，从婚礼到葬礼，从公务到浪漫，绿茶的消费无处不在。在实际生活中，委婉地谢绝一杯茶甚至都被视为一种冒犯。由于绿茶对人体有益，因此绿茶在西方发达国家越来越流行。越南也从 1996 年开始出口绿茶，有望继中国之后成为第二大绿茶出口国。此外，越南还生产一些花茶，如菊花茶、莲花茶、茉莉花茶。这些产品在国际市场售价约为 100 美元 / 千克。

2001 年，越南茶产量为 85000 吨（绿茶为 32000 吨），而 2002 年总产量升至 93000 吨。在主要产茶国中，越南排在第八位，年产量占全球的 2.6%，是其 20 世纪

90 年代早期的两倍。在出口方面，输出量的增加使其在世界出口市场中所占的份额于 2001 达到 4.9%。而其 1992 年仅为 1.3%，1998 年则为 2.5%。以目前的水平，越南还不能够同斯里兰卡、肯尼亚和中国一样推动世界市场的发展。

问题六　英国的情况是怎样的？

英国人以爱饮茶闻名于世，英国是一个独特的历史悠久的茶叶消费大国。英国每天消费 1.6 亿杯茶，英国目前是世界第二大茶叶进口国。根据国际茶叶委员会的统计，2002 年英国进口茶叶 16.65 万吨，进口额为 2.7 亿美元，英国国内茶叶市场年销售额约 10 亿美元。根据 2002 年的调查，10 岁以上的英国人中，71.3% 的人有每天饮茶的习惯，平均每人每天喝茶 2.78 杯，每天饮用的饮品中茶叶占 37%。英国是非产茶国，消费的茶叶全部靠进口。主要从肯尼亚、印度、印度尼西亚、斯里兰卡和中国等国进口茶叶。

尽管由于咖啡及其他软饮料的竞争和茶叶本身消费方式的变化，20 世纪中叶尤其是 70 年代以来英国茶叶进口和消费量在减少，但是茶叶在英国人心目中的地位并未降低，在英国饮料市场茶叶至今名列榜首——英国饮用量最大的饮料还是茶。按照某些业界人士的说法，时至今日茶仍然堪称英国的"国饮"。英国人对茶叶情有独钟。

英国不产茶叶，茶叶消费完全靠进口。早在 17 世纪东印度公司就在伦敦举行了第一次茶叶拍卖，从那时起，茶叶不但正式进入了英国，而且通过英国进入了其他欧洲国家，也进入了北美。伦敦茶叶拍卖不但奠定了英国茶叶进口和消费大国的地位，也使英国成立了世界茶叶贸易重要集散地。英国人早已和茶叶结下了不解之缘。

英国进口的茶叶大多数是散装茶，经过拼配、分装（小包装）或加工成袋泡茶以后才能进入市场。大多数公司（拼配、分装）都有自己的标志或商标。英国人对茶叶的质量要求较高，所以通常消费的茶以中高档货为主，对标志和商标也比较注意。英国人对所谓"特色茶"（Specialty tea，过去曾被译为"特制茶"）兴趣颇浓。"特色茶"是一种用某些特定品种的茶叶、为特定的目的并适合某些特定的消费者群体需要的茶叶，如早餐茶、下午茶等。

英国的茶叶进口来源几乎遍及所有的茶叶生产国，但主要是肯尼亚、印度、斯里兰卡、马拉维、印度尼西亚、中国。以 2018 年为例，英国茶叶进口的最大供应者是肯尼亚（占 59%），其次是印度（占 15%）。

项目小结

茶叶和饮茶习惯源于中国，史据众多。从历史记载的文献来看，中国自西周以来就有了人工培植茶叶的历史，经过各个朝代的发展和传播，最终随着世界文化交流的频繁而传播到国外并影响了很多国家的饮食习惯。人工培植的茶园随着人类对茶叶的需求增加而迅速发展起来，中国和世界很多地方都有很多著名的种植和出产好茶的地方。本项目详细介绍了茶的起源与发展、茶叶的分类与制作、中国名茶及产茶区、世界名茶及产茶区等。作为中国人，学习这些茶叶的基本知识，提高自我的生活品位，追求品位生活，在生活和工作中用好这些茶叶的知识，是一个现代人的社交礼仪需求之一。

思考与练习题

一、单项选择题

1. 在饮茶方法的演变中，唐代的饮茶方法是（   ）。

A. 煮茶   B. 点茶法   C. 散茶泡点法   D. 调饮法

2. 我国的制茶工艺发生了重大变革，从生产团饼茶（类似于现代的紧压茶）改为生产散茶是在（   ）。

A. 清代   B. 明代   C. 唐代   D. 宋代

3. 根据史料记载和实地调查，多数学者已经确认茶树的原产地是（   ）。

A. 印度   B. 斯里兰卡   C. 日本   D. 中国

4. 中国大部分茶区，对茶树合理采摘是按（   ）的规则来进行的。

A. 标准、分批、留叶   B. 标准、及时、分批、留叶

C. 标准、及时、分批   D. 及时、分批、留叶

5. 从发酵程度看，红茶属于（   ）。

A. 不发酵茶   B. 半发酵茶   C. 全发酵茶   D. 后发酵茶

二、简答题

1. 简述我国饮茶方法演变过程中宋代的饮茶法。

2. 我国饮茶方法是怎样演变及传播的？

3. 列举我国著名绿茶 10 种，并简述各自的特点。

项目二　茶与健康

 导语

众所周知，喝茶有益于身体健康。但茶叶含有哪些营养成分？对人体的健康作用到底有哪些？如何科学地饮用？解决这些问题，无论是在日常生活中，还是在旅游酒店行业的服务方面，都至关重要。要了解这些知识，请重点学习以下内容：

1. 茶的内质特征
2. 茶叶的营养成分
3. 茶的功效及科学饮用
4. 茶叶选购与品质的鉴别知识
5. 茶叶的储存方法

任务一　熟悉茶的内质特征

问题一　茶叶的色、香、味、形是怎样的？

茶叶的色、香、味、形是茶叶品质的综合反映，是以多种化学物质为基础而形成的。

（一）色

茶叶的色泽包括干茶颜色与茶汤颜色两部分。此外，在专业的评审时，还包括泡茶后叶底的色泽。

茶叶中有色的化学成分很多，如绿色的叶绿素、橙红色的胡萝卜素等。此外，鲜叶经不同的加工方式后，产生的颜色也各不相同。

绿茶的绿色主要是叶绿素决定的。当鲜叶经过热处理后，其所含的活性物质被破坏，抑制了它对各种化学成分的催化作用，使叶绿素固定下来。这样，就形成了绿茶的绿色。

绿茶的干茶色泽直接影响等级的确定，一般以绿润为标准。而绿茶茶汤的色泽，则以清澈的淡黄、微绿色为优。由于叶绿素不溶于水，因此，形成绿茶茶汤颜色的，主要是黄酮甙类物质。

红茶的茶汤颜色红艳明亮，这种红色来源于鲜叶中的茶多酚。红茶在制作过程中进行发酵时，鲜叶中的茶多酚被氧化，转化为茶红素、茶黄素和茶褐素，如发酵技术恰当，这三种成分比例协调，就可以获得优质红茶红艳明亮的汤色。

乌龙茶的制作工艺，介于红、绿茶之间。乌龙茶干茶色泽青褐，茶汤色呈黄红。由于它是半发酵，鲜叶中茶多酚被氧化的量多少不同，所表现出的颜色也有差别。

（二）香

茶叶的香气是由多种芳香物质形成的，不同芳香物质的组合，形成不同的香气。目前，对于香气方面的研究只处于了解香气的组成成分、组成变化和茶叶品质的关系，至于代表某种茶类香气的芳香物质的组成关系，还在研究之中。

人们从茶叶中已经发现的组成香气的芳香物质，共有343种，它们中有的只存在于鲜叶，有的只存在于绿茶。鲜叶香气由53种芳香物质组成，而红茶香气的芳香物质达到289种。因此，芳香物质不同量和种类的组合，是茶类香气的由来。

（三）味

茶叶的滋味是以茶叶的化学成分为基础，由味觉器官所反映形成的。茶叶中对味觉起作用的物质有茶多酚、氨基酸、咖啡碱、原糖等。这些物质的物理和化学特性，使其在不同含量、不同组成比例时，表现出不同茶类的滋味特征。

绿茶茶汤中呈味物质的组合，感官上形成鲜醇的滋味。但在所有呈味物质中，没有一种是显示"醇"的。醇是氨基酸与茶多酚含量比例协调的结果，鲜是氨基酸的反映，两者协调才会达到鲜醇的效果。

红茶的滋味以浓醇、鲜爽为主。在这里的鲜爽不像绿茶那样取决于氨基酸，而是取决于茶多酚及其氧化物——茶黄素。茶黄素是决定红茶的鲜爽味及茶汤亮度的主要成分。

（四）形

茶叶的外形有条形、针形、扁形、球形、片形等。这些都是在制茶过程中，通过一定的技术手段使茶叶成形后，再加以干燥后，固定下来的。可以说，茶叶的外形主要是物理作用形成的。

问题二　茶叶的化学本质特征是哪些？

我国的茶叶主要是按照茶叶加工过程中茶多酚类物质的氧化程度来划分的。因此不同茶类的化学本质特征，是决定其类别风格特点的最主要的因素。

（一）绿茶类的化学基本特征

绿茶的特点是香高味醇、清汤绿叶，主要是经高温杀青工艺处理得来的。在高温状态下，鲜叶内酶的活性被抑制，因而迅速地阻止了其他化学物质的氧化、分解，使其有效物质被快速固定下来。如茶多酚类，一般只减少15%，叶绿素和维生素C也比其他茶类保留得多。同时，绿茶中氨基酸的含量非常重要，其滋味的醇度，主要是氨基酸和茶多酚的含量比例来决定的，除了与茶树的品种有关，不同季节的茶，各类物质含量也不同。如绿茶以春茶品质最好，是因为春茶茶多酚含量低，而氨基酸含量全年最高；高山茶由于气温凉，平均日照短，茶叶中氨基酸含量也相对很高，所以，高山茶品质较好。

绿茶具有明显的清香，也是因为在高温的制作过程中，茶叶中低沸点的芳香物质，如具有青臭气的青叶醇等被挥发。而高沸点的芳香物质如苯甲醇、芳樟醇等被显露出来。同时，在这一过程中还生成了一些具有芳香的新物质和有助于香气散发的物质，所以绿茶的香浓且持久。同样，春茶中的芳香物质总含量，亦是全年最高。

（二）红茶类的化学基本特征

红茶的品质特点是干茶的黑色及红汤、红叶。红茶在制造中与其他茶类最大的区别在于发酵。充分的发酵，使鲜叶中的茶多酚类物质大量氧化，转化为有色的茶黄素、茶红素和茶褐素，形成茶汤的红艳明亮。同时，在发酵期间，芳香物质的增加也达到最多最快。因此，红茶的色、香、味如何，关键是由发酵的工艺决定的。

另外，红茶的品质，还和茶树品种有很大关系，一些地区的茶树含有的某种芳香物质较其他地区的茶树多，因此具有特殊的香气。而普遍来讲，制造红茶的茶树品种，要求茶多酚含量高，茶汤中内含物质的浸出浓度才较高，这样才能使红茶滋味浓醇、鲜爽。

（三）乌龙茶类的化学基本特征

乌龙茶的品质兼具红茶的甜醇和绿茶的鲜香，并有独特的绿叶红镶边的色泽，这主要是由于它半发酵的工艺特点形成的。

乌龙茶在制作过程中，通过调节水分的变化，有效地控制茶多酚类物质的氧化、叶绿素的分解、氨基酸和可溶性糖类的增加。对这一转化过程，控制的程度不同，即形成不同香气、不同特点的乌龙茶。一般说，发酵程度轻的，就形成清香；发酵程度重的，就形成醇香。香气间的明显差异，除了茶树品种的关系外，主要在于工艺上的细微差别。

而乌龙茶的绿叶红镶边，则是由于摇青时，叶子的边缘受到机械的损伤，促使其加速氧化，由黄绿转为红色；而叶面未受损伤，氧化较轻，由绿转为黄绿，因此而形成了其特有的色泽。

（四）黑茶类的化学基本特征

黑茶外形粗糙，干茶呈褐色，茶汤棕红，滋味醇和。

黑茶在高温、高湿的渥堆发酵过程中，使茶叶中内含化学物质产生变化，茶叶本身原有的内含成分几近贫乏；并由于微生物的作用，糖类及氨基酸被大量消耗，大大降低了茶汤的苦涩味和收敛性，使茶汤滋味醇和不涩。而叶绿素受到破坏后，原有的黄色物质，如叶黄素、胡萝卜素等显露，茶多酚氧化也产生茶红素和茶黄素，这些物质使黑茶茶汤呈现棕红，并影响叶底的色泽。

（五）黄茶类的化学基本特征

黄茶以色黄、汤黄、叶底黄为品质特征。

黄茶采用低温杀青，多焖少抖，使叶绿素的破坏和茶多酚的氧化在低温下缓慢进行，茶多酚类化合物的自动氧化大量减少，从而改善茶汤的苦涩，形成较醇和的滋味。叶绿素由于杀青、焖制而受到大量破坏，叶黄素显露，形成黄茶特有的金黄色泽。最后高温烘炒，固定已形成的黄茶品质，并使香气显露，最终形成黄茶的独特风格。

（六）白茶类的化学基本特征

白茶以白毫显露、香气清新、滋味甘醇而著称。

白茶外观特有的灰绿色泽，是由于制作过程中，叶片未经揉捻，叶绿素未受到完全破坏；而水分不断散失后，茶多酚类的氧化作用受到抑制，呈红色素类转化较少；同时部分叶绿素呈现，在绿、红、黄三中色素的复杂变化下，形成了标准白茶的灰绿色泽。

任务二 熟悉茶叶的营养成分和科学饮茶的方法

问题一 茶叶的营养成分有哪些？

茶叶的化学成分是由3.5%～7.0%的无机物和93%～96.5%的有机物组成的。茶叶中的无机矿质元素约有27种，包括磷、钾、硫、镁、锰、氟、铝、钙、钠、铁、铜、锌、硒等多种。茶叶中的有机化合物主要有蛋白质、脂质、碳水化合物、氨基酸、生物碱、茶多酚、有机酸、色素、香气成分、维生素、皂苷、甾醇等。

茶叶中含有 20% ～ 30% 的叶蛋白，但能溶于茶汤的只有 3.5% 左右。茶叶中含有 1.5% ～ 4% 的游离氨基酸，种类达 20 多种，大多是人体必需的氨基酸。茶叶中含有 25% ～ 30% 的碳水化合物，但能溶于茶汤的只有 3% ～ 4%。茶叶中含有 4% ～ 5% 的脂质，也是人体必需的。但就某一种特定的茶叶来说，各种营养成分虽然基本相同，但含量却因时、因地、因级的不同而不相同。通常把碳水化合物、蛋白质和脂肪称为生热营养素，这是因为它们在体内代谢后可产生热能供肌体生命活动的需要。此外食物纤维也有很重要的保健作用。

（一）热能

热能是维持机体代谢活动所必需的能量，它是由碳水化合物、蛋白质和脂肪这些生热营养素提供的。从有关资料来看，与其他食品相比，茶叶是一种低热能食物，但不同种类的茶叶所能提供的热能不一样。每 100 克茶叶提供的热能以绿茶最高，达 1255 ～ 1464 千焦，红茶、花茶和乌龙茶均低于 1255 千焦，砖茶最低。可见茶叶所含的热能与其品质和种类有关。一般来说，品质越好，热能越高；砖茶的热能最低，这是因为原料的茶叶质量不高。目前，茶叶的使用仍以泡饮为主，绝大部分的营养物质被当作废物而丢弃。在国内外都有吃茶叶的报道，如湖南等地的居民有饮茶后将茶渣嚼食的习惯，日本人将茶叶按一定的比例加到食物中，这样可使茶叶的营养功能得到充分发挥。因此，在人类食品资源不太丰富的今天，综合利用茶叶有很广阔的前景。

（二）蛋白质

蛋白质和生命活动的关系极为密切，"生命是蛋白质的存在形式"，即没有蛋白质就没有生命。蛋白质是生长发育必不可少的物质，是修复损伤的组织原料，是构成组织、酶、激素和抗体的主要成分。蛋白质还能调节血浆渗透压，必要时也能分解提供热能参与体内众多的代谢过程。与一般食物相比，茶叶中的蛋白质含量是相当高的，达 20% ～ 30%，其含量与茶叶的质量有密切的关系，绿茶中的蛋白质高于其他类型的茶叶。在泡茶时，茶叶中能溶于水的蛋白质还不到 2%，其余绝大部分留在茶渣中不能被利用，因此每天从饮茶摄取的蛋白质是很少的，对人体的营养价值不大，但如果吃茶则可得到数量可观的蛋白质。我国少数民族和欧美人常喜欢在茶汤中加入牛奶、酥油和乳酪等，这就给茶叶增加了大量的优质蛋白，可以有效地提高茶叶原有蛋白质的营养价值。牛奶和茶多酚可形成酪朊复合物，降低了茶的收敛性和苦涩味，也不妨碍蛋白质的正常吸收，如藏族的酥油茶和蒙古族的奶茶。

（三）碳水化合物

碳水化合物就是通常所说的糖类，根据其化学结构，可分为单糖、双糖和多糖类。食物纤维和果胶也属于碳水化合物，虽不能被人体吸收，但能刺激胃蠕动，增加粪便体积，减少有毒或有害物质的吸收，具有预防肠肿瘤、防治糖尿病等作用。碳水化合物在体内的主要功能是提供热能，同时也是构成神经和细胞的主要成分，并具有保肝解毒的作用。

最新的资料报道，茶叶中的碳水化合物含量多在40%左右，某些茶叶高达60%以上，这可能是由于测定方法不同。茶叶中的碳水化合物多为多糖类，能在沸水中溶出的多糖仅占茶叶水溶物的4%～5%，因此通常认为茶是低热能低糖饮品，适合于糖尿病和其他忌糖患者饮用。饮茶可提高多糖的吸收，在茶叶中加入牛奶和糖，如每天饮茶6杯，约1100毫升，所获得的热能可占全天饮食提供热能的7%～10%。故国内外有人喜欢饮牛奶茶或糖茶。

（四）脂肪

脂肪的主要功能是提供热能，同样体积的脂肪所提供的热能是碳水化合物或蛋白质的两倍。此外，脂肪还有保持体温、构成组织和细胞、促进脂溶性维生素的吸收和利用等作用。茶叶中的脂类含量不高，绿茶和红茶一般不超过3%，砖茶可能是在加工过程中加入了一定量的脂肪，其含量可达到8%左右。茶叶中的脂类有磷脂、硫脂、糖脂和甘油三酯等，其中的脂肪酸是亚油酸和亚麻酸，为人体的必需脂肪酸。必需脂肪酸和必需氨基酸一样，也是人体自身不能合成，必须由食物提供的。故饮茶可以使人体获得一定的脂肪酸，但因含量很少，所以提供的脂肪酸量很有限。

（五）维生素

维生素是维护身体健康所必需的一类有机化合物，这些物质在体内既不构成组织，也不提供热能，虽然所需的数量很少，但作用很大，是调节体内物质代谢必不可少的。体内不能合成，必须由食物供应。通常把维生素分为两大类，即脂溶性维生素和水溶性维生素，前者包括维生素A、维生素D、维生素E和维生素K，后者有维生素C、B族维生素等。人体需要的维生素共有10余种，茶叶中含有丰富的维生素。茶叶中的水溶性维生素可全部溶解在热水中，浸出率几乎达100%；而脂溶性维生素难溶于水，所以人们通过饮茶获得的脂溶性维生素不多。

据有关资料称，茶叶中含有大量的维生素C，其含量因茶叶种类不同有很大的差异，通常每100克茶含有100～500毫克，其中绿茶比红茶高；100克优质绿茶中维生素C多在200毫克以上，高档绿茶含量更高。维生素C能防治坏血病，增加机体的抵抗力，促进创口愈合。

B 族维生素参与体内多种生理生化代谢过程，维持神经、心脏及消化系统的正常功能。如缺乏维生素 B1 可发生脚气病、多发性神经炎、胃肠机能障碍，缺乏维生素 B2 可引起角膜炎、结膜炎、口角炎、舌炎、口腔溃疡和阴囊皮炎等。茶叶中 B 族维生素的量是比较多的，如每天饮茶 25 克，可满足人体对 B 族维生素的 25% 的需要量。通常绿茶中的 B 族维生素的含量高于其他类的茶叶，细嫩的绿茶中含量更高。

维生素 E 是一种抗氧化剂，可以阻止人体中脂质的过氧化过程，因此具有抗衰老的效应。茶叶中维生素 K 的含量约每克成茶 300 ～ 500 国际单位，因此每天饮用 5 杯茶即可满足人体的需要。维生素 K 可促进肝脏合成凝血素。

（六）矿物质和微量元素

人体所需要的矿物质通常分为常量元素和微量元素，常量元素有钾、钠、钙、镁、磷、硫、氧、碳、氢、氮，而微量元素有铁、碘、锰、钴、锌、铜、钼、硒、铬、镍、锡、氟、钡、钒 14 种。茶叶含有的无机物质占茶叶干重的 4% ～ 9%，其中 50% ～ 60% 可溶解在热水之中，能被人体吸收利用，大多有益于健康。经研究发现，茶叶中含有人体所必需的微量元素 11 种。茶叶中含量最多的无机成分是钾、钙和磷，其次是镁、铁、锰等，而铜、锌、钠、硒等元素较少。不同的茶叶中其含量稍有差别，绿茶所含的磷和锌比红茶高，但红茶中钙、铜、钠的含量比绿茶高。此外茶叶也含有一些对人体有害的元素，如铝、铅、镉等，并且其浸出率均在 60% 左右。

问题二　茶有哪些药用成分？

（一）生物碱

茶叶中的生物碱包括咖啡碱、茶碱、可可碱、嘌呤碱等。咖啡碱是茶叶中一种含量很高的生物碱，一般含量为 2% ～ 5%。每 150 毫升的茶汤中含有 40 毫克左右的咖啡碱。咖啡碱的功能有兴奋中枢神经系统、消除疲劳、提高劳动效率；抵抗酒精、烟碱和吗啡等的毒害作用；强化血管和强心作用；增加肾脏血流量，提高肾小球滤过率，有利尿作用；松弛平滑肌，消除支气管和胆管痉挛；控制下视丘的体温中枢，调节体温；降低胆固醇和防止动脉粥样硬化。在对咖啡碱安全性评价的综合报告中的结论是：在人正常的饮用剂量下，咖啡碱对人无致畸、致癌和致突变作用。

茶碱功能与咖啡碱相似，兴奋中枢神经系统较咖啡碱弱，强化血管和强心作用、利尿作用、松弛平滑肌作用比咖啡碱强。

可可碱的功能与咖啡碱和茶碱相似，兴奋中枢神经的作用比前两者都弱；强心作用比茶碱弱但比咖啡碱强；利尿作用比前两者都差，但持久性强。

（二）多酚类化合物

茶叶中的多酚类化合物，包括了茶单宁、茶鞣酸、茶鞣质、儿茶素等6类，质量占干茶的20%～35%；其中儿茶素占茶多酚的60%～80%，为干重的12%～24%。茶多酚的功能是增强毛细血管的作用；抗炎抗菌，抵制病原菌的生长，并有灭菌作用；影响维生素C代谢，刺激叶酸的生物合成；能够影响甲状腺的机能，有抗辐射损伤作用；作为收敛剂可用于治疗烧伤；可与重金属盐和生物碱结合起解毒的作用；缓和胃肠紧张，防炎止泻；增加微血管韧性，防治坏血病，并有利尿作用。

（三）芳香类物质

茶叶中的芳香类物质包括萜烯类、酚类、醇类、醛类、酸类、酯类等。其中萜烯类有杀菌、消炎、祛痰作用，可治疗支气管炎。酚类有杀菌、兴奋中枢神经和镇痛的作用，对皮肤还有刺激和麻醉的作用。醇类有杀菌的作用。醛类和酸类均有抑杀霉菌和细菌，以及祛痰的功能，后者还有溶解角质的作用。酯类可消炎镇痛、治疗痛风，并能够促进糖代谢。

（四）脂多糖类

茶叶含有脂多糖类物质，该物质具有抗辐射损伤，改善造血功能的作用。脂多糖是构成茶细胞壁的大分子复合物，茶叶中脂多糖的含量约为3%。药理试验表明，适当的植物脂多糖进入动物或人体后，在短时间内就可以增强肌体的非特异性免疫能力，对提高肌体的抵抗力有很大作用。动物试验表明，茶叶中的脂多糖有防辐射的功效，同时也有改善造血功能的作用。

问题三　如何做到科学饮茶?

每个人的身体情况不同，如不同的年龄、性别、身体素质等，同时，茶叶也是多种多样的，所含的成分有差别。因此，我们应根据具体情况选择茶叶，并注意饮用的量和时，以取得最理想的保健效果。

（一）饮茶要适量

饮茶虽有诸多好处，但物极必反，如果饮茶过量，特别是过量饮浓茶，则适得其反，有害健康，故茶必须适量饮用。明代许次纾在《茶疏》中说："茶宜常饮，不宜多饮。常饮则心肺清凉，烦郁顿释；多饮则微伤脾肾，或泄或寒……"可见喝茶过多，特别是暴饮浓茶，对身体健康有害无益。

茶含有较多的生物碱，一次饮茶太多将使中枢神经过于兴奋，心跳加快，增加心、肾负担，晚上还会影响睡眠；过高浓度的咖啡碱和多酚类等物质对肠胃产生强烈刺激，会抑制胃液分泌、影响消化功能；等等。所以，控制饮茶的量是合理饮茶所要考虑的重要内容。

根据人体对茶叶中药效成分和营养成分的合理需求来判断，并考虑到人体对水分的需求，成年人每天饮茶的量以每天泡饮干茶 5 ～ 15 克为宜。这些茶的用水总量可控制在 500 ～ 1000 毫升。这只是对普通人每天用茶总量的建议，具体还须考虑人的年龄、饮茶习惯、所处生活环境和本人健康状况等。如运动量大、消耗多、进食量大的人，或是以肉类为主食的，每天饮茶可高达 20 克左右。对长期在缺少蔬菜、瓜果的海岛、高山、边疆等地区的人，饮茶量也可多一些，以弥补维生素等的不足。而对那些身体虚弱，总有神经衰弱、缺铁性贫血、心动过速等疾病的人，一般应少饮甚至不饮茶。至于用茶来治疗某种疾病的，则应根据医生建议合理饮茶。饮茶的量还须考虑到茶类的不同，因为不同茶类的有效成分含量差异很大；合理的饮茶量要根据有效成分的总量来计算才更精确。

（二）避免饮茶温度过高

茶沏好后，在什么温度下饮用为好？这个问题非常重要，但又常被人们忽视。合理的饮茶首先要求避免烫饮，即不要在水温过高的情况下饮用。因为水温太高，不但会烫伤口腔、咽喉及食道黏膜，长期的高温刺激还是导致口腔和食道肿瘤的一个诱因。在早期饮茶与癌症发生率关系的流行病学调查中，曾发现有些地区的食道癌发生率与饮茶有一定的相关性，后来进一步的研究证明这是长期饮烫茶的结果，而不是茶叶本身所致。由此可见，饮茶温度过高，是极其有害的。相反，对于冷饮，要视身体情况而定。对于老人及脾胃虚寒者，应当忌冷茶。因为茶叶本身性偏寒，加上冷饮其寒性得以加强，这对脾胃虚寒者会产生聚痰、伤脾胃等不良影响，对口腔、咽喉、肠等也会有副作用；但对于阳气旺盛、脾胃强健的年轻人而言，在暑天以消暑降温为目的时，饮凉茶也是可以的。

（三）选择合适的时间饮茶

饮茶的利与弊在很大程度上取决于对饮茶时间的掌握，掌握得当，有利于健康；掌握不当，则可能适得其反。一般而言，饭后不宜马上饮茶，而应该把饮茶时间安排在饭后一小时左右，饭前半小时以内也不要饮茶，以免茶叶中的酚类化合物与食物营养成分发生不良反应。临睡前也不宜喝茶，因为茶叶中的咖啡碱使人兴奋，影响入眠。此外，因饮茶摄入过多水分，引起夜间多尿，也会影响睡眠。

（四）特殊人群的饮茶

对于身体条件特殊或有某些疾病的人，饮茶需要注意以下几个方面。

1. 老人饮茶应注意的事项

老年人适量饮茶有益于健康。但由于老年人的生理变化，易患某些疾病，应注意控制饮茶的量。患有骨质疏松症和关节炎、骨质增生者不宜大量饮茶，尤其是粗老茶及砖茶等含氟较高的茶类，过量饮用会影响骨代谢。心脏病患者及高血压病人不宜饮浓茶。另外，由于老人肾脏尿液浓缩功能降低，尿量明显增加，故不宜睡前饮茶。

2. 孕妇、儿童饮茶应注意的事项

孕妇、儿童一般都不宜喝浓茶，浓茶中过量的咖啡碱会使孕妇心动过速，对胎儿也会带来过分的刺激，儿童也是如此。因此一般主张孕妇、儿童宜饮淡茶并温饮，并且尽量在白天饮用。

3. 女性饮茶应注意的事项

大家都知道，饮茶的好处很多，但是在女性的某些特殊时期随意饮茶，或许并不相宜。

（1）行经期。经血中含有比较高的血红蛋白、血浆蛋白和血色素，所以女性在经期或是经期过后不妨多吃含铁比较丰富的食品。而茶叶中含有30%以上的鞣酸，在肠道中较易同食物中的铁离子结合产生沉淀，妨碍肠黏膜对铁的吸收和利用，不能起到补血的作用。

（2）怀孕期。茶叶中含有较丰富的咖啡碱，饮茶将加剧孕妇的心跳速度，增加孕妇的心、肾负担，增加排尿，易诱发妊娠中毒。更不利于胎儿的健康发育。

（3）临产期。这期间饮茶，会因咖啡碱的作用而引起心悸、失眠，导致体质下降，还可能导致分娩时产妇精神疲惫，造成难产。

（4）哺乳期。茶中的鞣酸被胃黏膜吸收，进入血液循环后，会产生收敛的作用，从而抑制乳腺的分泌，造成乳汁的分泌障碍。此外，由于咖啡碱的兴奋作用，母亲不能得到充分的睡眠；而乳汁中的咖啡碱进入婴儿体内，会使婴儿发生肠痉挛，无故啼哭。

（5）更年期。45岁以后，女性开始进入更年期。在此期间饮用浓茶，除感情容易冲动以外，有时还会出现乏力、头晕、失眠、心悸、痛经、月经失调等现象，还有可能诱发其他疾病。

既然女性在上述特殊时期不宜饮茶，不妨改用浓茶水漱口，会有意想不到的效果。具体的方法：取优质的茉莉花茶 5g，用 40ml 水冲泡 30 分钟，然后分早、中、晚三次含漱，冲泡的水温以 80 ～ 90℃为宜。

 茶博士

茶与健康十问

一、如何巧安排一日饮茶

一些嗜茶和善饮茶者，通常会在一天的不同时段饮用不同的茶叶。清晨喝一杯淡淡的高级绿茶，醒脑清心；上午喝一杯茉莉花茶，芬芳怡人，可提高工作效率；午后喝一杯红茶，可解困提神；下午工间休息时，喝一杯牛奶红茶，或喝一杯高档绿茶加一点儿点心和果品，以补充营养；晚上与朋友或家人团聚在一起，泡上一壶乌龙茶，边谈心边喝茶，别有一番情趣。这种一日饮茶安排法，如有条件有兴趣者，不妨一试。

二、每天以喝多少茶为宜

饮茶好处颇多，但也必须适量，切忌贪浓和饮茶过多。饮茶过浓，会兴奋大脑，使心跳加快、尿频、失眠；饮茶过多会使体内水分增多，加重心肾负担；过多摄入茶中的咖啡碱等，也于一些疾病不利。可见，饮茶需要把握一个"度"字。每人每天饮茶量的多少，与饮茶习惯、年龄、健康状况、生活环境、风俗等因素有关。一般健康的成年人，平时又有饮茶习惯的，一日可饮茶 12 克左右，以分 3 ～ 4 次冲泡为宜；对于劳动量大、体力消耗多、进食量也大的人，或从事高温和接触有毒物质职业的人，每日饮茶 20 克左右也是适宜的；以牛羊肉为副食、过食肥腻的人，以及嗜烟酒者，可适当增加茶叶用量；而老人、儿童及孕妇等的饮茶量要适当减少，一般以饮淡茶为主。

三、茶水为什么宜热饮

中国人素有爱喝热茶的习惯，这是在长期饮茶中获得的经验。因为茶中的各种有效成分，在热水中溶解度高。所以，热茶水可以充分发挥茶叶的功效，保持其色、香、味的质量。

生理试验证明：水在胃中并不能被吸收，入胃的水需流入小肠才能被吸收。500 克冷水，需要 40 ～ 50 分钟才能完全流入小肠。如果喝的是热水，可以加速胃壁收缩，促进胃的幽门开启，使水能很快地流入小肠而被吸收。所以，喝热茶，能尽快地满足人体对水的需要。"喝热茶解渴"，其道理就在于此。再有，热茶入胃后，可软化

食物，加强胃壁收缩，促进胃液分泌，有助于食物的消化。综上所述，喝热茶，要比喝冷茶有益。

四、为什么盛夏季节也以喝热茶为好

盛夏季节，也以喝热茶为好，其理由如下。

（1）饮热茶可消暑解渴、清热凉身。热茶有促进汗腺分泌的作用，使大量水分通过皮肤表面的毛孔渗出体外，以达到散热降温的目的。据测试，每蒸发 1 克汗水，可带走 2.09KJ（0.5 千卡）的体热。故蒸发的汗水越多，散发的体热就越大。测定皮肤温度的结果表明，喝热茶 10 分钟后，可使体温下降 1～2℃，并可保持 20 分钟左右。

（2）热茶汤中含有的茶多酚（或只能溶于热水中的茶多酚、咖啡碱结合而成的复合物）、糖类、氨基酸等，与唾液发生反应，使口腔得以滋润，产生清凉的感觉。

（3）溶于热茶中的咖啡碱，刺激肾脏、促进排尿，有利于热量散发和污物排出，以达到降低体温及解毒的目的。

五、喝什么茶对健康更有利

不同茶的营养和药效成分是不一样的。高档绿茶中，维生素C、维生素B1和维生素B2的含量一般要比红茶、乌龙茶高 1～2 倍，有的甚至更多；高级绿茶的磷、钾等多种无机物含量一般也比红茶高，尤其是锌的含量通常要比红茶高 1 倍多；绿茶中，具有多种生理功效的茶多酚含量，通常也比红茶、乌龙茶等高 1 倍以上。因此，从营养保健的角度而言，喝高级绿茶更有利于人的健康。

喝什么茶对人体健康更有利，不能用一句话来作简单的回答，因为不同人的身体状况是不一样的。对于身体较弱的人，以喝点儿红茶为好，如在茶中再添加点儿糖则更好，既可增加热能，又可补充营养。青年人，正处于发育旺盛期，需要更多的营养，以喝绿茶为好。妇女经期前后，性情常较烦躁，以饮用花茶为好，因它具有疏肝解郁、理气调经的功效。身体肥胖而希望减肥的人，可以常喝乌龙茶、沱茶等，因其去脂减肥作用较强。食用牛羊肉较多的人，为了促进食物的消化吸收，可多饮砖茶、茶饼等紧压茶。经常接触有毒物质的工作人员，可以选择绿茶作为劳保饮品。脑力劳动者、飞行员、驾驶员、运动员、广播员、演员、歌唱家等，为了提高脑子的灵敏程度，以保持头脑清醒、精力充沛，增强思维活动的能力、判断能力、记忆力，应饮用高档名优绿茶。

六、四季饮茶应不同吗

茶叶的功效与季节变化有密切关系，不同的季节饮不同品种的茶，对人体更有

益。故饮茶之道是四季有别。

春季，雪化冰消，风和日暖，万物复苏。此时，以饮香馥浓郁的茉莉花茶为好，用以散发冬天积聚在体内的寒邪，促使人体阳气生发，使"精""气""神"为之一振。

夏季，气候炎热，佳木繁荫，盛暑逼人，人体的津液大量耗损。此时，以饮用性味苦寒的绿茶为宜，清汤绿叶，给人以清凉之感，用以消暑解热。绿茶内茶多酚、咖啡碱、氨基酸等含量较多，有刺激口腔黏膜、促进消化腺分泌的作用，利于生津，实为盛夏消暑止渴之佳品。

秋季，天气凉爽，风霜高洁，气候干燥，余热未消，人体津液未完全恢复平衡。此时，以饮用乌龙茶一类的青茶为好，此茶性味介于红绿之间，不寒不热，既能消除余热，又能恢复津液。在秋季，也可红、绿茶混用，取其两种功效；也可绿茶和花茶混用，以取绿茶清热解暑之功、花茶化痰开窍之效。

冬季，北风凛冽，寒气袭人，人体阳气易损。此时，以选用味甘性温的红茶为好，以温育人体的阳气，尤其适用于妇女。红茶、红叶、红汤，给人以温暖的感觉；红茶加奶及糖，有生热暖胃之功；红茶有助消化去油腻之功，于冬季进补肥腻时有利。

七、儿童应如何饮茶

一般家长不给儿童饮茶，认为茶的刺激性大，怕伤孩子的脾胃。其实，这种担心是多余的。目前认为，只要合理饮茶，茶水对儿童健康同样是有益的。一般要求是：每日饮量不超过2～3小杯（每杯用茶量为0.5克～2克），尽量在白天饮用，茶汤要偏淡并温饮。一是通过饮淡茶，可补充儿童对维生素、蛋白质、糖及无机物锌、氟等的需要。二是适当饮茶能消食除腻，加强胃肠蠕动，促进消化液分泌，可随时纠正儿童因贪食出现的过饱现象。三是茶叶"苦寒"，具清热降火之功。儿童坚持每日饮茶，可避免因大便干结导致肛裂给儿童带来痛苦。四是茶中氟含量较高，儿童适量饮茶或用茶水漱口，不仅可以强化骨骼，而且还能预防龋齿的发生。

当然，儿童饮茶应当适度，越小的儿童越是如此，不能过量，更不要饮浓茶和凉茶。饮茶过浓，会使儿童过度兴奋、心跳加快、小便次数增多，并引起失眠；饮茶过多，会使儿童体内水分增多，加重其心肾负担；茶泡的时间也不要太久，会使鞣酸蛋白凝固沉淀，从而影响消化吸收，使儿童食欲降低。

八、老人应如何饮茶

陆羽《茶经》中记载："宁可终身不饮酒，不可三餐无饮茶。"闲来品茶，如今已成为老年人的一大乐趣。科学研究和实践均证明，老年人适当饮茶，有益于健康长寿；如饮茶不当，则会给身体带来不适。因此，老年人日常生活中饮茶，应因人而异，有饮茶嗜好的老年人，也不要一次过多饮茶，一般每次以不超过30毫升为宜，更不可长期大量饮浓茶，以免引起不良反应，影响身体健康。

对老年人来说，特别是60岁以上的老年人，饮茶切忌过量过浓，因为摄入较多的咖啡碱等，可出现失眠、耳鸣、眼花、心律不齐、大量排尿等症状。部分老年人，随着年龄的增加，心肺功能有不同程度的减退。如果短期内大量饮茶，较多的水分被胃肠吸收后进入人体的血液循环，可使血容量突然增加，加重心脏负担，有时会出现心慌、气短、胸闷等不舒服的感觉；如老人原有冠心病等心脏疾病，过量饮茶，严重时可诱发心力衰竭或使原有心衰加重。因此，老年人饮茶宜温宜清淡，晚上不饮茶，晚饭后以喝白开水为好。

老年人随着年龄的增长，消化系统的各种消化酶分泌减少，使消化功能减退。如果大量饮茶，会稀释胃液，影响食物的消化吸收，同时胃酸也被稀释，使胃肠道的杀灭病菌的防卫功能降低，一旦致病菌进入，易感染胃肠道疾病。老年人大多牙齿不好，含纤维的蔬菜吃得较少，加上他们活动较少，致使肠蠕动减慢，易发生便秘。如果常饮浓茶，茶鞣酸与食物中的蛋白质结合，形成块状的不易消化吸收的蛋白质，会加重便秘。老年人肾功能逐渐衰退，常出现尿失禁等症状。饮茶过多过浓，茶咖啡碱等的利尿作用，必然加重肾脏负担，导致尿失禁，会给老人带来更大的痛苦。

九、淡茶浓茶各有所需吗

经常适量饮茶，对身体有益无害。对于一般人来讲，为了养生保健、防治疾病的目的，饮茶宜淡不宜浓，而且淡茶温饮对人体更为有利。所谓"淡温茶清香养人""淡茶温饮保年岁"，也就是这个意思。过量饮茶，特别是喝过多的浓茶，对人体不利，即所谓"过量饮茶人黄瘦"。

十、吃茶好吗

回答是肯定的。因为吃茶，不仅把溶于茶汤中的营养成分吃下去，而且把茶汤中不溶或难溶的营养成分也一起吃下去了。茶叶不易溶于水的成分有脂溶性维生素A、E、D、K，无机物钙、镁、铁、硫、铜、碘等，有机物叶绿素、胡萝卜素、纤维素、蛋白质等。其中有些身体需要的物质如维生素E、胡萝卜素等含量很高，吃进去对身体大有益处。所以确切地讲，吃茶比饮茶更有益于身体健康，特别是以吃春茶更为适宜。

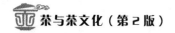

任务三　熟悉茶叶的选购与品质的鉴别知识

问题一　如何选购茶叶？

购买茶叶最好到信誉良好的茶叶专卖店，因为那里种类齐全，销量大，货品新鲜，还可以当场试饮之后再购买。最重要的一点是相同价位的茶叶，要多喝几种作比较，才能选出您最喜爱的口味。

如果到超级市场购买茶叶，就要选择信用较好的厂商的产品，而且产品包装上要有详细的说明，标有制造日期、出产的公司、地址、电话等资料。

购买茶叶是要找到适合自己口味的茶，不一定是以价格的高低来评定它的好坏。因为茶叶是嗜好性的作物，找到适合个人口味的茶就是好茶。不过在选择茶叶的过程中需要注意以下几种因素。

（一）品种

茶叶的品种并不是茶树树种所决定的，一种茶树采下来的叶子原则上可以制成各种茶叶，如乌龙茶树采下来的叶子可以做绿茶、包种茶、铁观音茶、红茶等。但是，什么茶树的叶子最适合做出什么茶叶有它的适制性，例如，铁观音茶树采摘下来的叶子做成铁观音茶，就叫作"正丛铁观音"，这种茶叶在市场上价钱就较高，其他茶树种采下来的叶子所做的"铁观音茶"，价钱就卖得低。因此，在选择茶叶时，就得先选择要买哪种茶叶，不需要考虑树种的问题，这是一个前提。

（二）环境

环境是指茶叶的生长环境。不同环境生长的茶叶，可影响它的品质。一般来说，茶树是好酸性的植物，喜好在年平均温度20℃左右的气温下成长；茶树生长在终年有云雾笼罩、排水良好的地方，能够长出较好品质的茶叶；海拔高的山区比海拔较低的地区要好；其他诸如空气、雨水等较不受污染的地方也是茶树生长的好环境。

（三）栽培

茶树的栽培除了要有好环境外，还要考虑茶园的管理以及栽培的技术、使用的肥料等因素的影响。一般来说，在施用有机肥料的茶树上采摘的茶叶较理想。

（四）制作

制茶的技术直接影响茶叶的品质，因为茶叶是依制作方法的不同而区别种类的，它的滋味、香气随之而有所差别。各类茶叶的制作过程详见"项目一中的任务二"。

缺乏经验及技术不佳的茶师所制作出来的茶叶价钱往往较便宜，选择制茶师是很重要的。

（五）采摘时间

一般茶一年可采 4 ～ 6 次，每年的 3 ～ 11 月是采收的季节，一年四季皆产茶。一般说来，以春茶的香气最佳，价格也最贵；冬茶的滋味好，价格其次；秋茶香气、滋味又其次，价格再其次；夏茶较差，但高级乌龙茶则必须在夏季采摘制作。不同季节茶叶价格都不同，一般茶区，其他季节的价格只有春茶的 1/4。不同的茶叶常因个人嗜好的不同而影响价格。

（六）采摘

以目前的茶园环境来说，采茶分人工采摘和机械采摘两种。人工采摘量比机械采摘量少，成本却高，价格也较昂贵；人工采茶较有选择性，叶片较完整。机械采摘的茶叶成本较低，但是茶叶无选择性，茶梗、老叶、嫩叶混合在一起。因此，采摘方式不同，成本也不同。

（七）卖茶人与买茶人

出售茶叶要讲究信誉，做到童叟无欺；买茶人自己须具备茶叶的专业知识。根据自己的专业知识到信誉良好的茶行，把买哪一类品种、哪一个季节、哪一个茶区、人工或机械采摘的茶叶了解清楚，这样才会买到合适的茶叶。

问题二　怎样鉴别茶叶的品质？

（一）新茶与陈茶的鉴别

俗话说"饮茶要新，饮酒要陈"。大部分品种的茶，新茶总是比陈茶品质好。因为，茶叶在存放过程中，受环境中的温度、湿度、光照及其他气味的影响，其中的内含物质如酸类、醇类及维生素类，容易发生缓慢的氧化或缩合，从而使茶叶的有效成分含量增加或减少，茶叶的色、香、味、形失去原有的品质特色。鉴别新茶与陈茶，可以从这几个方面来判断。

（1）香气。新茶气味清香、浓郁；陈茶香气低浊，甚至有霉味或无味。

（2）色泽。新茶看起来都较有光泽、清澈，而陈茶均较晦暗。如绿茶新茶青翠嫩绿，陈茶则黄绿、枯灰；红茶新茶乌润，而陈茶灰褐。

（3）滋味。新茶滋味醇厚、鲜爽，陈茶滋味淡薄、滞沌。

新茶比陈茶好，这是指一般而言的，并非一定如此。适时贮藏，对龙井茶而言，不但色味俱佳，而且还具香胜之美。又如乌龙茶，只要保存得当，即使是隔年陈茶，同样具有香气馥郁、滋味醇厚的特点。不过，在众多的茶类品种中，对较多的茶叶品类而言，还是"以新为贵"。

总之，新茶都给人以色鲜、香高、味醇的感觉。而贮藏 1 年以上的陈茶，纵然保管良好，也难免会有色暗、香沉、味薄之感。

（二）真茶与假茶的鉴别

一般可用感官审评的方法去鉴别真茶与假茶。就是通过人的视觉、感觉和味觉器官，抓住茶叶固有的本质特征，用眼看、鼻闻、手摸、口尝的方法，综合判断出是真茶还是假茶。

鉴别真假茶时，通常先用双手捧起一把干茶，放在鼻端，深深吸一下茶叶气味，凡具有茶香者，为真茶；凡具有青腥味，或夹杂其他气味者即为假茶。同时，还可结合茶叶色泽来鉴别。用手抓一把茶叶放在白纸或白盘子中间，摊开茶叶，精心观察，倘若绿茶深绿，红茶乌润，乌龙茶乌绿，且每种茶的色泽基本均匀一致，当为真茶；若茶叶颜色杂乱，很不协调，或与茶的本色不相一致，即有假茶之嫌。

如果通过闻香、观色还不能做出判断，那么，还可取适量茶叶，放入玻璃杯或白色瓷碗中，冲上热水，进行开汤审评，进一步从汤的香气、汤色、滋味上加以鉴别，特别是可以从已展开的叶片上来加以辨别。

（1）真茶的叶片边缘锯齿，上半部密，下半部稀而疏，近叶柄处平滑无锯齿；假茶叶片则多数叶缘四周布满锯齿，或者无锯齿。

（2）真茶主脉明显，叶背叶脉凸起。侧脉 7～10 对，每对侧脉延伸至叶缘 1/3 处向上弯曲呈弧形，与上方侧脉相连，构成封闭的网状系统，这是真茶的重要特征之一；而假茶叶片侧脉多呈羽毛状，直达叶片边缘。

（3）真茶叶片背面的茸毛，在放大镜下可以观察到它的上半部与下半部是呈 45°～90° 角弯曲的；假茶叶片背面无茸毛，或与叶面垂直生长。

（4）真茶叶片在茎上呈螺旋状互生；假茶叶片在茎上通常是对生，或几片叶簇状着生。

根据以上几个方面，真茶与假茶是可以鉴别出来的，但真假原料混合加工的假茶，鉴别难度就较大。

（三）春茶、夏茶与秋茶的鉴别

1. 春茶、夏茶与秋茶的划分

春茶、夏茶与秋茶的划分，主要是依据季节变化和茶树新梢生长的间歇而确定的。在我国气候条件下，除华南茶区的少数地区外，绝大部分产茶地区，茶树生长和茶叶采制是有季节性的：江北茶区茶叶采制期为5月上旬～9月下旬，江南茶区茶叶采制期为3月下旬～10月中旬，西南茶区茶叶采制期限为1月下旬～12月上旬。江北茶区、江南茶区和西南茶区属于亚热带和温带地区的茶区，通常按采制时间，划分为春、夏、秋三季茶，但季节茶的划分标准是不一致的。有的以节气分，清明至小满采制的为春茶，小满至小暑为夏茶，小暑至寒露为秋茶；有的以时间分，于5月底以前采制的为春茶，6月初～7月上旬采制的为夏茶，7月中旬以后采制的为秋茶。我国华南茶区，由于地处热带，四季不大分明，几乎全年都有茶叶采制，因此，除了有春茶、夏茶和秋茶之分外，还有按茶树新梢生长先后、采制迟早，划分为头轮茶、二轮茶、三轮茶、四轮茶的。

茶树由于受气候、品种以及栽培管理条件的影响，每年每季茶采制的迟早是不一致的。大体说来，总是自南向北逐渐推迟的，南北差异达3～4个月。另外，即使是同一茶区，甚至同一块茶园，年与年之间，也可能因气候、管理等因素，采制期相差5～20天。

由于茶季不同，茶树生长状况有别，即使是在同一块茶园内采制而成的不同茶季的茶叶，外形和内质也都有较大的差异。以绿茶为例，由于春季气温适中，雨量充沛，加上茶树经头年秋冬季较长时期的休养生息，体内营养成分丰富，所以，春季不但芽中肥壮、色泽绿翠、叶质柔软、白毫显露，而且所含与提高茶叶品质相关的一些有效成分，特别是氨基酸和多种维生素也较丰富，使得春茶的滋味更为鲜爽，香气更加强烈，保健作用更为明显。另外，春茶期间一般无病虫危害，无须使用农药，茶叶无污染，因此春茶，特别是早期的春茶，往往是一年中绿茶品质最佳的。所以，众多高级名绿茶，诸如西湖龙井、洞庭碧螺春、黄山毛峰、庐山云雾等，均来自春茶前期。夏茶由于采制时正逢炎热季节，虽然茶树新梢生长迅速，有"茶到立夏一夜粗"之说，但很容易老化。茶叶中的氨基酸、维生素的含量明显减少，使得夏茶中花青素、咖啡碱、茶多酚含量明显增加，从而使茶滋味苦涩。秋季气候介于春夏之间，在秋茶后期，气候虽较为温和，但雨量往往不足，会使采制而成的茶叶显得较为枯老。特别是茶树历经春茶和夏茶的采摘，体内营养有所亏缺，因此，采制而成的茶叶，内含物质显得贫乏。在这种情况下，不但茶叶滋味淡薄，而且香气欠高，叶色较黄。所谓"要好吃，秋白露"，其实说的是茶叶"味道和淡"罢了。

对红茶而言，由于春茶期间气温低，湿度大，发酵困难；而夏茶期间气温较高，湿度较小，有利于红茶发酵变红，特别是由于天气炎热，使得茶叶中的茶多酚、咖啡碱的含量明显增加，因此，干茶和茶汤均显得红润，滋味也较强烈。只是由于夏茶中的氨基酸含量减少，对形成红茶的鲜爽味有一定影响。

2. 春茶、夏茶与秋茶的品质特征

春茶、夏茶和秋茶的品质特征，可以从两个方面去描述。

（1）干看。主要从干茶的色、香、形三个因子上加以判断。凡绿茶色泽绿润，红茶色泽乌润，茶叶肥壮重实，或有较多白毫，且红茶、绿茶条茶条索紧结，珠茶颗粒圆紧，香气馥郁，是春茶的品质特征；凡绿茶色泽灰暗，红茶色泽红润，茶叶轻飘松宽，嫩梗宽长，且红茶、绿茶条茶条索松散，珠茶颗粒松泡，香气稍带粗老，是夏茶的品质特征；凡绿茶色泽黄绿，红茶色泽暗红，茶叶大小不一，叶张轻薄瘦小，香气较为平和，是秋茶的标志。

在购茶时还可结合偶尔夹杂在茶叶中的茶花、茶果来判断是何季茶。如果发现茶叶中夹有茶树幼果，其大小近似绿豆时，那么，可以判断为春茶；若茶果接近豌豆大小，那么，可以判断为夏茶；若茶果直径已超过0.6厘米，那么，可以判断为秋茶。不过，秋茶时由于鲜茶果的直径已达到1厘米左右，一般很少会有夹杂。自7月下旬开始，直至当年8月，为茶树花蕾期，而9～11月为茶树开花期，所以发现茶叶中杂有干茶树花蕾期或干茶树花朵，当为秋茶了。只是，茶叶在加工过程中，通过筛分、拣剔，很少会有茶树花、果夹杂。因此，在判断季节茶时必须进行综合分析，避免片面性。

（2）湿看。就是对茶叶进行开汤审评，作进一步判断。凡茶叶冲泡后下沉快，香气浓烈持久，滋味醇，绿茶汤色绿中显黄，红茶汤色艳现金圈，茶叶叶底柔软厚实，正常芽叶多者，为春茶；凡茶叶冲泡后，下沉较慢，香气稍低，绿茶滋味欠厚稍涩，汤色青绿，叶底中夹杂铜绿色芽叶，红茶滋味较强欠爽，汤色红暗，叶底较红亮，茶叶叶底薄而较硬，对夹叶较多者，为夏茶；凡茶叶冲泡后香气不高，滋味平淡，叶底夹有铜绿色芽叶，叶张大小不一，对夹叶多者，为秋茶。

（四）花茶与拌花茶的鉴别

花茶既具有茶叶的爽口浓醇之味，又具鲜花的纯清雅香之气。所以，自古以来，茶人对花茶就有"茶引花香，以益茶味"之说。饮花茶，使人有一种两全其美、沁人肺腑之感。

1. 历史悠久的花茶

我国的花茶生产，历史久远。目前，我国的花茶产区遍及福建、江苏、浙江、湖南、安徽、广东、四川、江西、台湾、广西、云南等省区。此外，湖北、河南、山东、贵州等省，亦有少量生产。这些花茶，主销我国长江以北各省（区），尤以北京、天津两大城市销量最大。日本、美国以及西欧的一些国家，也喜欢我国的花茶，他们认为"在中国的花茶里，可以闻到春天的气味"。

2. 花茶不是拌花茶

窨制花茶的原料，一是茶坯，二是香花。茶叶疏松多细孔，具有毛细管的作用，容易吸收空气中的水汽和气体；此外，茶叶含有的高分子棕榈酸和萜烯类化合物，也具有吸收异味的特点。花茶窨制就是利用茶叶吸香和鲜花吐香两个特性，一吸一吐，使茶味花味合二为一，这就是窨制花茶的基本原理。

花茶经窨花后，要进行提花，就是将已经失去花香的花干通过筛分剔除，尤其是高级花茶，只有少数香花的片、末偶尔残留于花茶之中。只有在一些低级花茶中，有时为了增色，才人为地夹杂少量花干，用于提高花茶的香气。所以，对成品花茶而言，它并非是由香花和茶叶两部分构成的，只是茶叶吸收了鲜花中的香气而已。

与花茶相区别的是拌花茶，就是在未经窨花和提花的低级茶叶中，拌上一些已经过窨制、筛分出来的花干，充作花茶。这种茶，由于香花已经失去香味，茶叶已无香可吸，拌上些花干，只是给人们造成一种错觉而已。所以，从科学角度而言，只有窨花茶才能称作花茶，拌花茶实则是一种假冒花茶。

3. 如何区分花茶与拌花茶

要区分花茶与拌花茶，通常用感官审评的办法进行。审评时，只需用双手捧上一把茶，用力吸一下茶叶的气味，凡有浓郁花香者，为花茶；茶叶中虽有花干，但只有茶味，却无花香者，为拌花茶。倘若将茶叶用开水冲泡，只要一闻一饮，判断有无花香存在，更易做出判断。但也有少数假花茶，将茉莉花香型的一类香精喷于茶叶表面，再放上一些窨制过的花干，这就增加了识别的困难。不过，这种花茶的香气只能维持 1 ~ 2 个月，之后就消失殆尽。即使在香气有效期内，凡有一定饮花茶习惯的人，一般也可凭对香气的感觉将其区别出来。用天然鲜花窨制的花茶，则有闷浊之感。

4. 花茶质量的鉴定

花茶质量的高低，固然与茶叶质量高低密切相关，但香气也是评判花茶质量好坏的主要品质因子。审评花茶香气时，通常多用温嗅，重复 2 ~ 3 次进行。花茶经冲泡后，每嗅一次，为使花香气得到透发，都得加盖用力抖动一下审评杯。花茶香气达到浓、鲜、清、纯者，就属正宗上品。如茉莉花茶的清鲜芬芳，珠兰花茶的浓纯清雅，玳玳花茶的浓厚净爽，玉兰花茶的浓烈甘美等，都是正宗上等花茶的香气特征。倘若花茶有闷浊之感，自然称不上上等花茶了。一般说来，上等窨花茶，头泡香气扑鼻，二泡香气纯正，三泡仍留余香。上述所有这些，拌花茶是无法达到的，最多在头泡时尚能闻到一些低沉的香气，或者是根本闻不到香气。

（五）高山茶与平地茶的鉴别

几乎所有的茶人都知道，高山出好茶。与平地茶相比，高山茶的香气特别高，滋味特别浓。

1. 高山为何出好茶

古往今来，我国的历代贡茶、传统名茶以及当代新创制的名茶，大多出自高山。高山为什么出好茶呢？明代陈襄有诗曰"雾芽吸尽香龙脂"，说高山茶的品质之所以好，是因为在云雾中吸收了"龙脂"的缘故。所以，我国的许多名茶，以山名加云雾命名的特别多。如江西的庐山云雾茶，浙江的华顶云雾茶，湖北的熊洞云雾茶，安徽的高峰云雾茶，江苏的花果山云雾茶，湖南的南岳云雾茶等。其实，高山之所以出好茶，是优越的茶树生态环境造就的。据考证，茶树的原产地在我国西南部多雨潮湿的原始森林中，经过长期的历史进化，逐渐形成了喜温、喜湿、耐荫的生活习性。高山出好茶的奥妙，就在于那里优越的生态条件，正好满足了茶树对生长的需要，这主要表现在以下三方面。

（1）高山的云雾对改善茶叶有利。茶树生长在高山多雾的环境中，一是由于光线受到雾珠的影响，使得红、橙、黄、绿、蓝、靛、紫七种可见光的红黄光得到加强，从而使茶树芽叶中的氨基酸、叶绿素和水分含量明显增加；二是由于高山森林茂盛，茶树接受光照时间短、强度低，漫射光多，这样有利于茶叶中含氮化合物，诸如叶绿素和氨基酸含量的增加；三是由于高山有葱郁的林木，茫茫的云海，空气和土壤的湿度得以提高，从而使茶树芽叶光合作用形成的糖类化合物缩合困难，纤维素不易形成，茶树新梢可在较长时期内保持鲜嫩而不易粗老。在这种情况下，对茶叶的色泽、香气、滋味、嫩度的提高，特别是对绿茶品质的改善，十分有利。

（2）高山的土壤对改善茶叶有利。高山植被繁茂，枯枝落叶多，地面形成了一层厚厚的覆盖物，这样不但土壤质地疏松、结构良好，而且土壤有机质含量丰富，茶树所需的各种营养成分齐全，从生长在这种土壤的茶树上采摘下来的新梢，有效成分特别丰富，加工而成的茶叶，当然是香高味浓。

（3）高山的气温对改善茶叶有利。一般说来，海拔每升高 100 米气温大致降低 0.5℃，而温度决定着茶树中酶的活性。现代科学分析表明，茶树新梢中茶多酚和儿茶素的含量随着海拔高度的升高、气温的降低而减少，从而使茶叶的浓涩味减轻；而茶叶中氨基酸和芳香物质的含量却随着海拔升高和气温降低而增加，这就为茶叶滋味的鲜爽甘醇提供了物质基础。茶叶中的芳香物质在加工过程中会发生复杂的化学变化，产生某些鲜花的芬芳香气，如苯乙醇能形成玫瑰香，茉莉酮能形成茉莉香，沉香醇能形成玉兰香，苯丙醇能形成水仙香等。许多高山茶之所以具有某些特殊的香气，其道理就在于此。

由此可见，高山出好茶，乃是由于高山的气候与土壤综合作用的结果。如果在制作时工艺精湛，那就更会锦上添花。当然，即使不是高山，只要气候温和、雨量充沛、云雾较多、温度较大，以及土壤肥沃、土质良好，具备了高山生态环境要素的地方，同样会生产出品质优良的茶叶。

值得说明的是，所谓高山出好茶，是与平地相比而言的，并非是山越高，茶越好。对主要高山名茶产地的调查表明，这些茶树大都集中在海拔 200～600 米处；海拔超过 800 米，由于气温偏低，往往茶树生长受阻，且易受白星病危害，用这种茶树新梢制出来的茶叶，饮起来涩口，味感较差。

2. 高山茶与平地茶的比较

高山茶与平地茶相比，由于生态环境有别，不仅茶叶形态不一，而且茶叶内质也不相同。相比而言两者的品质特征有以下区别。

高山茶新梢肥壮，色泽翠绿，茸毛多，节间长，鲜嫩度好。由此加工而成的茶叶，往往具有特殊的花香，而且香气高，滋味浓，耐冲泡，条索肥硕、紧结，白毫显露。而平地茶的新梢短小，叶底硬薄，叶张平展，叶色黄绿少光。由此加工而成的茶叶，香气稍低，滋味较淡，条索细瘦，身骨较轻。在上述众多的品质因子中，差异最明显的是香气和滋味两项。平常茶人所说的某茶"具有高山茶的特征"，是就茶叶具有高香、浓味而言的。

（六）无公害茶、绿色食品茶和有机茶的鉴别

1. 无公害茶、绿色食品茶和有机茶的概念

无公害茶叶（广义）是指在无公害生产环境条件下，按特定的操作规程进行栽培、加工、储藏和运输等，成品茶的农药残留、重金属和有害微生物等有害污染物指标，内销符合国家规定允许的标准，外销符合进口国家、地区有关标准的茶叶，是符合食品安全的茶叶的总称。它包括 3 个层次：第一层次为无公害茶（狭义），即在生产过程中可以使用除国家禁止使用外的所有化学合成物质，茶叶产品的卫生指标达到本国或进口国有关标准的要求，对消费者身体健康没有危害的茶叶，并经有关部门认

证，许可使用无公害农产品标志的产品。第二层次是 A 级绿色食品茶，系指在生态环境质量符合规定的产地，生产过程中允许限量使用限定的化学合成物质，按特定的生产操作规程生产、加工，产品质量及包装经检测、检查符合特定标准，并经专门机构认定，许可使用 A 级绿色产品审批标志的产品。第三层次也就是最高层次，是 AA 级绿色食品茶和有机茶，生产基地要远离工厂、公路、生活区和传统农业区以避免各种污染源，按特定的生产操作规程生产、加工，产品质量及包装经检测、检查符合特定标准，它们在生产过程中禁止使用任何化学合成物质，在茶叶产品中也不得检出任何化学合成物质。并经专门机构认定，许可使用 AA 级绿色产品标志和有机产品标志的产品。

无公害茶 3 个层次实质上是依据生产过程中化学物质控制程度以及茶叶产品中化学物质残留量的多少而划分的。国家对无公害茶还实行标志管理，要求建立完善的农事活动档案，记载生产过程中如农药、肥料的使用情况及其他栽培管理措施。

无公害茶、绿色食品茶和有机茶很难用感观进行区分，只有通过专门的仪器进行检测，由国家认可的专门认证机构认证，然后许可通过认证的企业对通过认证的产品使用专门的标识，这种认证一般都有时间期限，如有机产品的认证有效期是一年。目前市场上的绿色食品茶和有机茶大都是封闭防伪包装，上贴有专门的标志。消费者一般只能通过标识来辨别，还可以通过电话和互联网来查询企业和产品的认证情况和有效期限。

2. 无公害茶、绿色食品茶和有机茶的标识

（1）无公害农产品标志

无公害食品的认证机构较多，目前有许多省、市地区的县级以上农业管理主管部进行了无公害食品的认证工作，但只有在国家市场监督管理总局正式注册标识商标或颁发了省级法规的前提下，其认证才有法律效应。无公害农产品标志是由农业农村部和国家认证认可监督管理委员会联合制定并发布，加施于经农业农村部农产品质量安全中心认证的产品及其包装上的证明性标识，无公害农产品标志是由麦穗、对勾和无公害农产品字样组成，麦穗代表农产品，对勾表示合格，金色寓意成熟和丰收，绿色象征环保和安全（见图 2-1）。

图 2-1　无公害食品标志

（2）绿色食品标志

我国唯一的一家绿色食品认证机构是隶属于农业农村部的中国绿色食品发展中心，该中心负责全国绿色食品的统一认证和最终审批。绿色食品标志图形由三部分构成：上方的太阳、下方的叶片和蓓蕾。标志图形为正圆形，意为保护、安全。整个图形描绘了一幅明媚阳光照耀下的和谐生机，告诉人们绿色食品是出自纯净、良好生态环境的安全、无污染食品，能给人们带来蓬勃的生命力。绿色食品标志是指"绿色食品"，"Green Food"，绿色食品标志图形及这三者相互组合等四种形式，注册在以食品为主的共九大类产品上，并扩展到肥料等绿色食品相关类产品上。AA级绿色食品标志的底色为白色，标志与标准的字为绿色；而A级绿色食品的标志底色为绿色，标志与标准的字为白色。绿色食品商标已在国家工商行政管理局注册的有四种形式（见图2-2）。

图 2-2 绿色食品标志

（3）有机食品及有机茶标志

有机食品标志在不同国家和不同认证机构是不同的。2001年国际有机农业运动联合会（即IFOAM）的成员就拥有有机食品标志380多个。我国已经制定了有机茶的相关国家标准，有机茶的认证均按照这些国家标准进行。我国的有机产品的认证机构分别隶属于生态环境部和农业农村部。目前，我国有3家认证机构被批准可以从事有机茶叶的认证工作。位于南京的生态环境部有机食品发展中心（OFDC）是独立的有机食品认证机构，并已获得国际有机农业运动联合会的认可。

中绿华夏有机食品认证中心（China Organic Food Certification Center，简称COFCC）是农村农业部推动有机农业运动发展和从事有机食品认证、管理的专门机构。设在中国农业科学院茶叶研究所内的"中农质量认证中心"制定了有机茶的标志（见图2-3、图2-4）。国内大部分有机茶认证由该中心完成。还有少数有机茶由国外的认证机构认证。

图 2-3　有机食品标志

图 2-4　有机茶标志

十大"名茶"的鉴别方法

西湖龙井：产于浙江杭州西湖区。茶叶为扁形，叶细嫩，条形整齐，宽度一致，为绿黄色，手感光滑，一芽一叶或二叶；芽长于叶，一般长 3 厘米以下，芽叶均匀成朵，不带夹蒂、碎片，小巧玲珑。龙井茶味道清香，假冒龙井茶则多是青草味，夹蒂较多，手感不光滑。

碧螺春：产于江苏太湖的洞庭山碧螺峰。银芽显露，一芽一叶，茶叶总长度为 1.5 厘米，每 500 克有 5.8 万～7 万个芽头，芽为白毫卷曲形，叶为卷曲青绿色，叶底幼嫩，均匀明亮。假的为一芽二叶，芽叶长度不齐，呈黄色。

信阳毛尖：产于河南信阳车云山。其外形条索紧细、圆、光、直，银绿隐翠，内质香气新鲜，叶底嫩绿匀整，青黑色，一般一芽一叶或一芽二叶。假的为卷曲形，叶片发黄。

君山银针：产于湖南岳阳君山。由未展开的肥嫩芽头制成，芽头肥壮挺直、匀齐，满披茸毛，色泽金黄光亮，香气清鲜，茶色浅黄，味甜爽，冲泡看起来芽尖冲向水面，悬空竖立，然后徐徐下沉杯底，形如群笋出土，又像银刀直立。假银针为青草味，泡后银针不能竖立。

六安瓜片：产于安徽六安和金寨两县的齐云山。其外形平展，每一片不带芽和茎梗，叶呈绿色光润，微向上重叠，形似瓜子，内质香气清高，水色碧绿，滋味回甜，叶底厚实明亮。假的则味道较苦，色比较黄。

黄山毛峰：产于安徽歙县黄山。其外形细嫩稍卷曲，芽肥壮、匀齐，有锋毫，形状有点儿像"雀舌"，叶呈金黄色；色泽嫩绿油润，香气清鲜，水色清澈、杏黄、明亮，味醇厚、回甘，叶底芽叶成朵，厚实鲜艳。假茶呈土黄色，味苦，叶底不成朵。

祁门红茶：产于安徽祁门县。茶颜色为棕红色，切成 0.6～0.8 厘米，味道浓厚，强烈醇和、鲜爽。假茶一般带有人工色素，味苦涩、淡薄，条叶形状不齐。

都匀毛尖：产于贵州都匀市。茶叶嫩绿匀齐，细小短薄，一芽一叶初展，形似雀舌，长 2～2.5 厘米，外形条索紧细、卷曲，毫毛显露，色泽绿润，内质香气清嫩、新鲜、回甜，水色清澈，叶底嫩绿匀齐。假茶叶底不匀，味苦。

铁观音：产于福建安溪县。叶体沉重如铁，形美如观音，多呈螺旋形，色泽砂绿、光润，绿蒂，具有天然兰花香，汤色清澈金黄，味醇厚甜美，入口微苦，立即转甜，耐冲泡，叶底开展，青绿红边，肥厚明亮，每颗茶都带茶枝。假茶叶形长而薄，条索较粗，无青翠红边，叶泡三遍后便无香味。

武夷岩茶：产于福建崇安县。外形条索肥壮、紧结、匀整，带扭曲条形（俗称"蜻蜓头"），叶背起蛙皮状砂粒（俗称"蛤蟆背"），内质香气馥郁、隽永，滋味醇厚回苦，润滑爽口，汤色橙黄，清澈艳丽，叶底匀亮，边缘朱红或起红点，中央叶肉黄绿色，叶脉浅黄色，耐泡 6～8 次以上。假茶开始味淡，欠韵味，色泽枯暗。

任务四　掌握茶叶的储存方法

茶叶是一种干制品，保存期限长，但随着时间推移，茶叶的形、色、香、味会产生较大的变化。品质很好的茶叶，如不善加保藏，就会很快变质，颜色发暗，香气散失，味道不良，甚至发霉而不能饮用。为防止茶叶吸收潮气和异味，减少光线和温度的影响，避免挤压破碎，损坏茶叶美观的外形，就必须采取妥善的保藏方法。

问题一　影响茶叶品质的因素有哪些？

影响茶叶品质的因素如下。

（1）温度。温度愈高，茶叶外观色泽越容易变褐色，低温冷藏（冻）可有效减缓茶叶变褐及陈化。

（2）水分。茶叶中水分含量超过 5%，会使茶叶品质加速劣变，并促进茶叶中残留酵素氧化，使茶叶色泽变质。

（3）氧气。引起茶叶劣变的各种物质之氧化作用，均与氧气的存在有关。

（4）光线。光线照射对茶叶会产生不良的影响，光照会加速茶叶中各种化学反应的进行，叶绿素经光线照射易褪色。

问题二　茶叶的储存方法有哪些？

（一）塑料袋、铝箔袋储存法

最好选有封口、装食品用的塑料袋，材料厚实一点、密度高的较好，不要用有味道或再制的塑料袋。装入茶后袋中空气应尽量挤出，如能用第二个塑料袋反向套上则更佳，以透明塑料袋装茶后不宜照射阳光。以铝箔袋装茶原理与塑料袋类同。另外，将买回来的茶分袋包装，密封后装置于冰箱内，然后分批冲泡，以减少茶叶开封后与空气接触的机会，延缓品质劣变的产生。

（二）金属罐储存法

可选用铁罐、不锈钢罐或质地密实的锡罐。如果是新买的罐子或原先存放过其他物品留有味道的罐子，可先用少许茶末置于罐内，盖上盖子，上下左右摇晃轻擦罐壁后倒弃，以去除异味。市面上有贩售两层盖子的不锈钢茶罐，简便而实用，如能配合以清洁无味之塑胶袋装茶后，再置入罐内盖上盖子，以胶带粘封盖口则更佳。装有茶叶的金属罐应置于阴凉处，不要放在阳光直射、有异味、潮湿、有热源的地方，如此，铁罐才不易生锈，亦可减缓茶叶陈化、劣变的速度。另外锡罐材料致密，对防潮、防氧化、阻光、防异味有很好的效果。

（三）低温储存法

低温储存法指将茶叶储存的环境保持在5℃以下，也就是使用冷藏库（或冷冻库）保存茶叶，使用此法应注意以下5点。

（1）储存期6个月以内者，冷藏温度以维持0～5℃最经济有效；储藏期超过半年者，以冷冻（-18～-10℃）较佳。

（2）储茶以专用冷藏库最好，如必须与其他食物共同冷藏，则茶叶应妥善包装，完全密封以免吸附异味。

（3）冷藏库内空气循环良好，以达冷却效果。

（4）一次购买大量茶叶时，应先予小包（罐）分装，再放入冷藏库中，每次取出所需冲泡量，不宜将同一包茶反复冷冻、解冻。

（5）由冷藏库内取出茶叶时，应先让茶罐内茶叶温度回升至与室温相近，才可取出茶叶。急于打开茶罐，茶叶容易因凝结水汽而增加含水量，使未泡完的茶叶加速劣变。

问题三 储存茶叶还应注意的事项有哪些?

储存茶叶还应该注意以下 5 点。

（1）茶叶罐的选择亦需讲究，千万不可将用作其他用途的铁罐或磁瓷拿来装茶叶，亦不可使用易受光线照射的玻璃瓶，以免影响茶叶的品质。铁制的茶叶罐最好有内、外双重盖，密封度佳，极为适宜用作贮藏茶叶；但最宜使用密封性佳、不透气、不透光的锡罐。

（2）如果购买的茶叶量多，可将平日饮用的小部分放置于小罐中，剩下来的装在另一个罐中。如果放置陈年茶叶，更可用胶带将盖口封住，以达到百分之百密封，但要定期每年烘焙一次。

（3）从罐中取茶时，切勿以手抓茶，以免手汗臭或其他不良气味被茶吸附。最好用茶匙取茶，或以家庭使用的一般铁匙取茶亦可，然后此匙不可用作其他用途。

（4）切勿将茶罐放于厨房或潮湿的地方，也不要和衣物等放在一起，最好是放在阴暗干爽的地方。如果能谨慎储藏茶叶，即使放上几年也不会坏，陈年茶的特殊风味可增添茶趣的享受。

（5）如果购买多类茶种时，最好分别以不同的茶叶罐装置，并贴纸条于罐外，清楚地写明茶名、购买日期、焙火程度、焙制季节等。

问题四 茶叶的保质期是多久?

茶叶是一种饮品，当然有保质期。过了保质期或者存放不适当，茶叶同样会霉变，霉变的茶叶不能再饮用。通常密封包装的茶叶保质期是 12 个月～ 24 个月不等，在茶叶的包装袋上会标明。散装茶叶保质期就更短，在购买时，应尽量选当年的新茶。

茶叶的保质期与茶的品种有关，不同的茶保质期也不一样。像云南的普洱茶，少数民族的砖茶，陈化的反而好一些，保质期可达 10 ～ 20 年；又如武夷岩茶，隔年陈茶反而香气馥郁、滋味醇厚；湖南的黑茶、湖北的茯砖茶、广西的六堡茶等，只要存放得当，不仅不会变质，甚至能提升茶叶品质。

一般的茶，还是新鲜的比较好。如绿茶，保质期在常温下一般为 1 年左右。不过影响茶叶品质的因素主要有温度、光线、湿度。如果存放方法得当，降低或消除这些因素，则茶叶可长时间保质。

判断茶叶是否过期，主要有以下几个方面：看它是不是发霉，或出现陈味；绿茶是不是变红，汤色变褐、变暗；滋味的浓度、收敛性和鲜爽度是不是下降；此外，看它包装上的保质期。另外，如果是散装茶叶，超过 18 个月最好不要再冲饮。

一般人认为散装茶能很清楚地看清茶的外形，可以就此判断茶的好坏，所以大都喜欢购买散装茶。实际上，散装茶在销售的过程中就在不断地变质，因为露放在空气中，一是吸潮；二是吸异味，这样就导致茶叶无形之中会发生质变，丧失原茶风味。与散装茶相比，包装茶的优点较多，比如不易受到污染，不易变质，而且规范的产品包装上有明确的等级、生产日期、厂名、厂址、生产标准等内容。消费者一旦发现质量问题容易投诉。所以，在茶叶的发展方向上，今后我们将更多地倡导购买带包装的茶叶。

项目小结

人类的健康与饮食有很大的关系，茶叶作为世界三大饮品之一，对人们的生活有着千丝万缕的影响。学习和掌握茶叶的营养成分，就会在生活中指导饮食的方向，用科学的方法去使用茶叶，同时也在鉴别和使用茶叶中，提升生活的品质。本项目详细分析了茶的功效及如何科学饮用的知识；同时又介绍了茶叶选购、品质的鉴别知识及其储存方法。

思考与练习题

一、单项选择题

1. 茶叶中含有 20% ～ 30% 的叶蛋白，但能溶于茶汤的只有（   ）。

A. 2.5%　　　　　B. 3%　　　　　C. 3.5%　　　　　D. 4%

2. 茶叶是一种低热能食物，不同种类的茶叶提供的热能不一样，每 100 克茶叶提供的热能最高的是（   ）。

A. 绿茶　　　　　B. 红茶　　　　　C. 青茶　　　　　D. 普洱茶

3. 维生素 C 能防治坏血病，增加机体的抵抗力，促进创口愈合。据有关资料称，茶叶中含有大量的维生素 C，含量最多的是（   ）。

A. 绿茶　　　　　B. 红茶　　　　　C. 青茶　　　　　D. 普洱茶

4.茶叶中的芳香油、生物碱具有兴奋中枢和自主神经系统的作用,它们可以刺激胃液分泌,松弛胃肠道平滑肌,因此可以(　　　)。

A. 生津止渴解暑热　　　　　　　B. 清胃消食助消化

C. 振奋精神除疲劳　　　　　　　D. 降脂减肥保健美

5.对于高温环境,接触毒害物质较多的人,适宜一日饮茶(　　　)。

A. 10 克　　　　B. 1.5 克　　　　C. 2 克　　　　D. 2.5 克

二、简答题

1.茶叶有哪些保健功能?

2.怎样选购茶叶?

3.怎样鉴别春茶、夏茶、秋茶和冬茶?

4.保存茶叶的方法有哪些?

项目三　茶叶的冲泡技艺

 导语

你了解茶艺吗？你想成为茶艺师吗？作为一名茶艺师，应该具备哪些素质？要成为一名合格的茶艺师，必须通过学习本项目，掌握以下知识：

1. 茶艺的概念
2. 茶艺中使用的器具
3. 茶具选用知识、泡茶的水的选择和一般程序
4. 茶艺服务人员的礼仪要求

任务一　熟悉茶艺的概念

问题一　什么是茶艺？

（一）茶艺

茶艺是包括茶叶品评技法、艺术操作手段的鉴赏以及品茗美好环境的领略等整个品茶过程的美好意境，其过程体现形式和精神的相互统一。

就形式而言，茶艺包括选茗、择水、烹茶技术、茶具艺术、环境的选择创造等一系列内容。品茶，先要择，讲究壶与杯的古朴雅致，或是豪华庄贵。另外，品茶还要讲究个人与环境的协调，文人雅士讲求清幽静雅，达官贵族追求豪华高贵等。一般传统的品茶，环境要求多是清风、明月、松吟、竹韵、梅开、雪霁等种种妙趣和意境。

总之，茶艺是形式和精神的完美结合，其中包含着美学观点和人的精神寄托。传统的茶艺，是用辩证统一的自然观和人的自身体验，从灵与肉的交互感受中来辨别有关问题，所以在茶艺当中，既包含着我国古代朴素的辩证唯物主义思想，又包含了人们主观的审美情趣和精神寄托。茶艺主要包括以下内容。

（1）茶叶的基本知识。学习茶艺，首先要了解和掌握茶叶的分类、主要名茶的品质特点、制作工艺，以及茶叶的鉴别、储藏、选购等内容。这是学习茶艺的基础。

（2）茶艺的技艺。茶艺的技艺是指茶艺的技巧和工艺，包括茶艺术表演的程序、动作要领、讲解的内容，茶叶色、香、味、形的欣赏，茶具的欣赏与收藏等内容。这是茶艺的核心部分。

（3）茶艺的礼仪。茶艺的礼仪是指服务过程中的礼貌和礼节，包括服务过程中的仪容仪表、迎来送往、互相交流与彼此沟通的要求与技巧等内容。

（4）茶艺的规范。茶艺要真正体现出茶人之间平等互敬的精神，因此对宾客都有规范的要求。作为客人，要以茶人的精神与品质去要求自己，投入地去品赏茶；作为服务者，也要符合待客之道，尤其是茶艺馆，其服务规范是决定服务质量和服务水平的一个重要因素。

（5）悟道。道是指一种修行，一种生活的道路和方向，是人生的哲学，道属于精神的内容。悟道是茶艺的一种最高境界，是通过泡茶与品茶去感悟生活，感悟人生，探寻生命的意义。

（二）茶艺背景

广义上的茶艺背景是指整个茶文化背景；狭义上的茶艺背景指的是品茶场所的布景和衬托主体事物的景物。茶艺背景是衬托主题思想的重要手段，它渲染茶性清纯、幽雅、质朴的气质，增强艺术感染力。

品茗作为一门艺术，要求品茶技艺、礼节、环境等协调，不同的品茶方法和环境都要有和谐的美学意境。闹市中吟咏自斟，不显风雅；书斋中焚香啜饮，唱些俚俗之曲更不相宜。茶艺与茶艺背景风格要统一，不同风格的茶艺有不同的背景要求。所以在茶艺背景的选择创造中，应根据不同的茶艺风格，设计出适合要求的背景来。

问题二　如何理解茶艺?

（一）茶艺是"茶"和"艺"的有机结合

茶艺是茶人把人们日常饮茶的习惯，根据茶道规则，通过艺术加工，向饮茶人和宾客展现茶的冲、泡、饮的技巧，把日常的饮茶引向艺术化，提升了品饮的境界，赋予茶以更强的灵性和美感。

（二）茶艺是一种生活艺术

茶艺多姿多彩，充满生活情趣，对于丰富我们的生活，提高生活品位，是一种积极的方式。

（三）茶艺是一种舞台艺术

要展现茶艺的魅力，需要借助人物、道具、舞台、灯光、音响、字画、花草等的密切配合及合理编排，给饮茶人以高尚、美好的享受，给表演带来活力。

（四）茶艺是一种人生艺术

人生如茶，在紧张繁忙之中，泡出一壶好茶，细细品味，通过品茶进入内心的修养过程，感悟苦、辣、酸、甜的人生，使心灵得到净化。

（五）茶艺是一种文化

茶艺在融合中华民族优秀文化的基础上又广泛吸收和借鉴了其他艺术形式，并扩展到文学、艺术等领域，形成了具有浓厚民族特色的中华茶文化。

茶艺起源于中国，与中国文化的各个层面都有着密不可分的关系。高山云雾出好茶，清泉活水泡好茶，茶艺并非空洞的玄学，而是生活内涵改善的实质性体现。饮茶可以提高生活品质，扩展艺术领域。自古以来，插花、挂画、点茶、焚香并称"四艺"，尤为文人雅士所喜爱。茶艺还是高雅的休闲活动，可以使精神放松，拉近人与人之间的距离，化解误会和冲突，建立和谐的关系等。这些都对我们认识和理解茶艺，提出了更高、更深的要求。

任务二　熟悉泡茶的器具

问题一　我国茶具的发展史是怎样的？

喝茶自然要用茶具，而且，从茶艺欣赏的角度来说，美的茶具比美的茶更为重要。茶具的产生和发展是和茶叶生产、饮茶习惯的发展和演变密切相关的。早期茶具多为陶制，陶器的出现距今已有一万两千年的历史。由于早期社会物质文明极其贫乏，因此茶具是一具多用的。直到魏晋以后，清谈之风渐盛，饮茶也被看作高雅的精神享受和表达志向的手段，正是在这种情形下，茶具才从其他生活用具中独立出来。考古材料说明最早的专用茶具是盏托，如东晋时盏托两端微微向上翘，盘壁由斜直变成内弧，有的内底心下凹，有的有一个凸起的圆形托圈，使盏"无所倾斜"，同时出现直口深腹假圈足盏。到南朝时，盏托已普遍使用。唐代，我国茶的生产进一步扩大，饮茶风尚也从南方推广到北方。此时瓷业出现"南青北白"的局面，越窑青瓷代表了当时青瓷的最高水平。此时越窑的茶碗器形较小，器身较浅，器壁呈斜直形，适于饮茶。北方的茶碗较厚重，口沿有一道凸起的卷唇，它与越窑茶碗"口唇不卷，底卷而浅"的风格有明显区别。越窑除了具备釉色，造型也优美精巧。

我国茶具，直到陆羽《茶经》问世，才第一次有系统和完整的记述。《茶经》中讲述的茶具涉及陶、冶、竹、木、石、纸、漆各种质地共28件。陆羽对茶具的设计不仅讲究实用价值，式样古朴典雅，有情趣，且有明显推行"茶道"的意图，给茶人以美的愉悦。史称"茶兴于唐而盛于宋"，而且，宋代的陶瓷工艺也进入黄金时代，最为著名的有汝、官、哥、定、钧五大名窑。因此，宋代茶具也独具特色。在宋代，茶除供饮用外，更成为民间玩耍娱乐的工具之一。嗜茶者每相聚，斗试茶艺，称"斗茶"。因此，茶具也有了相应的变化。斗茶者为显出茶色的鲜白，对黑釉盏特别喜爱，其中建窑出产的兔毫盏更被视为珍品。到元代，散茶逐渐取代团茶的地位。此时绿茶的制造只经适当揉捻，不用捣碎碾磨，保存了茶的色、香、味。及至明朝，叶茶全面发展，在蒸青绿茶基础上又发明了晒青绿茶及炒青绿茶。茶具亦因制茶、饮茶方法的改进而发展，出现了一种鼓腹、有管状流和把手或提梁的茶壶。值得一提的是，明代紫砂壶具应运而生，并一跃成为"茶具之首"。大致因其造型古朴别致，经长年使用光泽如古玉，又能留得茶香，夏茶汤不易馊，冬茶汤不易凉。最令人爱不释手的是壶上的字画。最有名的是清嘉庆年间著名的金石家、书画家"清代八大家之一"的陈曼生，把我国传统绘画、书法、金石篆刻等艺术相融合于茶具上，创制了"曼生十八式"，成为茶具史上的一段佳话。清代，我国六大茶类即绿茶、红茶、白茶、黄茶、乌龙茶及黑茶都开始建立各自的地位。宜兴的紫砂壶、景德镇的五彩、珐琅彩及粉彩瓷茶具的烧制迅速发展，在造型及装饰技巧上，也达到了精妙的艺术境界。清代除沿用茶壶、茶杯外，常使用盖碗，茶具登堂入室，成为一种雅玩，其文化品位大大提高。这时茶具已和酒具彻底分开。直到今天，我国的茶具已是品种纷繁，琳琅满目。

问题二　茶具的种类及产地有哪些？

茶具种类繁多，造型千姿百态，已成为家家户户案头或茶几上不可缺少的生活用品和工艺品。茶具由开始的茶碗，而后逐渐出现了茶杯、茶壶和茶盘等成套器具。按不同标准茶具可分为不同的类别。

按用途。茶具可划分为：茶杯、茶碗、茶壶、茶盖、茶碟、托盘等饮茶用具。

按茶艺冲泡要求。茶具可划分为：煮水器、备茶器、泡茶器、盛茶器、涤洁器等。

按茶具的质地。茶具可划分为：陶土茶具、金属茶具、瓷器茶具、漆器茶具、竹木茶具、玻璃茶具、搪瓷茶具、玉石茶具等。

以下按不同质地介绍茶具。

1. 陶土茶具

陶土器具是新石器时代的重要发明，最初是粗糙的土陶，然后逐步演变为比较坚实的硬陶，再发展为表面上釉的釉陶。陶土茶具的代表是紫砂茶具（见图3-1）。

图 3-1　紫砂茶具

（1）紫砂茶具的形成与发展。陶器中的佼佼者首推江苏宜兴紫砂茶具。紫砂茶具早在北宋初期已经崛起，并在明代大为流行。紫砂茶具，由陶器发展而成，属陶器茶具的一种。它和一般的陶器不同，里外都不敷釉，采用当地的紫泥、红泥、绿泥等天然泥料精制焙烧而成。这些紫砂土是一种颗粒较粗的陶土，含有大量的氧化铁等化学元素。它的原料呈沙性，其沙性特征主要表现在两个方面：①虽然硬度高，但不会瓷化；②从胎的微观方面观察它有两层孔隙，即内部呈团形颗粒，外层是鳞片状颗粒，两层颗粒可以形成不同的气孔。正是由于这两大特点，紫砂茶壶具有非常好的透气性，能较好地保持茶叶的色、香、味。

由于紫砂烧成陶火温要求较高，在1100～1200℃，烧结密致，胎质细腻，既不渗漏，又具有透气性能，经久使用，还能吸附茶汁，即紫砂茶具有一定的透气性和低微的吸水性，用来泡茶，既利于保持茶的原香、原味，又不会产生熟汤气；蕴含茶香；传热较慢，不太烫手。即使在盛夏，壶中茶汤也不会变质发馊。因此，历史上曾有"一壶重不数两，价重每一二十金，能使土与黄金争价"之说。紫砂茶壶对温度的适应性也很好，在高温和寒冷的低温下也不会爆裂，冬天放在火上煨烧，也不会爆裂。紫砂茶具的缺点是颜色较深，难以观察茶汤的色泽和壶（杯）中茶叶的姿态变化。

紫砂茶具使用年代越久，色泽越光亮照人、古雅润滑，常年久用，茶香愈浓，所以有人形容说：饮后空杯，留香不绝。紫砂壶造型多样，工艺精湛超俗，具有很高的艺术价值。明清两代，宜兴紫砂艺术突飞猛进地发展起来。名手所做紫砂壶造型精美、色泽古朴、光彩夺目，因而成为人们竞相收藏的艺术品。

（2）紫砂壶的造型。紫砂壶基本上分三种造型：几何型壶式、自然型壶式、筋纹型壶式。

几何型壶式，俗称为"光货"，光货是指整个造型中不同形体部位，要求每个过程都要做到有骨有肉，骨肉停匀，都要有自己的特质、性格和规范，审美情趣因人而异。这些明确要求具体要看简单的线形，丰富的内容，供人们审视功力优劣。光货的设计制作是最能鉴别功力的，如传统的掇球壶、竹鼓壶、汉君壶、合盘壶、四方壶、提壁壶、洋桶壶等。

自然型壶式的茶具直接模拟自然界固有物或人造物，来作为造型的基本形态，行话称为"花货"。在这类作品中模拟客观形象时，又分为两种：第一种是直接将某一种对象的典型物，演变成壶的形状如南瓜壶、柿扁壶、梅段壶；第二种是在几何型类壶身筒上，选择恰当的部位，用装饰的手法、以雕刻或透雕的方法把某一种典型的形象附贴上，如常青壶、报春壶、梅型壶、竹节壶等。

筋纹型壶式是紫砂艺人在长期生产实践中创造出来的一种壶式。筋纹与筋纹之间的处理大致有三种：第一种是花型；第二种是菊花或瓜果式纹样制作的壶；第三种是第二种的变形，筋纹与筋纹之间呈凹进的线条状。

2. 金属茶具

金属用具是指由金、银、铜、铁、锡等金属材料制作而成的器具，是我国最古老的日用器具之一。早在公元前 18 世纪至公元前 221 年秦始皇统一中国之前的 1500 年间，青铜器就得到了广泛的应用，先人用青铜制作盘盛水，制作爵、樽盛酒，这些青铜器皿自然也可用来盛茶。大约到南北朝时，我国出现了包括饮茶器皿在内的其他金属器具。到隋唐时，金属器具的制作达到高峰。

20 世纪 80 年代中期，陕西扶风法门寺出土的一套由唐僖宗供奉的鎏金茶具（见图 3-2），可谓是金属茶具中罕见的稀世珍宝。但从宋代开始，古人对金属茶具的评价褒贬不一。元代以后，特别是从明代开始，随着茶类的创新，饮茶方法的改变，以及陶瓷茶具的兴起，金属茶具逐渐消失，尤其是用锡、铁、铅等金属制作的茶具，人们认为用它们来煮水泡茶，会使"茶味走样"，以致很少有人使用。但用金属制成贮茶器具，如锡瓶、锡罐等，却

图 3-2　唐代鎏金茶具

屡见不鲜。这是因为金属贮茶器具的密闭性要比纸、竹、木、瓷、陶等好，具有较好的防潮、避光性能，这样更有利于散茶的保藏。因此，用锡制作的贮茶器具，至今仍流行于世。

3. 瓷器茶具

瓷器是在陶器的基础上发展起来的。自唐代起，随着我国的饮茶之风大盛，茶具生产获得了飞跃发展。唐、宋、元、明、清代相继涌现了一大批生产茶具的著名窑场，其制品精品辈出，所产瓷器茶具有青瓷茶具、白瓷茶具、黑瓷茶具和彩瓷茶具等。

（1）青瓷茶具。早在东汉年间，已开始生产色泽纯正、透明发光的青瓷。晋代浙江的越窑、婺窑、瓯窑已具相当规模。宋代，作为当时五大名窑之一的浙江龙泉哥窑生产的青瓷茶具（见图3-3），已达到鼎盛时期，远销各地。明代，青瓷茶具更以其质地细腻、造型端庄、釉色青莹、纹样雅丽而蜚声中外。16世纪末，龙泉青瓷出口法国，轰动了整个法兰西，人们用雪拉同当时风靡欧洲的名剧《牧羊女》中的女主角的美丽青袍与之相比，称龙泉青瓷为"雪拉同"，视为稀世珍品。当代，浙江龙泉青瓷茶具又有新的发展，不断有新产品问世。这种茶具除具有瓷器茶具的众多优点外，因色泽青翠，用来冲泡绿茶，更有益汤色之美。不过，用它来冲泡红茶、白茶、黄茶、黑茶，则易使茶汤失去本来面目，似有不足之处。

（2）白瓷茶具。白瓷茶具具有坯质致密透明，上釉、成陶火温高，无吸水性，音清而韵长等特点。因色泽洁白，能反映出茶汤色泽，传热、保温性能适中，加之色彩缤纷，造型各异，堪称饮茶器皿中之珍品。早在唐朝，河北邢窑生产的白瓷器具（见图3-4）已"天下无贵贱通用之"。唐朝白居易还作诗盛赞四川大邑生产的白瓷茶碗。而景德镇生产的白瓷在唐代就有"假玉器"之美称，这些产品质薄光润，白里泛青，雅致悦目，并有影青刻花、印花和褐色点彩装饰。到了元代，景德镇因烧制青花瓷而闻名于世。直至今天，景德镇的瓷器仍是世界上的佼佼者。如今，白瓷茶具更是面目一新。这种白瓷茶具，适合冲泡各类茶叶；造型精巧，装饰典雅；其外壁多绘有山川河流，四季花草，飞禽走兽，人物故事，或缀以名人书法，颇具艺术欣赏价值，所以，使用最为普遍。

图3-3 青瓷茶具

图3-4 白瓷茶具

（3）黑瓷茶具。黑瓷茶具（见图3-5）始于晚唐，鼎盛于宋，延续于元，衰败于明、清。这是因为自宋代开始，饮茶方法已由唐时煎茶法逐渐演变为点茶法，而宋代流行的斗茶又为黑瓷茶具的崛起创造了条件。宋人衡量斗茶的效果，一看盏面汤花色泽和均匀度，以"鲜白"为先；二看汤花与茶盏相接处水痕的有无和出现的迟早，以"著盏无水痕"为上。时任三司使给事中的蔡襄，在他的《茶录》中就说得很明白："视其面色鲜白，著盏无水痕为绝佳；建安斗试，以水痕先者为负，耐久者为胜。"而使用黑瓷茶具，正如宋代祝穆在《方舆胜览》中说的"茶色白，入黑盏，其痕易验"。所以，宋代的黑瓷茶盏，成了瓷器茶具中的最大品种。福建建窑、江西吉州窑、山西榆次窑等，都大量生产黑瓷茶具，成为黑瓷茶具的主要产地。黑瓷茶具的窑场中，建窑生产的"建盏"最为人称道。蔡襄《茶录》中这样说："建安所造者……最为要用。出他处者，或薄或色紫，皆不及也。"建盏配方独特，在烧制过程中使釉面呈现兔毫条纹、鹧鸪斑点、日曜斑点，一旦茶汤入盏，能放射出五彩纷呈的点点光辉，增加了斗茶的情趣。明代开始，由于"烹点"之法与宋代不同，黑瓷建盏"似不宜用"，仅作为"以备一种"而已。

（4）彩瓷茶具。彩瓷茶具（见图3-6）的品种花色很多，其中尤以青花瓷茶具最引人注目。青花瓷茶具，其实是指以氧化钴为成色剂，在瓷胎上直接描绘图案纹饰，再涂上一层透明釉，尔后在窑内经1300℃左右高温还原烧制而成的器具。然而，对"青花"色泽中"青"的理解，古今有所不同。古人将黑、蓝、青、绿等诸色统称为"青"，故"青花"的含义比今人要广。青花瓷茶具花纹蓝白相映成趣，有赏心悦目之感；色彩淡雅、幽菁可人，有华而不艳之力；加之彩料之上涂釉，显得滋润明亮，更平添了青花茶具的魅力。直到元代中后期，青花瓷茶具才开始成批生产，特别是景德镇，成了我国青花瓷茶具的主要生产地。由于青花瓷茶具绘画工艺水平高，尤其是将中国传统绘画技法运用在瓷器上，这也可以说是元代绘画的一大成就。元代以后除景德镇生产青花瓷茶具外，云南的玉溪、建水，浙江的江山等地也有少量青花瓷茶具生产，但无论是釉色、胎质，还是纹饰、画技，都不能与同时期景德镇生产的青花瓷茶具相比。明代，景德镇生产的青花瓷茶具，诸如茶壶、茶盅、茶盏，花色品种越来越多，质量愈来愈精，无论是器形、造型、纹饰等都冠绝全国，成为其他生产青花瓷茶具窑场模仿的对象。清代，特别是康熙、雍正、乾隆时期，青花瓷茶具在古陶瓷发展史上，又进入了一个历史高峰，超越前朝，影响后代。康熙年间烧制的青花瓷器具，更是史称"清代之最"。综观明清时期，制瓷技术提高，社会经济发展，对外出口扩大，以及饮茶方法改变，都促使青花瓷茶具获得了迅猛的发展。此外，全国还有许多地方生产"土青花"茶具，在一定区域内，供民间饮茶使用。

图 3-5　黑瓷茶具

图 3-6　彩瓷茶具

4. 漆器、竹木茶具

（1）漆器茶具（见图3-7）。漆器的历史十分悠久，在长沙马王堆西汉墓出土的器物中就有漆器。以脱胎漆器作为茶具，大约始于清代，其产地主要在福建福州一带。

漆器茶具是采用天然漆树汁液，经掺色后，再制成绚丽夺目的器件。在浙江余姚的河姆渡文化中，已有木胎漆碗。但长期以来，有关漆器的记载很少，直至清代，福建福州出现了脱胎漆茶具，才引起人们的关注。

脱胎漆茶具，制作精细复杂，先要按茶具设计要求，做成木胎或泥胎模子，其上以夏布或绸料和漆裱上，再连上几道漆灰料，然后脱去模子，再经真灰、上漆、打磨、装饰等多道工序。脱胎漆茶具通常成套生产，盘、壶、杯常呈一色，以黑色为多，也有棕、黄棕、深绿等色。

福州生产的漆器茶具多姿多彩，有"宝砂闪光""金丝玛瑙""釉变金丝""仿古瓷""雕填""高雕"和"嵌白银"等品种，特别是创造了红如宝石的"赤金砂"和"暗花"等新工艺以后，漆器茶具更加鲜丽夺目，惹人喜爱。

漆器茶具表面晶莹光洁，嵌金填银，描龙画凤，光彩照人；其质轻且坚，散热缓慢。虽具有实用价值，但由于这些制品红如宝石，绿似翡翠，犹如明镜，光亮照人，人们多将其作为工艺品陈设于客厅、书房。

（2）竹木茶具（见图3-8）。竹木茶具是人类先民利用天然竹木砍削而成的器皿。隋唐以前，我国饮茶虽渐次推广开来，但属粗放饮茶。当时的饮茶器具，除陶瓷器外，民间多用竹木制作而成。陆羽在《茶经·四之器》中开列的 24 种茶具，多数是用竹木制作的。这种茶具，来源广，制作方便，因此，自古至今，一直受到茶人的欢迎。但其缺点是易于损坏，不能长时间使用，无法长久保存。到了清代，在四川出现了一种竹编茶具，它既是一种工艺品，又富有实用价值，主要品种有茶杯、茶盅、茶托、茶壶、茶盘等，多为成套制作。

图 3-7　漆器茶具

图 3-8　竹木茶具

竹编茶具由内胎和外套组成，内胎多为陶瓷类饮茶器具，外套用精选慈竹，经劈、启、揉、匀等多道工序，制成粗细如发的柔软竹丝，经烤色、染色，再按茶具内胎形状、大小编织嵌合，使之成为整体如一的茶具。现今，竹编茶具已由本色、黑色或淡褐色的简单茶纹，发展到运用五彩缤纷的竹丝，编织成精致繁复的图案花纹，创造出疏编、扭丝编、雕花、漏花、别花、贴花等多种技法。这种茶具，不但色调和谐，美观大方，而且能保护内胎，减少损坏；同时，泡茶后不易烫手，并富含艺术欣赏价值。因此，多数人购置竹编茶具，不在其用，而重在摆设和收藏。

5. 玻璃、搪瓷茶具

（1）玻璃茶具（见图 3-9）。玻璃茶具古时又称琉璃茶具，是由一种有色半透明的矿物质制作而成，色泽鲜艳，光彩照人。玻璃茶具在中国起步较早，陕西法门寺地宫出土的素面圈足淡黄色琉璃茶盏和茶托，就是证明。宋朝时，中国独特的高铅琉璃器具问世。元明时期有规模较大的琉璃作坊在山东、新疆等地出现。清代康熙年间在北京还开设了宫廷琉璃厂。随着生产的发展，如今玻璃茶具已成为大宗茶具之一。

由于玻璃茶具可直观杯中泡茶的过程，茶汤的鲜艳色泽，茶叶的细嫩柔软，茶叶在冲泡过程中的上下浮动，叶片的逐渐舒展等，都可以一览无余，可说是一种动态的艺术欣赏，更增添品味之趣。特别是冲泡细嫩名茶，茶具晶莹剔透，杯中轻雾缥缈，澄清碧绿，芽叶朵朵，亭亭玉立，观之赏心悦目，别有风趣。如在沏碧螺春茶时，可见嫩绿芽叶缓缓舒展，碧绿的茶汁慢慢浸出的全过程。

玻璃茶具最大的特点是质地透明，光泽夺目，可塑性大，造型多样；且因大批生产，故价格低廉，深受广大消费者的欢迎。其缺点是传热快、易烫手，且易碎。

（2）搪瓷茶具（见图 3-10）。搪瓷茶具以坚固耐用、图案清新、轻便耐腐蚀而著称。它起源于古代埃及，之后传入欧洲。但现在使用的铸铁搪瓷始于19世纪初的德国与奥地利。搪瓷工艺传入我国，大约是在元代。明代景泰年间（1450～1457），我国创制了珐琅镶嵌工艺品景泰蓝茶具，清代乾隆年间（1736～1795）景泰蓝从宫廷流向民间，这可以说是我国搪瓷工业的肇始。

我国真正开始生产搪瓷茶具是20世纪初。特别是自20世纪80年代以来，新生产了许多品种：仿瓷茶具瓷面洁白、细腻、光亮，不但形状各异，而且图案清新，有较强的艺术感，可与瓷器媲美；网眼花茶杯饰有网眼或彩色加网眼，且层次清晰，有较强艺术感；鼓形茶杯和蝶形茶杯式样轻巧，造型独特；保温茶杯能起保温作用，且携带方便，加彩搪瓷茶盘可作放置茶壶、茶杯用，都受到不少茶人的欢迎。但搪瓷茶具传热快，易烫手，放在茶几上，会烫坏桌面，加之"身价"较低，所以，使用时受到一定限制，一般不作待客之用。

在日常生活中，除了使用上述茶具之外，还有玉石茶具及一次性的塑料、纸制茶杯等。不过最好别用保温杯泡饮，保温杯易焖熟茶叶，有损风味。

图 3-9　玻璃茶具

图 3-10　搪瓷茶具

 茶博士

茶具极品的摇篮——东道汝窑

在宋代五大名窑"汝、官、钧、哥、定"中，有着"青瓷之首，汝窑为魁"之称的汝窑艺压群芳，脱颖而出，出产的汝瓷成为皇室专用贡品。

汝瓷产于河南临汝，隋炀帝大业初年（即公元605年），置临汝为汝州，"汝瓷"因此而得名。汝瓷始烧于唐朝中期，盛名于北宋，衰于南宋，在我国陶瓷史上占有重要的地位。兴盛前后不过20余年，所以弥足珍贵。

东道汝窑由广州恒福茶文化股份有限公司的徐结根先生创建，所生产的产品以北宋汝瓷原型为创作范本，外形简约古朴、大巧不工，背后包含极其丰富的工艺成就，其简洁的造型、雅致的外表，在简约中增添了高贵的气质。产品主要有茶器、花器、香器等。东道汝窑独创汝雕工艺，吸取各种传统雕刻工艺的精髓，如石雕、木雕、岩刻等工艺特点，通过现代与传统结合的高新技术，展现出产品精致、典雅、古朴的风格，体现了工艺的精湛与艺术的美感。在如珍珠般莹润的釉色中，以点睛之笔来体现产品的工艺高度和艺术价值，为众多茶人争相收藏。产自东道汝窑的五羊太极（天青）如图3-11所示。

图 3-11　五羊太极（天青）

问题三　表演茶艺时所需的茶具有哪些？

（一）煮水器

（1）水壶（水注）。水壶用来烧开水，目前使用较多的有紫砂提梁壶、玻璃提梁壶和不锈钢壶。

（2）茗炉。茗炉即用来烧泡茶开水的炉子。为表演茶艺的需要，现代茶艺馆经常备有一种茗炉，炉身为陶器或金属制架，中间放置酒精灯，点燃后，将装好开水的水壶放在茗炉上，可保持水温，便于表演。

（3）"随手泡"。"随手泡"在现代茶艺馆及家庭使用得最多。它是用电来烧水，加热开水时间较短，非常方便。

（4）开水壶。开水壶是在无须现场煮沸水时使用的，一般同时备有热水瓶储备沸水。

茗炉等器具如图3-12、图3-13所示。

图 3-12　茗炉

图 3-13　随手泡

（二）置茶器

如图3-14所示，置茶器包括以下几部分。

（1）茶则。则者，准则也，茶则用来衡量茶叶用量，确保投茶量准确。多为竹木制品，由茶叶罐中取茶放入壶中的器具。

（2）茶匙。一种细长的小耙子，用其将茶叶由茶则拨入壶中。

（3）茶漏（茶斗）。圆形小漏斗，当用小茶壶泡茶时，将其放置壶口，茶叶从中漏进壶中，以防茶叶撒到壶外。

（4）茶荷。用来赏茶及量取茶叶的多少，一般在泡茶时用茶则代替。

（5）茶罐。装茶叶的罐子，以陶器为佳，也有用纸或金属制作的。

这部分器具为必备性较强的用具，一般不应简化。

（三）理茶器

理茶器一般包括以下几部分。

（1）茶夹。用来清洁杯具，或将茶渣自茶壶中夹出。

（2）茶针。用来疏通茶壶的壶嘴，保持水流畅通。茶针有时和茶匙一体。

（3）茶桨（簪）。茶叶冲泡第一次时，表面会浮起一层泡沫，可用茶桨刮去泡沫。

（四）分茶器——茶海

茶海，包括茶盅、公道杯、母杯，如图3-15所示。茶杯中的茶汤冲泡完成，便可将其倒入茶海。茶汤倒入茶海后，可依喝茶人数多寡分茶；而人数少时，将茶汤置于茶海中，可避免茶叶泡水太久而苦涩。

图3-14　置茶器

图3-15　茶海

（五）盛茶器、品茗器

（1）茶壶。茶壶主要用于泡茶，也有直接用小茶壶来泡茶和盛茶，独自酌饮的。

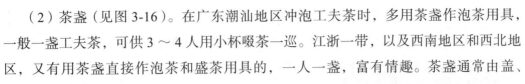

（2）茶盏（见图3-16）。在广东潮汕地区冲泡工夫茶时，多用茶盏作泡茶用具，一般一盏工夫茶，可供3～4人用小杯啜茶一巡。江浙一带，以及西南地区和西北地区，又有用茶盏直接作泡茶和盛茶用具的，一人一盏，富有情趣。茶盏通常由盖、碗、托三件套组成，多用陶器制作，少数也有用紫砂陶制作的。

（3）品茗杯。品茗所用的小杯子。

（4）闻香杯。此杯容积和品茗杯一样，但杯身较高，容易聚香。

（5）杯碟。杯碟也称杯托，用来放置品茗杯与闻香杯。

图3-16　茶盏

（六）涤茶器

（1）茶船（茶洗）。盛放茶壶的器具，当注入壶中的水溢满时，茶船可将水接住，避免弄湿桌面（上面为盘，下面为仓）。茶船有竹木、陶及金属制品。

（2）茶盘。茶盘指用以盛放茶杯或其他茶具的盘子，向客人奉茶时使用，常用竹木制作而成，也有的用陶瓷制作而成。

（3）茶巾。用来擦干茶壶或茶杯底部残留的水滴，也可用来擦拭清洁桌面。

（4）容则。摆放茶则、茶匙、茶夹等器具的容器。

（5）茶盂。茶盂主要用来贮放茶渣和废水，以及尝点心时废弃的果壳等物，多用陶瓷制作而成。

（七）其他器具

（1）壶垫。纺织制品的垫子，用以隔开茶壶与茶船，避免因摩擦撞出声音。

（2）温度计。用来判断水温的辅助器。

（3）香炉。品茗时焚点香支，可增加品茗乐趣。

问题四　茶具是如何组合的？

茶具的使用，往往因地、因人和因茶而异。

（一）我国各地饮茶择具习俗

东北、华北一带，喜用较大的瓷壶泡茶，然后斟入瓷盅饮用；江浙一带多用有盖瓷杯或玻璃杯直接泡饮；广东、福建饮乌龙茶，必须用一套特小的瓷质或陶质茶壶、茶盅泡饮，选用"烹茶四宝"——潮汕炉、玉书煨、孟臣罐、若琛瓯泡茶，以鉴赏茶的韵味；西南一带常用上有茶盖、下有茶托的盖碗饮茶，俗称"盖碗茶"；西北甘肃等地，爱饮用"罐罐茶"——用陶质小罐先在火上预热，然后放进茶叶，冲入开水后，再烧开饮用茶汁；藏族、蒙古族等少数民族，多以铜、铝等金属茶壶熬煮茶叶，煮出茶汁后再加入酥油、鲜奶，称"酥油茶"或"奶茶"。

（二）茶具选配因人而定

古往今来，茶具配置在很大程度上反映了人们的不同地位和身份。如陕西法门寺地宫出土的茶具表明，唐代皇宫选用金银茶具、秘色瓷茶具和琉璃茶具饮茶，而民间多用竹木茶具和瓷器茶具。相传宋代，大文豪苏东坡自己设计了一种提梁紫砂壶，至今仍为茶人推崇；清代慈禧太后对茶具更加挑剔，喜用白玉作杯、黄金作托的茶杯饮茶。现代人饮茶，对茶具的要求虽没有如此严格，但也根据各自习惯和文化底蕴，结合自己的目光与欣赏力，选择自己最喜爱的茶具供自己使用。

另外，不同性别、不同年龄、不同职业的人，对茶具要求也不一样。如男士习惯用较大而素净的壶或杯泡茶；女士爱用小巧精致的壶或杯冲茶。又如老年人讲究茶的韵味，注重茶的香和味，因此，多用茶壶泡茶；年轻人以茶为友，要求茶香清味醇，重在品饮鉴赏，因此多用茶杯冲茶。再如脑力劳动者崇尚雅致的茶壶或茶杯细啜缓饮；而体力劳动者推崇大碗或大杯，大口急饮，重在解渴。

（三）茶具选配因茶而定

中国民间，向有"老茶壶泡，嫩茶杯冲"之说。老茶用壶冲泡，一是可以保持热量，有利于茶汁的浸出；二是较粗老茶叶，由于缺乏欣赏价值，用杯泡茶，暴露无遗，用来敬客，不太雅观，又有失礼之嫌。而细嫩茶叶，选用杯泡，一目了然，会使人产生一种美感，达到物质享受和精神欣赏"双丰收"，正所谓"壶添品茗情趣，茶增壶艺价值"。

随着红茶、绿茶、乌龙茶、黄茶、白茶、黑茶等茶类的形成，人们对茶具的种类和色泽，质地和式样，以及轻重、厚薄和大小等提出了新的要求。一般来说，为保香可选用有盖的杯、壶或碗泡茶；饮乌龙茶，重在闻香啜味，宜用紫砂茶具泡茶；饮用红碎茶或工夫茶，可用瓷壶或紫砂壶冲泡，然后倒入白瓷杯中饮用；冲泡西湖龙井、洞庭碧螺春、君山银针、黄山毛峰、庐山云雾茶等细嫩名优茶，可用玻璃杯直接冲泡，也可用白瓷杯冲泡。

但不论冲泡何种细嫩名优茶，杯子宜小不宜大。大则水量多、热量大，易使茶芽泡熟、茶汤变色，茶芽不能直立，失去姿态，进而产生熟汤味。

此外，冲泡红茶、绿茶、乌龙茶、白茶、黄茶，使用盖碗，也是可取的，只是碗盖的选择，则应依茶而论。

问题五　茶具应怎样进行清洁与保养?

(一)清洁工作

无论是泡茶前还是品饮茶后,茶具的清洁工作必不可少。"洁器雅具"是茶艺的要素。茶为洁物,品饮为雅事,器具之洁无疑不可忽视。一般泡茶前应先行将所有器具检查一遍并逐一做好清洁工作,其中壶杯器具应洗烫干净,抹拭光亮备用,茶匙组合等器件也应抹拭一遍。茶饮结束后,也不能忘记以布巾擦拭,泡饮用的茶壶、茶杯尤其应先清水、后热水烫洗干净,拭干后收放起来,防止残留水痕和尘埃污染。

(二)注意洁壶养壶

无论是瓷壶还是紫砂壶都应注意不积污垢。

(1)茶壶的保养。茶壶的保养俗称养壶,就是壶经过长期泡茶使用,不断清理擦拭,壶身由原来的糙、亮、粗,逐渐变得温润如古玉、光泽柔和敦厚,这个过程便称为"养壶"。目的在于使壶能更好地蕴香育味,进而使壶能焕发浑朴的光泽,保持油润的手感。

(2)新壶的保养。新壶使用前,用洁净无异味的锅盛上清水,再抓一把茶叶,连同紫砂壶放入锅中煮沸后,继续用文火煮上0.5～1小时。须注意的是锅中茶汤容量不得低于壶面,以防茶壶烧裂。或者等茶汤煮沸后,熄火,将新壶放在茶汤中浸泡2小时,然后取出茶壶,让其在干燥、通风,而又无异味的地方自然晾干。用这种方法养壶,不仅可除去壶中的土味,而且还有利于壶的滋养。

(3)旧壶的保养。旧壶在泡茶前,先用沸水冲烫一下;饮完茶后,将茶渣倒掉,并用热水涤去残汤,保持壶内的清洁。

(4)茶垢处理。无论是茶壶还是茶杯,一般尽量不要让内壁积垢,茶垢也叫茶锈,茶垢中含有多种金属物质,会对人的消化、营养吸收乃至脏器造成不良影响。

归纳起来,洁壶养壶第一步就是经常泡茶使用;第二步是洗涤壶身;第三步是经常擦拭壶身,这样才能使壶焕发出本身泥质的光泽。

问题六　选好茶壶的要领有哪些?

1.茶壶的选择

一件茶壶的内涵主要具备以下三个主要因素:①完美的形象结构,形象结构是指壶的嘴、鋬、盖、纽、脚,应与壶身整体比例协调;②精湛的制作技艺;③优良的实用功能，指容积和重量的恰当，当壶錾、执握、壶的周围合缝，壶嘴出水流畅时，也要考虑色泽和图案的脱俗与和谐。

2. 茶壶的造型结构（见图 3-17）

一般来说，茶壶的造型结构有如下要求。

（1）茶壶的三要素：壶嘴、壶把、壶身。壶的嘴（出水口）、壶把、钮必须成一直线，换句话说，就是三点要在一条直线上（少数特殊造型除外）。

（2）一体成型感。各部分组合比例，应力求匀称，同时要展现出落落大方的空间感。壶嘴与壶身、壶把与壶身的连接部位，要处理得很自然，没有任何破绽，宛如一体成型般。

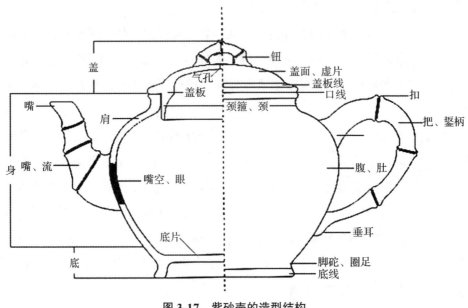

图 3-17　紫砂壶的造型结构

3. 选好茶壶的要领

（1）茶壶的外观。市面上推出的茶壶形式琳琅满目，或高或矮或圆或扁，或几何形状或瓜果形状。然而，每个人都有自己的审美观点，因此，所谓的美并没有一定的标准可言，只要造型与外观自己看着舒服满意就行，不必强求时尚。

（2）茶壶的品质。这主要看茶壶的胎骨，以及与茶壶色泽、茶的汤色相协调。胎骨坚、色泽润者当为上品。一般而言，手拉坯较为粗糙，挖塑壶会留下刀刻痕迹，灌浆壶则会有模痕。对胎骨坚与否，通常以轻拨壶盖，听其壶声，以有锵铛轻扬声者为佳。声音较清脆铿锵的壶，较适合泡发酵、香气高的茶；声音较混浊迟钝的壶则适合泡重发酵、韵味低沉的热茶。辨别壶声的方法是：将茶壶平放在左手手掌上，以右手食指轻弹壶身。

（3）茶壶的出水。茶壶的出水效果好坏，与壶嘴的设计有关。通常要求倾壶倒水，出水需急、长、圆，壶里滴水不留为上。至于壶嘴出水是直是曲，是刚是柔，与品茶者的爱好有关，还要与茶的冲泡要求相结合。

（4）茶壶的精度。茶壶的精度指壶盖与壶身的紧密程度。总的说来，精密程度越高越好，其检验方法：将壶注满水，正面用手指压住壶盖上的气孔，轻轻倒转茶壶，使壶身呈水平状，手慢慢脱离壶盖，若壶盖不落者，则表示这把茶壶的精密度高。

（5）茶壶的重心。选茶壶时，还应注意茶壶的重心是否平稳。测量壶的重心是否平稳时，可在壶内装大半壶水，用手提起茶壶，缓缓倒水，如果感觉很顺手，即表示该壶重心适中、平稳，是一把好壶。如果提壶需用力紧握壶把才得以平稳的话，即表示此壶的重心位置不对。除了重心要稳之外，左右也需匀称。另外，拿起壶盖时壶口要平、要圆。壶是否有异味杂味等，这些都要在选购时加以考虑。

紫砂壶的鉴赏

紫砂壶历来分为四个档次：日用品壶（即大路货）、工艺品壶（即细货）、特艺品（即名人名家的作品）、艺术品（富有艺术生命的作品）。用五个字来概括即泥、形、工、款、功。前四个字属于艺术标准，后一个字为功能标准。一是"泥"，紫砂壶得名于世，固然与它的制作技法分不开，但根本的原因是紫砂泥的特殊优越性能。根据现代科学分析，紫砂泥的分子确实与其他的泥不同，就是同样的紫砂泥其结构也不尽相同，由于原料不同，带来的功能效用及给人的官能感受也不尽相同，所以评价一件紫砂壶的优劣，一是紫砂泥的优劣。二是"形"。紫砂壶之形，是存世的各器皿中最丰富的，素有"方非一式，圆不一相"之赞誉。如何评价这些造型也是仁者见仁，智者见智，因为艺术的社会功能是满足人们的心理需要。紫砂壶的造型全凭感觉，制壶讲的是等样、等势，按造型学讲就是均衡。也就是说只可意会，不可言传，艺术上的感觉全靠心声的共鸣，心灵的理解，即所谓"心有灵犀一点通"。三是"工"。艺术有很多相通的地方，紫砂壶的造型技法和国画之工笔技法有着异曲同工之妙，如点、线、面是构成紫砂壶形体的基本要素，在紫砂壶成型过程中，必须清清楚楚，犹如工笔绘画一样，起笔落笔，转弯曲折都必须交代清楚。按照紫砂壶的成型工艺特殊要求，壶嘴与壶把绝对要在一条直线上，并且分量要均衡；壶口与壶盖结合要严紧。四是"款"。款即壶的款识。鉴赏紫砂壶有两层意思，一层意思是鉴别壶的优劣，壶的制作者、题词、镌铭的作者是谁，另一层意思是欣赏紫砂壶面上题词的内容，镌刻的书画内涵和印款。紫砂壶的装饰艺术也是中国传统装饰艺术的一部分，它具有传统的"诗、书、画、印"四位一体的显著特点，所以欣赏一把紫砂壶除了看它手工艺泥色、造型、制作手工艺人的功夫外，还有文学、书法、绘画、金石等方面。所以一把紫砂壶的工艺欣赏能带给人们更多更美的享受。五是"功"。所谓"功"是指功能美。紫砂壶手工艺的功能美主要表现在：①容量适度；②高矮得当；③口盖得严紧；④出水要流畅。按目前大多饮茶者的习惯而言，一般容量最好在200～350毫升为最佳，其容量刚好在四杯左右。手摸手提只需一手之劳，故称为一手壶。紫砂壶手工艺高矮，各有用处，高壶口小，宜泡红茶；矮壶口大，宜泡绿茶；但又必须适度，过高则茶易失味，过矮则茶易从壶口溢出，壶嘴出水也很关键，凡此种种都属于功能美手工艺标准。

任务三　掌握茶叶的冲泡方法

问题一　泡茶的要素有哪些？

茶叶中的化学成分是组成茶叶色、香、味的物质基础，其中多数能在冲泡过程中溶解于水，从而形成茶汤的色泽、香气和滋味。泡茶时，应根据不同茶类的特点，调整水的温度、浸润时间和茶叶的用量，从而使茶的香味、色泽、滋味得以充分发挥。综合起来，泡好一壶茶主要有以下四大要素。

（一）茶水比例

1.茶的品质

茶叶中各种物质在沸水中浸出的快慢与茶叶的老嫩和加工方法有关。氨基酸具有鲜爽的性质，因此茶叶中氨基酸含量多少直接影响着茶汤的鲜爽度。名优绿茶滋味之所以鲜爽、甘醇，主要是因为氨基酸的含量高和茶多酚的含量低。夏茶氨基酸的含量低而茶多酚的含量高，所以茶味苦涩。故有"春茶鲜、夏茶苦"的谚语。

2.茶和水的比例

茶叶用量应根据不同的茶具、不同的茶叶等级而有所区别。一般而言，水多茶少，滋味淡薄；茶多水少，茶汤苦涩不爽。因此，细嫩的茶叶用量要多；较粗老的茶叶，用量可少些，即所谓"细茶粗吃，精茶细吃"。

普通的红、绿茶类（包括花茶），可大致掌握在 1 克茶冲泡 50～60 毫升水。如果是 200 毫升的杯（壶），那么，放上 3 克左右的茶，冲水至七八成满即可。若饮用云南普洱茶，则需放茶叶 5～8 克。

乌龙茶因习惯浓饮，注重品味和闻香，故要汤少味浓，用茶量以茶叶与茶壶比例来确定，投茶量大致是茶壶容积的 1/3～1/2。广东潮汕地区，投茶量达到茶壶容积的 1/2～2/3。

茶、水的用量还与饮茶者的年龄、性别有关，大致说，中老年人比年轻人饮茶要浓，男性比女性饮茶要浓。如果饮茶者是老茶客或是体力劳动者，一般可以适量加大茶量；如果饮茶者是新茶客或是脑力劳动者，可以适量少放一些茶叶。

（二）冲泡水温

据测定，用 60℃ 的开水冲泡茶叶，与等量 100℃ 的水冲泡茶叶相比，在时间和用茶量相同的情况下，茶汤中的茶汁浸出物含量，前者只有后者的 45%～65%。这就是说，冲泡茶的水温高，茶汁就容易浸出；冲泡茶的水温低，茶汁浸出速度就慢。"冷水泡茶慢慢浓"，说的就是这个意思。

泡茶的茶水一般以落开的沸水为好，这时的水温约 85℃。滚开的沸水会破坏维生素 C 等成分，而咖啡碱、茶多酚很快浸出，会使茶味变苦涩；水温过低则茶叶浮而不沉，内含的有效成分浸泡不出来，茶汤滋味寡淡，不香、不醇、淡而无味。

泡茶水温的高低，还与茶的老嫩、松紧、大小有关。大致说来，原料粗老、紧实、整叶的茶叶，茶汁浸出要比原料细嫩、松散、碎叶的茶叶慢得多，所以，冲泡水温要高。

水温的高低，还与冲泡的品种花色有关。具体说来，高级细嫩名茶，特别是高档的名绿茶，冲泡时水温为 80～85℃。只有这样泡出来的茶汤色清澈不浑，香气纯正而不钝，滋味鲜爽而不熟，叶底明亮不暗，使人饮之可口，视之动情。如果水温过高，汤色就会变黄；茶芽因"泡熟"而不能直立，失去欣赏性；维生素遭到大量破坏，营养价值降低；咖啡碱、茶多酚很快浸出，又使茶汤产生苦涩味，这就是茶人常说的把茶"烫熟"了。反之，如果水温过低，则渗透性较低，往往使茶叶浮在表面，茶中的有效成分难以浸出，结果，茶味淡薄，同样会降低饮茶的功效。

冲泡乌龙茶、普洱茶和沱茶等特种茶，由于原料并不细嫩，加之用茶量较大，所以，须用刚沸腾的 100℃ 开水冲泡。特别是乌龙茶，为了保持和提高水温，要在冲泡前用滚开水烫热茶具；冲泡后用滚开水淋壶加温，目的是增加温度，使茶香充分发挥出来。

大多数红茶、绿茶和花茶，由于茶叶原料老嫩适中，故可用90℃左右的开水冲泡。至于边疆民族喝的紧压茶，要先将茶捣碎成小块，再放入壶或锅内煎煮后，才供人们饮用。

判断水的温度可先用温度计和计时器测量，等掌握之后就可凭经验来断定了。当然所有的泡茶用水都得煮开，以自然降温的方式来达到控温的效果。

（三）冲泡时间

茶叶冲泡时间差异很大，这与茶叶种类、泡茶水温、用茶量和饮茶习惯等有关。

如用茶杯泡饮普通红、绿茶，每杯放干茶3克左右，用沸水150～200毫升，冲泡时宜加杯盖，避免茶香散失，时间以3～5分钟为宜。时间太短，茶汤色浅淡；茶泡久了，增加茶汤涩味，香味还易丧失。不过，新采制的绿茶可冲水不加杯盖，这样汤色更艳。另外用茶量多的，冲泡时间宜短，反之则宜长；质量好的茶，冲泡时间宜短，反之则宜长。

茶的滋味是随着冲泡时间延长而逐渐增浓的。据测定，用沸水泡茶，首先浸出来的是咖啡碱、维生素、氨基酸等，大约到3分钟时，含量较高。这时饮起来，茶汤有鲜爽醇和之感，但缺少饮茶者需要的刺激味。以后，随着时间的延续，茶多酚浸出物含量逐渐增加。因此，为了获取一杯鲜爽甘醇的茶汤，对大宗红、绿茶而言，头泡茶以冲泡后3分钟左右饮用为好，若想再饮，到杯中剩有1/3茶汤时，再续开水，以此类推。

对于注重香气的乌龙茶、花茶，泡茶时，为了不使茶香散失，不但需要加盖，而且冲泡时间不宜长，通常2～3分钟即可。由于泡乌龙茶时用茶量较大，因此，第一泡1分钟就可将茶汤倾入杯中，自第二泡开始，每次应比前一泡增加15秒左右，这样是要使茶汤浓度不致相差太大。

白茶冲泡时，要求沸水的温度在70℃左右，一般在4～5分钟后，浮在水面的茶叶才开始徐徐下沉，这时，品茶者应以欣赏为主，观茶形，察沉浮，从不同的茶姿、颜色中使自己的身心得到愉悦，一般到10分钟，方可品饮茶汤。否则，不但失去了品茶艺术的享受，而且饮起来淡而无味，这是因为白茶加工未经揉捻，细胞未曾破碎，所以茶汁很难浸出，以致浸泡时间须相对延长，同时只能重泡一次。

另外，冲泡时间还与茶叶老嫩和茶的形态有关。一般说来，凡原料较细嫩，茶叶松散的，冲泡时间可相对缩短；相反，原料较粗老，茶叶紧实的，冲泡时间可相对延长。总之，冲泡时间的长短，最终还是以适合饮茶者的口味来确定为好。

（四）冲泡次数

据测定，茶叶中各种有效成分的浸出率是不一样的，最容易浸出的是氨基酸和维生素 C；其次是咖啡碱、茶多酚、可溶性糖等。一般茶冲泡第一次时，茶中的可溶性物质能浸出 50% ～ 55%；冲泡第二次时，能浸出 30% 左右；冲泡第三次时，能浸出约 10%；冲泡第四次时，只能浸出 2% ～ 3%，几乎是白开水了。所以，通常以冲泡三次为宜。

如饮用颗粒细小、揉捻充分的红碎茶和绿碎茶，由于这类茶的内含成分很容易被沸水浸出，一般都是冲泡一次就将茶渣滤去，不再重泡；速溶茶，也是采用一次冲泡法；工夫红茶则可冲泡 2 ～ 3 次；而条形绿茶，如眉茶、花茶，通常只能冲泡 2 ～ 3 次；白茶和黄茶，一般也只能冲泡 1 次，最多 2 次；品饮乌龙茶多用小型紫砂壶，在用茶量较多（约半壶）的情况下，可连续冲泡 4 ～ 6 次，甚至更多。

问题二　应怎样选择泡茶用水?

"水为茶之母，器为茶之父"。"龙井茶，虎跑水"被称为杭州"双绝"（见图 3-18、图 3-19）。可见用什么水泡茶，对茶的冲泡及效果起着十分重要的作用。

图 3-18　虎跑泉

图 3-19　龙井遗址

水是茶叶滋味和内含有益成分的载体，茶的色、香、味和各种营养保健物质，都要溶于水后，才能供人享用。而且水能直接影响茶质，清人张大复在《梅花草堂笔谈》中说："茶情必发于水，八分之茶，遇十分之水，茶亦十分矣；八分之水，试十分之茶，茶只八分耳。"因此好茶必须配以好水。

（一）古代人对泡茶用水的看法

最早提出泡茶用水标准的是宋徽宗赵佶，他在《大观茶论》中写道："水以清、轻、甘、冽为美。轻甘乃水之自然，独为难得。"后人在他提出的"清、轻、甘、冽"的基础上又增加了个"活"字。

古人大多选用天然的活水，最好是泉水、山溪水；无污染的雨水、雪水其次；接着是清洁的江、河、湖、深井中的活水及净化的自来水，切不可使用池塘死水。唐代陆羽在《茶经》中指出："其水，用山水上，江水中，井水下。其山水，拣乳泉、石池漫流者上，其瀑涌湍漱勿食之。"是说用不同的水，冲泡茶叶的结果是不一样的，只有佳茗配美泉，才能体现出茶的真味。

（二）现代茶人对泡茶用水的看法

现代茶人认为"清、轻、甘、冽、活"五项指标俱全的水，才称得上宜茶美水。具体说来，包括以下几个方面。

（1）水质要清。水清则无杂、无色、透明、无沉淀物，最能显出茶的本色。

（2）水体要轻。北京玉泉山的玉泉水比重最小，故被御封为"天下第一泉"。现代科学也证明了这一理论是正确的。水的比重越大，说明溶解的矿物质越多。有实验结果表明，当水中的低价铁超过0.1ppm时，茶汤发暗，滋味变淡；铝含量超过0.2ppm时，茶汤便有明显的苦涩味；钙离子达到2ppm时，茶汤带涩，而达到4ppm时，茶汤变苦；铅离子达到1ppm时，茶汤味涩而苦，且有毒性。所以水以轻为美。

（3）水味要甘。"凡水泉不甘，能损茶味。"所谓水甘，即一入口，舌尖顷刻便会有甜滋滋的美妙感觉。咽下去后，喉中也有甜爽的回味，用这样的水泡茶自然会增茶之美味。

（4）水温要冽。冽即冷寒之意，明代茶人认为，"泉不难于清，而难于寒"，"冽则茶味独全"。因为寒冽之水多出于地层深处的泉脉之中，所受污染少，泡出的茶汤滋味纯正。

（5）水源要活。"流水不腐"，现代科学证明了在流动的活水中细菌不易繁殖，同时活水有自然净化作用，在活水中氧气和二氧化碳等气体的含量较高，泡出的茶汤特别鲜爽可口。

（三）我国饮用水的水质标准

（1）感官指标。色度不超过15度，浑浊度不超过5度，不得有异味、臭味，不得含有肉眼可见物。

（2）化学指标。pH值6.5～8.5，总硬度不高于25度，铁不超过0.3mg/L，锰不超过0.1mg/L，铜不超过1.0mg/L，锌不超过1.0mg/L，挥发酚类不超过0.002mg/L，阴离子合成洗涤剂不超过 0.3mg/L。

（3）毒理指标。氟化物不超过 1.0mg/L，适宜浓度 0.5 ～ 1.0mg/L，氰化物不超过 0.05mg/L，砷不超过 0.05mg/L，镉不超过 0.01mg/L，铬（6 价，"价"表示铬的量词，6 价以上铬表示有毒）不超过 0.05mg/L，铅不超过 0.05mg/L。

（4）细菌指标。每毫升水中细菌总数不超过 100 个，每升水中大肠菌群不超过 3 个。

以上四个指标，主要是从饮用水最基本的安全和卫生方面考虑，作为泡茶用水，还应考虑各种饮用水内所含的物质成分。

（四）泡茶用水

宜茶用水可分为天水、地水、再加工水三大类。再加工水即城市销售的太空水、纯净水、蒸馏水等。

1. 自来水

自来水是最常见的生活饮用水，其水源一般来自江、河、湖泊，是属于加工处理后的天然水，为暂时硬水。因其含有用来消毒的氯气等，在水管中滞留较久的还含有较多的铁质。当水中的铁离子含量超过万分之五时，会使茶汤呈褐色，而氯化物与茶中的多酚类作用，又会使茶汤表面形成一层"锈油"，喝起来有苦涩味。所以用自来水沏茶，最好用无污染的容器，先储存两天左右，待氯气散发后再煮沸沏茶，或者采用净水器将水净化，这样就可成为较好的沏茶用水。

2. 纯净水

纯净水是蒸馏水、太空水的合称，是一种安全无害的软水。纯净水是以符合生活饮用水卫生标准的水为水源，采用蒸馏法、电解法、逆渗透法及其他适当的加工方法制得，纯度很高，不含任何添加物，可直接饮用的水。用纯净水泡茶，不仅因为净度好、透明度高，沏出的茶汤晶莹透彻，而且香气滋味纯正，无异杂味，鲜醇爽口。市面上纯净水品牌很多，大多数都宜泡茶，其效果不错。

3. 矿泉水

我国对饮用天然矿泉水的定义是：从地下深处自然涌出的或经人工开发的、未受污染的地下矿泉水，含有一定量的矿物盐、微量元素或二氧化碳气体，在通常情况下，其化学成分、流量、水温等动态指标在天然波动范围内相对稳定。矿泉水与纯净水相比，含有丰富的锂、锶、锌、溴、碘、硒和偏硅酸等多种微量元素。饮用矿泉水有助于人体对这些微量元素的摄入，并调节肌体的酸碱平衡。但饮用矿泉水应因人而异。由于矿泉水的产地不同，其所含微量元素和矿物质成分也不同，不少矿泉水含有较多的钙、镁、钠等金属离子，是永久性硬水，虽然水中含有丰富的营养物质，但用于泡茶效果并不佳。

4. 活性水

活性水包括磁化水、矿化水、高氧水、离子水、自然回归水、生态水等品种。这些水均以自来水为水源，一般经过滤、精制和杀菌、消毒处理制成，具有特定的活性功能，并且有相应的渗透性、扩散性、溶解性、代谢性、排毒性、富氧化和营养性功效。由于各种活性水内含微量元素和矿物质成分各异，如果水质较硬，泡出的茶水品质较差；如果属于暂时硬水，泡出的茶水品质较好。

5. 净化水

净化水通过净化器对自来水进行二次终端过滤处理制得，净化原理和处理工艺一般包括粗滤、活性炭吸附和薄膜过滤三级系统，能有效地清除自来水管网中的红虫、铁锈、悬浮物等机械成分，降低浊度，达到国家饮用水卫生标准。但是，净水器中的粗滤装置要经常清洗，活性炭也要经常换新，时间一久，净水器内胆易堆积污物，繁殖细菌，形成二次污染。净化水易取得，是经济实惠的优质饮用水，用净化水泡茶，其茶汤品质良好。

6. 天然水

天然水包括江、河、湖、泉、井及雨水。用这些天然水泡茶应注意水源、环境、气候等因素，判断其洁净程度。对取自天然的水经过滤、臭氧化或其他消毒过程的简单净化处理，既保持了天然性又达到洁净，也属天然水之列。在天然水中，泉水是泡茶最理想的水，泉水杂质少、透明度高、污染少，虽属暂时硬水，加热后，呈酸性碳酸盐状态的矿物质被分解，释放出碳酸气，口感特别微妙。泉水煮茶，甘洌、清芬俱备。然而，由于各种泉水的含盐量及硬度有较大的差异，也并不是所有泉水都是优质的，有些泉水含有硫黄，不能饮用。

江、河、湖水属地表水，含杂质较多，混浊度较高，一般说来，沏茶难以取得较好的效果，但在远离人烟，又是植被生长繁茂之地，污染物较少，这样的江、河、湖水，仍不失为沏茶好水。如浙江桐庐的富春江水、淳安的千岛湖水、绍兴的鉴湖水就是例证。唐代陆羽在《茶经》中说："其江水，取去人远者。"说的就是这个意思。

雪水和天落水，古人称之为"天泉"，尤其是雪水，更为古人所推崇。唐代白居易的"扫雪煎香茗"，宋代辛弃疾的"细写茶经煮茶雪"，元代谢宗可的"夜扫寒英煮绿尘"，清代曹雪芹的"扫将新雪及时烹"，都是赞美用雪水沏茶的。至于雨水，一般说来，因时而异。秋雨，天高气爽，空中灰尘少，水味清洌，是雨水中的上品；梅雨，天气沉闷，阴雨绵绵，水味甘滑，较为逊色；夏雨，雷雨阵阵，飞沙走石，水味走样，水质不净。但无论是雪水或雨水，只要空气不被污染，与江、河、湖水相比，总是相对洁净，是沏茶的好水。

井水属地下水，悬浮物含量少，透明度较高。但它又多为浅层地下水，特别是城市井水，易受周围环境污染，用来沏茶，有损茶味。所以，若能汲得活水井的水沏茶，同样也能泡得一杯好茶。唐代陆羽《茶经》中说的"井取汲多者"，明代陆树声《煎茶七类》中讲的"井取多汲者，汲多则水活"，说的就是这个意思。

现代工业的发展导致环境污染，已很少有洁净的天然水了，因此泡茶只能从实际出发，选用适当的水。

问题三　泡茶的一般程序是什么？

泡茶分为三个阶段，第一阶段是准备，第二阶段是操作，第三阶段是结束。茶的冲泡方法有简有繁，要根据具体情况，结合茶性而定。各地由于饮茶嗜好、地方风俗习惯的不同，冲泡方法和程序会有一些差异。但不论泡茶技艺如何变化，要冲泡任何一种茶，除了备茶、选水、烧水、配具之外，都共同遵守以下泡茶程序。

（一）温具

用热水冲淋茶壶，包括壶嘴、壶盖，同时烫淋茶杯。随即将茶壶、茶杯沥干。其目的是提高茶具温度使茶叶冲泡后温度相对稳定，不使温度过快下降，这对较粗老茶叶的冲泡，尤为重要。

（二）置茶

按茶壶或茶杯的大小用茶，置一定数量的茶叶入壶（杯）。如果用盖碗泡茶，那么，泡好后可直接饮用，也可将茶汤倒入杯中饮用。

（三）冲泡

置茶入壶（杯）后，按照茶与水的比例，将开水冲入壶中。冲水时，除乌龙茶冲水须溢出壶口、壶嘴外，通常以冲水八分满为宜。如果使用玻璃杯或白瓷杯冲泡注重欣赏的细嫩名茶，冲水也以七八分满为度。冲水时，在民间常用"凤凰三点头"之法，即将水壶下倾上提三次，其意一是表示主人向宾客点头，欢迎致意；二是可使茶叶和茶水上下翻动，使茶汤浓度一致。

（四）奉茶

奉茶时，主人要面带笑容，最好用茶盘托着送给客人。如果直接用茶杯奉茶，放置客人处，手指并拢伸出，以示敬意。从客人侧面奉茶，若左侧奉茶，则用左手端杯，右手做请茶姿势；若右侧奉茶，则用右手端杯，左手做请茶姿势。这时，客人可右手除拇指外，其余四指并拢弯曲，轻轻敲打桌面，或微微点头，以表谢意。

（五）赏味

如果饮的是高级名茶，那么，茶叶一经冲泡后，不可急于饮茶，应先观色察形，接着端杯闻香，再啜汤赏味。赏味时，应让茶汤从舌尖沿舌两侧流到舌根，再回到舌头，如此反复二三次，以留下茶汤清香甘甜的回味。

（六）续水

一般当已饮去2/3（杯）的茶汤时，就应续水入壶（杯）。如果茶水全部饮尽时再续水，那么，续水后的茶汤就会淡而无味。续水通常二三次就足够了。如果还想继续饮茶，那么应该重新冲泡。

问题四　各类茶叶的冲泡技巧分别是什么？

（一）绿茶的冲泡方法

高档细嫩名绿茶，一般选用玻璃杯或白瓷杯饮茶，而且无须用盖，这样一则便于人们赏茶观姿，二则防嫩茶泡熟，失去鲜嫩色泽和清鲜滋味。至于普通绿茶，因不注重欣赏茶的外形和汤色，而在品尝滋味，或佐食点心，也可选用茶壶泡茶，这叫作"嫩茶杯泡，老茶壶泡"。

泡饮之前，先欣赏干茶的色、香、形。名茶的造型或条、或扁、或螺、或针……名茶的色泽或碧绿、或深绿、或黄绿……名茶香气或奶油香、或板栗香、或清香……充分领略各种名茶的天然风韵，称之为"赏茶"。

采用透明玻璃杯泡饮细嫩名茶，便于观察茶在水中的缓慢舒展、游动、变幻过程，称为"茶舞"。然后，视茶叶的嫩度及茶条的松紧程度，分别采用"上投法""中投法""下投法"。上投法即先冲水后投茶叶，适用于特别细嫩的茶，如碧螺春、蒙顶甘露、径山茶、庐山云雾、涌溪火青等。先将75～85℃的沸水冲入杯中，然后取茶叶投入，茶叶便会徐徐下沉。中投法适合于茶条松展的茶，如六安瓜片、太平猴魁等，是在干茶欣赏以后，取茶叶入杯，冲入90℃开水至杯容量的1/3时，稍停2分钟，静待茶叶舒展。待茶叶慢慢舒展后加满开水，茶叶完全下沉后即可饮用。下投法即先投茶后注水，也是适合于茶条松展的茶。其过程是先温杯，投入适量的茶叶，加入少许适温开水。拿起冲泡杯，徐徐摇动使茶叶完全濡湿，并让茶叶自然舒展待茶叶稍为舒展后，再加入九分满开水，等待茶叶溶出茶汤后，用杯盖稍微拨动茶汤，使茶叶溶出的茶汤更均匀后即可饮用。

（二）红茶的冲泡方法

相对于绿茶（不发酵茶）的清汤绿叶，红茶（发酵茶）的特点是红汤红叶。红茶既适于杯饮，也适于壶饮。

红茶品饮有清饮和调饮之分。清饮，即不加任何调味品，使茶叶发挥应有的香味。清饮法适合于品饮工夫红茶，重在享受它的清香和醇味。先准备好茶具，如煮水的壶，盛茶的杯或盏等。同时，还需用洁净的水，一一加以清洁。如果是高档红茶，那么，以选用白瓷杯为宜，以便察颜观色。将3g红茶放入白瓷杯中。若用壶泡，则按1：50的茶、水比例，确定投茶量。然后冲入沸水，通常冲水至八分满为止。红茶经冲泡后，通常经3分钟后，即可先闻其香，再观察红茶的汤色。这种做法，在品饮高档红茶时尤为时尚。至于低档茶，一般很少有闻香观色的。待茶汤冷热适口时，即可举杯品味。尤其是饮高档红茶，饮茶人需在"品"上下功夫，缓缓啜饮，细细品味，在徐徐体察和欣赏之中，品出红茶的醇味，领会饮红茶的真趣，获得精神的升华。

调饮法是在茶汤中加调料，以佐汤味的一种方法。较常见的是在红茶茶汤中加入糖、牛奶、柠檬片、咖啡、蜂蜜或香槟酒等同饮，或置冰箱中制作出不同滋味的清凉饮料，别有风味。

（三）乌龙茶的冲泡方法

1. 福建泡法

福建是乌龙茶的故乡，花色品种丰富。品尝乌龙茶有一套独特的茶具，讲究冲泡法，故被人称为"功夫茶"。如果细分起来可有近20道程序，主要有倾茶入则、鉴赏侍茗、孟臣淋霖、乌龙入宫、悬壶高冲、推泡抽眉、春风拂面、重洗仙颜、若琛出浴、玉液回壶、游山玩水、关公巡城、韩信点兵、三龙护鼎、细品佳茗等。

冲泡乌龙茶宜用沸开之水，煮至"水面若孔珠，其声若松涛"。按茶、水1：30的量投茶。接着，将沸水冲入，满壶为止，然后用壶盖刮去泡沫。盖好后，用开水浇淋茶壶，喻为"孟臣沐霖"，既提高壶温，又洗净壶的外表。经过两分钟，均匀巡回斟茶，喻为"关公巡城"。茶水剩少许后，则各杯点斟，以免淡浓不一，喻为"韩信点兵"。冲水要高，让壶中茶叶流动促进出味，低斟则防止茶香散发，这叫"高冲低斟"。端茶杯时，宜用拇指和食指扶住杯身，中指托住杯底，喻为"三龙护鼎"。品饮乌龙，味以"香、清、甘、活"者为上，讲究"喉韵"，宜小口细啜。初品者体会是一杯苦，二杯甜，三杯味无穷，嗜茶者更有"两腋清风起，飘然欲成仙"之感。品尝乌龙时，可备茶点，一般以咸味为佳，不会掩盖茶味。

2. 广东潮汕泡法

在广东的潮州、汕头一带，几乎家家户户男女老少都钟情于用小杯细啜乌龙茶。与之配套的茶具，诸如风炉、烧水壶、茶壶、茶杯，即潮汕炉、玉书煨、孟臣罐、若琛瓯，人称"烹茶四宝"。潮汕炉是粗陶炭炉，专作加热之用；玉书煨是瓦陶壶，高柄长嘴，架在风炉之上，专作烧水之用；孟臣罐是比普通茶壶小一些的紫砂壶，专作泡茶之用；若琛瓯是只有半个乒乓球大小的杯子，通常 3 ～ 5 只不等，专供饮茶之用。因潮汕产的凤凰单丛，条索粗壮，体形膨松，置孟臣罐比较费事，故也有用盖碗代壶的。

泡茶用水应选择甘冽的山泉水，而且必须做到沸水现冲。经温壶、置茶、冲泡、斟茶入杯，便可品饮。啜茶的方式更为奇特，先要举杯将茶汤送入鼻端闻香，只觉浓香透鼻。接着用拇指和食指按住杯沿，中指托住杯底，举杯倾茶汤入口，含汤在口中回旋品味，顿觉口有余甘。一旦茶汤入肚，口中"啧！啧！"回味，又觉鼻口生香，咽喉生津，"两腋生风"，回味无穷。这种饮茶方式，其目的并不在于解渴，主要是在于鉴赏乌龙茶的香气和滋味，重在物质和精神的享受。

3. 台湾泡法

台湾泡法与闽南和广东潮汕地区的乌龙茶冲泡方法相比，突出了闻香这一程序，还专门制作了一种与茶杯相配套的长筒形闻香杯。另外，为使各杯茶汤浓度均匀，还增加了一个公道杯相协调。

台湾冲泡法，温具、赏茶、置茶、闻香、冲点等程序与福建相似，斟茶时，先将茶汤倒入闻香杯中，并用品茗杯盖在闻香杯上。茶汤在闻香杯中逗留 15 ～ 30 秒后，用拇指压住品茗杯底，食指和中指挟住闻香杯底，向内倒转，使原来品茗杯与闻香杯上下倒转。此时，用拇指、食指和中指撮住闻香杯，慢慢转动，使茶汤倾入品茗杯中。将闻香杯送近鼻端闻香，并将闻香杯置于双手的手心间，一边闻香，一边来回搓动。这样可利用手中热量，使留在闻香杯中的香气得到最充分的挥发。然后，观其色，细细品饮乌龙之滋味。如此经 2 ～ 3 道茶后，可不再用闻香杯，而将茶汤全部倒入公道杯中，再分斟到品茗杯中。

（四）普洱茶的冲泡方法

普洱茶通常的泡饮方法是：将 10g 普洱茶叶倒入茶壶或盖碗，冲入 500ml 沸水。先洗茶，将普洱茶叶表层的不洁物和异物洗去，才能充分释放出普洱茶的真味。再冲入沸水，浸泡 5 分钟。将茶汤倒入公道杯中，再将茶汤分斟入品茗杯，先闻其香，观其色，而后饮用。汤色红浓明亮，香气独特陈香，叶底褐红色，滋味醇厚回甜，饮后令人心旷神怡。在云南，饮用普洱茶有的用特制的瓦罐在火塘上烤后加盐品饮；有的加猪油或鸡油煎烤油茶；有的打成酥油茶。

（五）白茶的冲泡方法

白茶的制法特殊，采摘白毫密披的茶芽，不炒不揉，只用萎凋和烘焙两道工序，使茶芽自然缓慢地变化，形成白茶的独特品质风格，因而白茶的冲泡过程是富含观赏性的。以冲泡白毫银针为例。为便于观赏，茶具通常以无色无花的直筒形透明玻璃杯为好，这样在品茶时可从各个角度欣赏到杯中茶的形和色，以及它们的变幻和姿态。白毫银针外形似银针落盘，如松针铺地。将2g茶叶置于玻璃杯中，冲入70℃的开水少许，浸润10秒钟左右，随即用高冲法，同一方向冲入开水。静置3分钟后，即可饮用。白茶因未经揉捻，茶汁很难浸出，汤色和滋味均较清淡。

（六）黄茶的冲泡方法

黄茶中的黄芽茶（另有黄小茶、黄大茶），完全用春天萌发出的芽头制成，外形壮实笔直，色泽金黄光亮，极富个性。

以君山银针冲泡为例。先洁具，并擦干杯中水珠，以避免茶芽因吸水而降低茶芽竖立率。置茶3克，用70℃的开水先快后慢冲入茶杯，至1/2处，使茶芽湿透。稍后，再冲至七八分满为止。为使茶芽均匀吸水，加速下沉，这时可加盖，经5分钟后，去掉盖。在水和热的作用下，茶姿的形态，茶芽的沉浮，气泡的发生等，都是其他茶冲泡时罕见的。只见茶芽在杯中上下浮动，最终个个林立，人称"三起三落"，这是君山银针的特有氛围。

（七）花茶的冲泡方法

一般冲泡花茶的茶具，选用的是白色的有盖瓷杯或盖碗，如冲泡茶坯是特别细嫩的花茶，为提高艺术欣赏价值，也有采用透明玻璃杯的。

花茶泡饮，以维护香气不致无效散失和显示茶坯特质美为原则。对于冲泡茶坯细嫩的高级花茶，宜用玻璃茶杯，水温在85℃左右，加盖，观察茶叶在水中漂舞、沉浮，以及茶叶徐徐开展、复原叶形、渗出茶汁和汤色的变化过程，称之为"目品"；3分钟后，揭开杯盖，顿觉芬芳扑鼻而来，精神为之一振，称为"鼻品"；茶汤在舌面上往返流动一两次，品尝茶味和汤中香气后再咽下，此味令人神醉，此谓"口品"。冲泡中低档花茶，不强调观赏茶坯形态，宜用白瓷杯或茶壶，100℃沸水加盖。

 茶博士

袋泡茶的冲泡技艺

一、茶具选配

袋泡茶具有方便、快捷的特点，一般在餐饮店、酒店、接待客人较多时冲泡。宜选用茶具为：瓷壶、玻璃壶、飘逸杯、玻璃杯等。

二、茶水比例、水温

袋泡茶冲泡选用100℃沸水，茶、水比例1∶（50～60）左右；冲泡时根据人数的多少、壶的容量投放茶包。

三、袋泡茶的冲泡程序

1. 玻璃壶冲泡

（1）备具。茶盘、泡茶壶、中型茶杯、茶道组、煮水器、茶巾、托盘。

（2）备水。

（3）温壶烫杯。

（4）投茶。用茶夹直接夹住茶包投入壶里。

（5）温润泡。

（6）冲泡。再次注水后浸泡2分钟左右。一般只浸泡1～2次，多则淡而无味。

（7）摇壶。将壶轻摇几下，使茶汤浓度均匀，方可出汤。若茶包为有提绳的袋泡茶，应将提绳置于壶口外，分茶前先上下提拉几下，左右拖动袋泡茶袋，使茶汤浓淡均匀，再往上提出袋泡茶袋，切勿用茶匙挤压茶袋。

（8）分茶。将茶汤分至中型茶杯中。

（9）奉茶。

（10）收具。

2. 玻璃杯冲泡

（1）备具，茶具包括：茶盘、玻璃杯、茶道组、煮水器、茶巾、托盘。

（2）备水。

（3）烫杯。采用烫杯方法一。

（4）投茶。右手拿起提绳的袋泡茶直接投入玻璃杯中，提绳应放在杯外。

（5）润茶。往杯中注入少量水，以没过茶包为宜。轻摇几下后倒掉。

（6）提拉浸泡。先往杯中注入沸水至七分满；右手拿起袋泡茶提绳做上下提拉动

作，使茶汤浓淡均匀。

（7）奉茶。

（8）品饮。

任务四　掌握各类茶的茶艺

问题一　祁门工夫红茶茶艺的程序是什么？

祁门工夫红茶茶艺主要用具：瓷质茶壶、茶杯（以青花瓷、白瓷茶具为好）、赏茶盘或茶荷、茶巾、茶匙、奉茶盘、热水壶及风炉（电炉或酒精炉皆可）。茶具在表演台上摆放好后，即可进行祁门工夫红茶茶艺表演，程序如下。

（1）"宝光"初现。祁门工夫红茶条索紧秀，锋苗好，色泽并非人们常说的红色，而是乌黑润泽。这个程序请来宾欣赏其色被称为"宝光"的祁门工夫红茶。

（2）清泉初沸。热水壶中用来冲泡的泉水经加热，微沸，壶中上浮的水泡仿佛"蟹眼"已生，这个过程称为清泉初沸。

（3）温热壶盏。温热壶盏指用初沸之水，注入瓷壶及杯中，为壶、杯升温。

（4）"王子"入宫。"王子"入宫指用茶匙将茶荷或赏茶盘中的红茶叶轻轻拨入壶中。祁门工夫红茶也因此被誉为"王子茶"。

（5）悬壶高冲。这是冲泡红茶的关键。冲泡红茶的水温要在100℃，刚才初沸的水，此时已是"蟹眼已过鱼眼生"，正好用于冲泡。而高冲可以让茶叶在水的激荡下，充分浸润，以利于色、香、味的充分发挥。

（6）分杯敬客。分杯敬客用循环斟茶法，将壶中之茶均匀地分入每一杯中，使杯中之茶的色、味一致。

（7）喜闻幽香。一杯茶到手，先要闻香。祁门工夫红茶是世界公认的三大高香茶之一，其香浓郁高长，又有"茶中英豪""群芳最"之誉。香气甜润中蕴藏着一股兰花之香。

（8）观赏汤色。红茶的红色，表现在冲泡好的茶汤中。祁门工夫红茶的汤色红艳，杯沿有一道明显的"金圈"。茶汤的明亮度和颜色，表明红茶的发酵程度和茶汤的鲜爽度。再观叶底，嫩软红亮。

（9）品味鲜爽。闻香观色后即可缓啜品饮。祁门工夫红茶以鲜爽、浓醇为主，与红碎茶浓郁的刺激性口感有所不同。滋味醇厚，回味绵长。

（10）再赏余韵。一泡之后，可再冲泡第二泡茶。

（11）三品得趣。红茶通常可冲泡三次，三次的口感各不相同，细饮慢品，徐徐体味茶之真味，方得茶之真趣。

（12）收杯谢客。红茶性情温和，收敛性差，易于交融，因此通常用之调饮。祁门工夫红茶同样适于调饮。然清饮更能领略祁门工夫红茶特殊的"祁门香"香气，领略其独特的内质、隽永的回味、明艳的汤色。感谢来宾的光临，愿所有的爱茶人都像这红茶一样，相互交融、相得益彰。

问题二　台式乌龙茶茶艺的程序是什么？

台式茶艺的主要茶具有紫砂茶壶、茶盅、品茗杯、闻香杯、茶盘、杯托、电茶壶、置茶用具、茶巾等。茶艺表演程序如下。

（1）备具候用。将所用的茶具准备就绪，按正确顺序摆放好。

（2）恭请上坐。请客人依次坐下。

（3）焚香静气。焚点檀香，营造祥和肃穆的气氛。

（4）活煮甘泉。泡茶以山水为上，用活火煮至初沸。

（5）孔雀开屏。介绍冲泡的茶具。

（6）叶嘉酬宾。叶嘉是茶叶的代称，这时请客人观赏茶叶，并向客人介绍此茶叶的外形、色泽、香气特点。

（7）孟臣沐霖。用沸水冲淋紫砂壶，提高壶温。

（8）高山流水。即温杯洁具，用紫砂壶里的水烫洗品茗杯，动作舒缓起伏，保持水流不断。

（9）乌龙入宫。把乌龙茶拨入紫砂壶内。

（10）百丈飞瀑。用高长而细的水流使茶叶翻滚，达到温润和清洗茶叶的目的。

（11）春风拂面。用壶盖轻轻刮去壶口的泡沫。

（12）玉液移壶。把紫砂壶中的初泡茶汤倒入公道杯中，提高温度。

（13）分盛甘露。把公道杯中的茶汤均匀分到闻香杯中。

（14）凤凰三点头。采用三起三落的手法向紫砂壶注水至满。

（15）重洗仙颜。用开水浇淋壶体，洗净壶表，同时达到内外加温的目的。

（16）内外养身。将闻香杯中的茶汤淋在紫砂壶表，养壶作用的同时可保持壶表的温度。

（17）游山玩水。将紫砂壶在茶船边沿抹去壶底的水分，移至茶巾上吸干壶底。

（18）自有公道。把泡好的茶倒入公道杯中均匀。

（19）关公巡城。将公道杯中的茶汤快速巡回均匀地分到闻香杯中至七分满。

（20）韩信点兵。将最后的茶汤用点斟的手势均匀地分到闻香杯中。

（21）若琛听泉。把品茗杯中的水倒入茶船。

（22）乾坤倒转。将品茗杯倒扣到闻香杯上。

（23）翻江倒海。将品茗杯及闻香杯倒置，使闻香杯中的茶汤倒入品茗杯中，放在茶托上。

（24）敬奉香茗。双手拿起茶托，齐眉奉给客人，向客人行注目礼。然后重复若琛听泉至敬奉香茗程序，最后一杯留给自己。

（25）空谷幽兰。示意用左手旋转拿出闻香杯热闻茶香，双手搓闻杯底香。

（26）三龙护鼎。示意用拇指和食指扶杯，中指托杯底拿品茗杯。

（27）鉴赏汤色。观赏茶汤的颜色及光泽。

（28）初品奇茗。在观汤色、闻汤面香后，开始品茶味。

（29）二探兰芷。即冲泡第二道茶。

（30）再品甘露。细品茶汤滋味。

（31）三斟石乳。即冲泡第三道茶。

（32）领略茶韵。通过介绍体会乌龙茶的真韵。

（33）自斟慢饮。可让客人自己添茶续水，体会冲泡茶的乐趣。

（34）敬奉茶点。根据客人需要奉上茶点，增添茶趣。

（35）游龙戏水。即鉴赏叶底，把泡开的茶叶放入白瓷碗中，让客人观赏乌龙茶"绿叶红镶边"的品质特征。

（36）尽杯谢茶。宾主起立，共干杯中茶，相互祝福、道别。

问题三　绿茶茶艺的程序是什么？

绿茶茶艺用具包括玻璃茶杯、香一支、白瓷茶壶一把、香炉一个、脱胎漆器茶盘一个、开水壶两个、锡茶叶罐一个、茶巾一条、茶道器一套、绿茶每人 2～3g。

（一）基本程序

绿茶茶艺基本程序包括：①点香焚香除妄念；②洗杯冰心去凡尘；③凉汤玉壶养太和；④投茶清宫迎佳人；⑤润茶甘露润莲心；⑥冲水凤凰三点头；⑦泡茶碧玉沉清江；⑧奉茶观音捧玉瓶；⑨赏茶春波展旗枪；⑩闻茶慧心悟茶香；⑪品茶淡中品致

味；⑫谢茶自斟乐无穷。

（二）绿茶程序解说

（1）焚香除妄念。俗话说："泡茶可修身养性，品茶如品味人生。"古今品茶都讲究要平心静气。"焚香除妄念"就是通过点燃这支香，来营造一个祥和肃穆的气氛。

（2）冰心去凡尘。茶至清至洁，是天涵地育的灵物，泡茶要求所用的器皿也必须至清至洁。"冰心去凡尘"就是用开水再烫一遍本来就干净的玻璃杯，做到茶杯冰清玉洁，一尘不染。

（3）玉壶养太和。这是指把开水壶中的水预先倒入瓷壶中养一会儿，使水温降至80℃左右。绿茶属于芽茶类，因为茶叶细嫩，若用滚烫的开水直接冲泡，会破坏茶芽中的维生素并造成熟汤而失味。因此只宜用80℃的开水。

（4）清宫迎佳人。苏东坡有诗云："戏作小诗君勿笑，从来佳茗似佳人。""清宫迎佳人"就是用茶匙把茶叶投放到冰清玉洁的玻璃杯中。

（5）甘露润莲心。好的绿茶外观如莲心，乾隆皇帝把茶叶称为"润心莲"。"甘露润莲心"就是在开泡前先向杯中注入少许热水，起到润茶的作用。

（6）凤凰三点头。冲泡绿茶时也讲究高冲水，在冲水时水壶有节奏地三起三落，好比是凤凰向客人点头致意。

（7）碧玉沉清江。冲入热水后，茶先是浮在水面上，而后慢慢沉入杯底，我们称之为"碧玉沉清江"。

（8）观音捧玉瓶。佛教故事中传说观世音菩萨常捧着一个白玉净瓶，净瓶中的甘露可消灾去病，救苦救难。茶艺小姐把泡好的茶敬奉给客人，我们称之为"观音捧玉瓶"，意在祝福好人一生平安。

（9）春波展旗枪。这道程序是绿茶茶艺的特色程序。杯中的热水如春波荡漾，在热水的浸泡下，茶芽慢慢地舒展开来，尖尖的叶芽如枪，展开的叶片如旗。一芽一叶的称为"旗枪"，一芽两叶的称为"雀舌"。在品绿茶之前先观赏在清碧澄净的茶水中，千姿百态的茶芽在玻璃杯中随波晃动，好像生命的绿精灵在舞蹈，十分生动有趣。

（10）慧心悟茶香。品绿茶要一看、二闻、三品味，在欣赏"春波展旗枪"之后，要闻一闻茶香。绿茶与花茶、乌龙茶不同，它的茶香更加清幽淡雅，必须用心灵去感悟，才能够闻到那春天的气息，以及清醇悠远、难以言传的生命之香。

（11）淡中品致味。绿茶的茶汤清纯甘鲜，淡而有味，它虽然不像红茶那样浓艳醇厚，也不像乌龙茶那样岩韵醉人，但是只要你用心去品，就一定能从淡淡的绿茶香中品出天地间至清、至醇、至真、至美的韵味来。

（12）自斟乐无穷。品茶有三乐，一个人面对青山绿水或高雅的茶室，通过品茗，心驰宏宇，神交自然，物我两忘，独品得神，此一乐也；两个知心朋友相对品茗，或无须多言即心有灵犀一点通，或推心置腹述衷肠，对品得趣，此亦一乐也；孔子曰："三人行，必有我师焉。"众人相聚品茶，互相沟通，相互启迪，可以学到许多书本上学不到的知识，众品得慧，这同样是一大乐事。在品了头道茶后，请嘉宾自己泡茶，以便通过实践，从茶事活动中去感受修身养性、品味人生的无穷乐趣。

任务五　掌握茶艺中的品茶艺术

问题一　如何品茶？

品茶，是一门综合艺术。茶叶没有绝对的好坏之分，完全要看个人喜欢哪种口味而定。此外各种茶叶都有它的高级品和劣等货，茶中有高级的乌龙茶，也有劣等的乌龙茶；有上等的绿茶，也有下等的绿茶。因此所谓的好茶、坏茶是就比较品质的等级和主观的喜恶来说的。

目前的品茶、用茶，主要集中在两类：一是乌龙茶中的高级茶及其名丛，如铁观音、黄金桂、冻顶乌龙及武夷名丛、凤凰单丛等；二是以绿茶中的细嫩名茶为主，以及白茶、红茶、黄茶中的部分高档名茶。这些高档名茶，或色、香、味、形兼而有之，或都在一个因子、两个因子，或某一个方面上有独特表现。

不好的茶并不是已经坏了的茶，而是就品质优劣来说的。一般说来，判断茶叶的好坏可以从察看茶叶、嗅闻茶香、品尝茶味和分辨茶渣入手。

（一）观茶

察看茶叶就是观赏干茶和茶叶开汤后的形状变化（见图3-20）。所谓干茶就是未冲泡的茶叶；所谓开汤就是指干茶用开水冲泡出

图3-20　观茶

茶汤内质来。

茶叶的外形随种类的不同而有各种形态，有扁形茶叶、针形茶叶、螺形茶叶、眉形茶叶、珠形茶叶、球形茶叶、半球形茶叶、片形茶叶、曲形茶叶、兰花形茶叶、雀舌形茶叶、菊花形茶叶、自然弯曲形茶叶等，各具优美的姿态。而茶叶开汤后，茶叶的形态会产生各种变化，或快，或慢，宛如曼妙的舞姿，及至展露原本的形态，令人赏心悦目。

观察干茶要看干茶的干燥程度，如果有点儿回软，最好不要买。另外看茶叶的叶片是否整洁，如果有太多的叶梗、黄片、渣末、杂质，则不是上等茶叶。然后，要看干茶的条索外形。条索是茶叶揉成的形态，什么茶都有它固定的形态规格，像龙井茶是剑片状，冻顶茶揉成半球形，铁观音茶紧结成球状，香片则切成细条或者碎条。不过，光是看干茶顶多只能看出30%，并不能马上看出这是好茶或者是坏茶。

茶叶由于制作方法不同，茶树品种有别，采摘标准各异，因而形状显得十分丰富，特别是一些细嫩名茶，大多采用手工制作，形态更是千姿百态。

（1）针形。外形圆直如针，如南京雨花茶、安化松针、君山银针、白毫银针等。

（2）扁形。外形扁平挺直，如西湖龙井、茅山青峰、安吉白片等。

（3）条索形。外形呈条状稍弯曲，如婺源茗眉、桂平西山茶、径山茶、庐山云雾等。

（4）螺形。外形卷曲似螺，如洞庭碧螺春、临海蟠毫、普陀佛茶、井冈翠绿等。

（5）兰花形。外形似兰，如太平猴魁、兰花茶等。

（6）片形。外形呈片状，如六安瓜片、齐山名片等。

（7）束形。外形成束，如江山绿牡丹、婺源墨菊等。

（8）圆珠形。外形如珠，如泉岗辉白、涌溪火青等。

此外，还有半月形、卷曲形、单芽形等。

（二）察色

品茶观色，即观茶色、汤色和底色。

1. 茶色

茶叶依颜色分有绿茶、黄茶、白茶、青茶、红茶、黑茶六大类（指干茶）。由于茶的制作方法不同，其色泽是不同的，有红与绿、青与黄、白与黑之分。即使是同一种茶叶，采用相同的制作工艺，也会因茶树品种、生态环境、采摘季节的不同，色泽上存在一定的差异。如细嫩的高档绿茶，色泽有嫩绿、翠绿、润绿之分；高档红茶，色泽又有红艳明亮、乌润显红之别。而闽北武夷岩茶的青褐油润，闽南铁观音的砂绿油润，广东凤凰水仙的黄褐油润，台湾冻顶乌龙的深绿油润，都是高级乌龙茶中有代表性的色泽，也是鉴别乌龙茶质量优劣的重要标志。

2. 汤色

冲泡茶叶后，内含成分溶解在沸水中的溶液所呈现的色彩，称为汤色。因此，不同茶类汤色会有明显区别；而且同一茶类中的不同花色品种、不同级别的茶叶，也有一定差异。一般说来，凡属上乘的茶品，都汤色明亮、有光泽，具体说来，绿茶汤色浅绿或黄绿，清而不浊，明亮澄澈；红茶汤色乌黑油润，若在茶汤周边形成一圈金黄色的油环，俗称"金圈"，更属上品；乌龙茶则以青褐光润为好；白茶，汤色微黄，黄中显绿，并有光亮。

将适量茶叶放在玻璃杯中，或者在透明的容器里用热水一冲，茶叶就会慢慢舒展开。可以同时泡几杯来比较不同茶叶的好坏，其中舒展最顺利、茶汁分泌最旺盛、茶叶身段最为柔软飘逸的茶叶是最好的茶叶。

视茶汤要快、要及时，因为茶多酚类溶解在热水中后与空气接触很容易氧化变色，例如绿茶的汤色氧化即变黄；红茶的汤色氧化变暗等，时间拖延过久，会使茶汤混汤而沉淀；红茶则在茶汤温度降至20℃以下后，常发生凝乳混汤现象，俗称"冷后浑"，这是红茶色素和咖啡碱结合产生黄浆状不溶物的结果。冷后浑出现早且呈粉红色者是茶味浓、汤色艳的表征；冷后浑呈暗褐色，是茶味钝、汤色暗的红茶。一般情况下，随着汤温的下降，汤色会逐渐变深。在相同的温度和时间内，红茶汤色变化大于绿茶，大叶种大于小叶种，嫩茶大于老茶，新茶大于陈茶。茶汤的颜色，以冲泡滤出后10分钟以内来观察较能代表茶的原有汤色。不过千万要记住，在作比较的时候，一定要拿同一种类的茶叶作比较。

茶汤的颜色也会因为发酵程度的不同，以及焙火轻重的差别而呈现深浅不一的颜色。但是，有一个共同的原则，不管颜色深或浅，一定不能浑浊、灰暗，清澈透明才是好茶汤应该具备的条件。

3. 底色

底色就是欣赏茶叶经冲泡去汤后留下的叶底色泽。除看叶底显现的色彩外，还可观察叶底的老嫩、光糙、匀净等。

（三）赏姿

茶在冲泡过程中，经吸水浸润而舒展，或似春笋，或如雀舌，或若兰花，或像墨菊。与此同时，茶在吸水浸润过程中，还会因重力的作用，产生一种动感。太平猴魁舒展时，犹如一只机灵小猴，在水中上下翻动；君山银针舒展时，好似翠竹争阳，针针挺立；西湖龙井舒展时，活像春兰怒放。如此美景，映掩在杯水之中，真有茶不醉人人自醉之感。

（四）闻香

对于茶香的鉴赏一般要三闻（见图3-21）。一是闻干茶的香气（干闻），二是闻开泡后充分显示出来的茶的本香（热闻），三是要闻茶香的持久性（冷闻）。

图3-21　品茗与闻香

先闻干茶，干茶中有的清香，有的甜香，有的焦香，应在冲泡前进行，如绿茶应清新鲜爽，红茶应浓烈纯正，花茶应芬芳扑鼻，乌龙茶应馥郁清幽。如果茶香低而沉，带有焦、烟、酸、霉、陈或其他异味者为次品。将少许干茶放在器皿中（或直接抓一把茶叶放在手中），闻一闻干茶的清香、浓香、糖香，判断一下有无异味、杂味等。

一般说来，绿茶以有清香鲜爽感，甚至有果香、花香者为佳；红茶以有清香、花香为上，尤以香气浓烈、持久者为上乘；乌龙茶以具有浓郁的熟桃香者为好；而花茶则以具有清纯芬芳者为优。

闻香的方式，多采用湿闻，即将冲泡的茶叶，按茶类不同，经1～3分钟后，将杯送至鼻端，闻茶汤面发出的茶香；若用有盖的杯泡茶，则可闻盖香和面香；倘用闻香杯作过渡盛器（如台湾人冲泡乌龙茶），还可闻杯香和面香。另外，随着茶汤温度的变化，茶香还有热闻、温闻和冷闻之分。热闻的重点是辨别香气的正常与否，香气的类型如何，以及香气高低；温闻重在鉴别茶香的雅与俗，即优与次；冷闻则判断茶叶香气的持久程度。

透过玻璃杯，只能看出茶叶表面的优劣，至于茶叶的香气、滋味并不能够完全体会，所以开汤泡一壶茶来仔细的品味是有必要的。茶泡好，茶汤倒出来后，可以趁热打开壶盖，或端起茶杯闻闻茶汤的热香，判断一下茶汤的香型（有菜香、花香、果香、麦芽糖香），同时要判断有无烟味、油臭味、焦味或其他的异味。这样，可以判断出茶叶的新旧、发酵程度、焙火轻重。在茶汤温度稍降后，即可品尝茶汤。这时可以仔细辨别茶汤香味的清浊浓淡并闻闻温茶的香气，更能认识其香气特质。等喝完茶汤，茶渣冷却之后，还可以回过头来欣赏茶渣的冷香，嗅闻茶杯的杯底香。如果劣等的茶叶，这个时候香气已经消失殆尽了。

嗅香气的技巧很重要。在茶汤浸泡5分钟左右就应该开始嗅香气，最适合嗅茶叶香气的叶底温度为 45 ～ 55℃，超过此温度时，感到烫鼻；低于 30℃时，茶香低沉，特别对染有烟味、木味等异味者，很容易随热气挥发而变得难以辨别。

嗅香气应以左手握杯，靠近杯沿用鼻趁热轻嗅或深嗅杯中叶底发出的香气，也有将整个鼻部深入杯内，接近叶底以扩大接触香气面积，增加嗅感。为了正确判断茶叶香气的高低、长短、强弱、清浊及纯杂等，嗅时应重复一两次，但每次嗅时不宜过久，以免因嗅觉疲劳而失去灵敏感，一般是 3 秒左右。嗅茶香的过程是：吸（1秒）—停（0.5 秒）—吸（1 秒），依照这样的方法嗅出茶的香气是"高温香"。另外，可以在品味时，嗅出茶的"中温香"。而在品味后，更可嗅茶的"低温香"或者"冷香"。好的茶叶，有持久的香气。只有香气较高且持久的茶叶，才有余香、冷香，也才会是好茶。

热闻的办法也有三种：一是从氤氲的水汽中闻香；二是闻杯盖上的留香；三是用闻香杯慢慢地细闻杯底留香。如安溪铁观音冲泡后有一股浓郁的天然花香，红茶具有甜香和果味香，绿茶则有清香，花茶除了茶香外，还有不同的天然花香。茶叶的香气与所用原料的鲜嫩程度和制作技术的高低有关，原料越细嫩，所含芳香物质越多，香气也越高。冷闻则在茶汤冷却后进行，这时可以闻到原来被茶中芳香物掩盖着的其他气味。

（五）尝味

尝味指尝茶汤的滋味。茶汤滋味是茶叶的甜、苦、涩、酸、辣、腥、鲜等多种呈味物质综合反映的结果，如果它们的数量和比例适合，就会变得鲜醇可口，回味无穷。茶汤的滋味以微苦中带甘为最佳。好茶喝起来甘醇浓稠，有活性，喝后喉头甘润的感觉持续很久。

一般认为，绿茶滋味鲜醇爽口，红茶滋味浓厚、强烈、鲜爽，乌龙茶滋味酽醇回甘，是上乘茶的重要标志。由于舌的不同部位对滋味的感觉不同，所以，尝味时要使茶汤在舌头上循环滚动，才能正确而全面地分辨出茶味来。

品茶汤滋味时，舌头的姿势要正确。把茶汤吸入口后，舌尖顶住上层齿根，嘴唇微微张开，舌稍向上抬，使茶汤摊在舌的中部，再用腹部呼吸从口慢慢吸入空气，使茶汤在舌上微微滚动，连吸两次气后，辨出滋味。若初感有苦味的茶汤，应抬高舌位，把茶汤压入舌根，进一步评定苦的程度。对有烟味的茶汤，应把茶汤送入口后，嘴巴闭合，舌尖顶住上颚板，用鼻孔吸气，把口腔鼓大，使空气与茶汤充分接触后，再由鼻孔把气放出。这样重复二三次，对烟味的判别效果就会明确。

品味茶汤的温度以 40 ～ 50℃为最适合。如高于 70℃，味觉器官容易烫伤，影响正常的评味；低于 30℃时，味觉品评茶汤的灵敏度较差，且溶解于茶汤中与滋味有关的物质，在汤温下降时，逐步被析出，汤味由协调变为不协调。

品味时，每一品茶汤的量以 5ml 左右最适宜。过多时，感觉满口茶汤，难于在口中回旋辨味；过少也觉得嘴空，不利于辨别。每次在 3 ～ 4 秒内，将 5ml 的茶汤在舌中回旋 2 次，品味 3 次即可，也就是一杯 15ml 的茶汤分 3 次喝，就是"品"的过程。

品味要自然，速度不能快，也不宜大力吸，以免茶汤从齿间隙进入口腔，使齿间的食物残渣被吸入口腔与茶汤混合，增加异味。品味主要是品茶的浓淡、强弱、爽涩、鲜滞、纯异等。为了真正品出茶的本味，在品茶前最好不要吃强烈刺激味觉的食物，如辣椒、葱、蒜、糖果等，也不宜吸烟，以保持味觉与嗅觉的灵敏度。在喝下茶汤后，喉咙感觉应是软甜、甘滑，齿颊留香，回味无穷。

问题二　不同茶的品饮方法分别有哪些?

茶类不同，花色不一，其品质特性各不相同，因此，对不同的茶，品饮的侧重点不一样，由此导致品茶方法上的不同。

（一）高级细嫩绿茶的品饮

高级细嫩绿茶，色、香、味、形都别具一格，讨人喜爱。品茶时，可先透过晶莹清亮的茶汤，观赏茶的沉浮、舒展和姿态，再察看茶汁的浸出、渗透和汤色的变幻，然后端起茶杯，先闻其香，再呷上一口，含在口，慢慢在口舌间来回旋动，如此往复品赏。

（二）乌龙茶的品饮

乌龙茶的品饮，重在闻香和尝味，不重品形。在实践过程中，又有闻香重于尝味的（如中国台湾），或尝味更重于闻香的（如东南亚一带）。潮汕一带强调热品，即洒茶入杯，以拇指和食指按杯沿，中指抵杯底，慢慢由远及近，使杯沿接唇，杯面迎鼻，先闻其香，尔后将茶汤含在口中回旋，徐徐品饮其味，通常三小口见杯底，再嗅留存于杯中茶香。中国台湾采用的是温品，更侧重于闻香。品饮时先将壶中茶汤趁热倾入公道杯，尔后分注于闻香杯中，再一一倾入对应的小杯内，而闻香杯内壁留存的茶香，正是人们品乌龙茶的精髓所在。品啜时，先将闻香杯置于双手手心间，使闻香杯口对准鼻孔，再用双手慢慢来回搓动闻香杯，使杯中香气尽可能得到最大限度的享用。至于啜茶方式，与潮汕地区无多大差异。

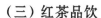

（三）红茶品饮

红茶，人称迷人之茶，这不仅由于色泽红艳油润，滋味甘甜可口，还因为品饮红茶，除清饮外，还可以调饮，加柠檬酸，加肉桂辛，加砂糖甜，加奶酪润。

品饮红茶重在领略它的香气、滋味和汤色，所以，通常多采用壶泡后再分洒入杯。品饮时，先闻其香，再观其色，然后尝味。饮红茶须在"品"字上下工夫，缓缓斟饮，细细品味，方可获得品饮红茶的真趣。

（四）花茶品饮

花茶，融茶之味、花之香于一体，茶的滋味为茶汤的本味，花香为花茶之精神，茶中味道与花香巧妙地融合，构成茶汤适口、香气芬芳的特有韵味，故而人称花茶是诗一般的茶叶。

花茶常用有盖的白瓷杯或盖碗冲泡，高级细嫩花茶，也可以用玻璃杯冲泡。高级花茶一经冲泡后，可立时观赏茶在水中的飘舞、沉浮、展姿，以及茶汁的渗出和茶水色泽的变幻。当冲泡2～3分钟后，即可用鼻闻香。茶汤稍凉适口时，喝少许茶汤在口中停留，以口吸气、鼻呼气相结合的方法使茶汤在舌面来回流动，口尝茶味和余香。

（五）细嫩白茶与黄茶品饮

白茶属轻微发酵茶，制作时，通常将鲜叶经萎凋后，直接烘干而成，所以，汤色和滋味均较清淡。黄茶的品质特点是黄汤黄叶，通常制作时未经揉捻，因此，茶汁很难浸出。

由于白茶和黄茶，特别是白茶中的白毫银针，黄茶中的君山银针，具有极高的欣赏价值，因此是以观赏为主的一种茶品。当然悠悠的清雅茶香，淡淡的澄黄茶色，微微的甘醇滋味，也是品赏的重要内容。所以在品饮前，可先观茶干，它似银针落盘，如松针铺地。再用直筒无花纹的玻璃杯以70℃的开水冲泡，观赏茶芽在杯水中上下浮动，最终个个林立的过程。接着，闻香观色。通常要在冲泡后10分钟左右才开始尝味。这些茶特别重观赏，其品饮的方法带有一定的特殊性。

 茶博士

随身冷泡——颠覆传统的新式泡茶法

自古以来，无论是唐代的"煎茶"一说，宋朝的"点茶"之风，还是明朝后延用至今的散茶"撮泡法"，人们都习惯于热水沏茶，认为通过高温，才能把茶叶的味道

和儿茶素、矿物质等对人体有益的成分泡出来。

然而，"冷泡茶"可降低茶汤的咖啡因含量，减缓对胃的刺激，茶叶中的儿茶素、茶多酚等物质能更好地保留，适宜人群更广。同时，随着市场上越来越多的水果茶饮店的冒起与兴盛，品牌茶单中，冷泡茶的位置也越加明显，茶的口味也相应增加。冷泡茶又称冷萃茶，顾名思义就是用冷水冲泡的茶饮，类似于咖啡的冰滴，都是低温萃取。因人体体温较高，冷泡后释放于水中带着香味分子的酮类会在茶汤到达口腔后才逐渐挥发起来，鲜香盈满整个口腔，喉韵也更浓重。

当然，制作冷泡茶口感是否上佳，重点是茶叶的选取，一般以氨基酸含量偏高的为宜（如果你用茶饼进行冷泡，则先要用热水把其冲开）。

有首湘西民歌这样唱道："冷水泡茶哟 慢慢浓啊。"冷泡茶，是带着时间的力量，沉静的那一抹，整个过程虽十分耗时，但却如同制作一个美丽的茶艺术品，不俗不空，恰如其分。

目前，市面上流行的冷泡茶，大多通过萃茶机来完成。如果茶友们想要随时随地享受冷泡茶饮，需要专用的茶具——随身泡（见图3-22）。随身泡近年来受到喜饮冷茶人士的追捧。

图3-22 随身泡

任务六 掌握茶艺人员的礼仪要求

作为茶艺师，应该具有较高的文化修养，得体的行为举止，熟悉和掌握茶文化知识以及泡茶技能，做到以神、情、技动人。也就是说，无论在外形、举止乃至气质上，都有更高的要求。

问题一 仪容仪态的要求是什么？

茶艺人员的礼仪仪表见图3-23所示。

1.得体的着装

茶的本性是恬淡平和的，因此，泡茶师的着装以整洁大方为好，不宜太鲜艳。女性切忌浓妆艳抹，大胆暴露；男性也应避免乖张怪诞，如留长发、穿乞丐装等。总之，无论是男性还是女性，都应仪表整洁，举止端庄，要与环境、茶具相匹配，言谈得体，彬彬有礼，体现出内在的文化素养来。

图 3-23　茶艺师仪容仪态

2. 整齐的发型

发型原则上要求适合自己的脸型和自己的气质，给人一种很舒适、整洁、大方的感觉，不论长短，都要按泡茶时的要求进行梳理。

3. 优美的手型

作为茶艺人员，首先要有一双纤细、柔嫩的手，平时注意适时的保养，随时保持清洁、干净。

4. 娇好的面部

茶艺表演是淡雅的事物，脸部的化妆不要太浓，也不要喷味道浓烈的香水，否则不但破坏茶香，也破坏了品饮者品茶时的感觉。

5. 优雅的举止

一个人的个性很容易从泡茶的过程中表露出来。可以借着姿态动作的修正，潜移默化地影响一个人的性情。

泡茶时要注意两件事：一是将各项动作组合的韵律感表现出来；二是将泡茶的动作融进与客人的交流中。

问题二　服务姿态的要求是什么？

在茶艺活动中，要走有走姿，站有站姿，坐有坐姿。如图 3-24、图 3-25、图 3-26 所示。

图 3-24　走姿

图 3-25　站姿

图 3-26　坐姿

1. 走姿

如是女性，行走时脚步须成一直线，上身不可摇摆扭动，以保持平衡。同时，双肩放松，下颌微收，两眼平视。也可将双手虎口交叉，右手搭在左手上，提放于胸前，以免行走时摆幅过大。若是男士，双臂可随两腿的移动，作小幅自由摆动。当来到客人面前时应稍倾身，面对客人，然后上前完成各种冲泡动作。结束后，面对客人，后退两步倾身转弯离去，以表示对客人的恭敬。

2. 站姿

在泡茶过程中，有时因茶桌较高坐着冲泡不甚方便，也可以站着泡茶。即使是坐着冲泡，从行走到下坐之间，也需要有一个站立的过程。这个过程，是冲泡者给客人的"第一印象"，显得格外重要。站立时需做到双腿并拢，身体挺直，双肩放松，两眼平视。女性应将双手的虎口交叉，右手贴在左手上，并置于身前。男士同样应将双手的虎口交叉，但要将左手贴在右手上，置于身前，而双脚可呈外八字稍作分开。上述动作应随和自然，避免生硬呆滞，而给人以机器人的感觉。

3.坐姿

冲泡者坐在椅子上，要全身放松，端坐中央，使身体重心居中，保持平稳。同时，双腿并拢，上身挺直；切忌两腿分开，或一腿搁在另一腿上不断抖动。另外，应头部上顶，下颌微作收敛，鼻尖对向腹部。如果是女性，可将双手手掌上下相搭，平放于两腿之间；而男士则可将双手手心平放于左右两边大腿的前方。

问题三　语言表达的要求是什么？

进行茶艺活动时，通常主客一见面，冲泡者就应落落大方又不失礼貌地自我介绍，最常用的语言有："大家好！我叫某某，很高兴能为大家泡茶！有什么需要我服务的，请大家尽管吩咐。"冲泡开始前，应简要地介绍一下所冲泡的茶叶名称，以及这种茶的文化背景、产地、品质特征、冲泡要点等，语句要精练，用词要正确，否则，会冲淡气氛。在冲泡过程中，对每道程序，用一两句话加以说明，特别是对一些带有寓意的操作程序，更应及时指明，起到画龙点睛的作用。当冲泡完毕，客人还需要继续品茶，而冲泡者得离席时，不妨说："我随时准备为大家服务，现在我可以离开吗？"这种征询式的语言，显示对客人的尊重。

总之，在茶艺过程中，冲泡者须做到语言简练、语意正确、语调亲切，使饮者真正感受到饮茶是一种高雅的享受。

项目小结

茶艺是一门生活的艺术，把生理和心理上的需要很好地结合起来，同时又有很高的欣赏价值。社交中要发挥茶的作用，茶艺无非是一项无可替代的活动。普及茶艺的知识和技巧，对各种社交场合中使用到茶，是必要和必然的。本项目详细介绍了茶艺和茶艺背景、茶具选用知识、泡茶的水的选择和一般程序、茶艺服务人员的礼仪要求等。

思考与练习题

一、单项选择题

1.我国最早出现的茶具是（　　　）。

A. 茶碗　　　　　　B. 茶杯　　　　　　C. 茶壶　　　　　　D. 茶盘

2. 20世纪80年代中期，在陕西扶风法门寺出土的茶具是（　　　）。

A. 紫砂茶具　　　　B. 青瓷茶具　　　　C. 黑瓷茶具　　　　D. 鎏金茶具

3. 紫砂茶具创造于（　　　）。

A. 明代景泰年间　　B. 明代正德年间　　C. 明代万历年间　　D. 明代嘉靖年间

4. 青瓷茶具色泽青翠，最好用来泡（　　　）。

A. 绿茶　　　　　　B. 红茶　　　　　　C. 黑茶　　　　　　D. 黄茶

5. 景德镇生产的白瓷在唐代的美称是（　　　）。

A. 雪拉同　　　　　B. 仿古瓷　　　　　C. 假玉器　　　　　D. 金玉

6. 玻璃茶具最好用来冲泡（　　　）。

A. 红茶　　　　　　B. 绿茶　　　　　　C. 乌龙茶　　　　　D. 花茶

二、简答题

1. 谈谈你选购紫砂茶壶的心得。

2. 请为一位嗜好绿茶和乌龙茶者的家中设计一套茶具组合。

3. 以安溪铁观音的沏泡为例，谈谈选配茶具时对技术的要求。

项目四　现代花草茶

导语

广义的茶，其实还包括了花草茶，即非茶之茶，历来被人们所饮用，在现代的生活中，相对于其他植物叶子加工后制成的传统茶叶，花草茶有其特殊的功效和品味，已成为都市生活中一种下午茶的方式，要掌握花草茶的有关知识，须重点学习本项目以下内容：

1. 花草茶的发展历史、采制工艺及其选购和存放的知识
2. 现代花草茶的功效
3. 现代花草茶的冲泡方法

任务一　熟悉花草茶的概况

在我国，任何食材加入水中煮或泡所得的汁液，人们都习惯冠以茶名。所有由茶树叶煮泡成的饮品，虽然色香味常有差异，都统称为"茶"。而除了茶树之外的植物制成的饮品，则以原料命茶名，如人参茶、枸杞茶等，这些"有茶之名、无茶之实"的饮品，称为广义上的茶，即非茶之茶，通常是当作保健治疾的疗方，而较少成为日常的饮品，因此又总称为"花草茶"。但花草茶是欧洲人普遍饮用的一种传统植物饮品，因具有独特的自然香气和特殊的口感被人们喜爱，成为除咖啡、茶之外的第三大饮品。目前在我国，花草茶被称为"天然的健康饮品"，已成为都市生活中一种下午茶的方式，呈现出优雅的休闲情调。今后无论国内外，符合健康概念的花草茶都将因此而流行下去。

问题一　什么是花草茶？

花草茶、草茶、花茶或药草茶，英文名字都为 Herb tea，意思为用天然植物的根、茎、叶、花、皮等部位，单独或综合干燥后，加以煎煮或冲泡的饮料。产生的自然香

气和特殊口味，完全不含咖啡碱和胆固醇。而复合式花草茶是由几种不同口味的花草调配而成。通常依每一种花草的保健特性，或是口味互补来选择。由于不是单一材料，味道已经调和过，且各类功效的花草一起冲泡，显然有加强效果，所以在今日越来越受到人们的喜爱。

问题二　花草茶的历史与发展是怎样的？

在印度和中国茶出现以前，花草茶已被广泛地运用了。由于它不含咖啡碱，对健康很有帮助，所以很早就被用作疗方。五千年前幼发拉底河的苏美利亚人已经开始使用茴香和百里香；古埃及人最爱用洋葱和蒜作为药草处方；而公元前一世纪中国完成第一部较完整的药草志《神农草本经》，记载了365种药物。在中古时期，一直都没有一套统一的医疗方法，许多人都自己种植各种药草来治病。16世纪时妇女们会挂上装有香气的花草布袋，来防止外面的细菌感染。18世纪中期，就有专家建议饮用属性较温和的药草花茶，来替代一般茶叶。总而言之，药草花茶来自老祖先治疗疾病的构思，自古以前，无论中西方在疾病的治疗上均赖以植物的有效成分；而生化科技的进步，人们渐渐依赖快速的合成西药治疗，却淡忘了古老的秘方。健康药草花茶只是重新找出这些古老而有效的自然成分，提供给人们在日常生活当中作调理平衡之用。

人类在花草茶的利用方式上，最先是取它的花、叶、茎、根、树皮、果实、种子等来咀嚼，确定可食的部位后，进而加水煎煮或浸泡以获得汁液来饮，并且尝试研究出其对人体的疗效。这类由上述花草茶的部分或多部分煮泡而得的汁液，西方人原本是以"Tea"来总称，但是在来自东方以茶树叶子为原料冲泡的饮料普及后，"Tea"成了后者的专名，于是由花草茶调制成的饮品就称为"Herb Tea"。

品尝花草茶，可以清饮，也可以酌量掺入糖、蜂蜜、牛奶，或放些新鲜水果切片（柠檬、柑橘等）、香料（肉桂、香草等）、新鲜药草的叶和花等。原则上，添加物是用来增强或柔和花草茶的滋味的。而且除了用水冲泡花草茶，还可以选择用牛奶或酒来冲泡。由此可知，花草茶的世界自有它多彩多姿的乐趣。花草茶在西方是一种家庭饮料，在晨起、睡前或餐后品尝，可以营造温馨的气息。

问题三　花草茶有哪些原产地？

花草茶的原始产地事实上几乎遍布全球。而且花草茶的生命力普遍都很强韧，除了在原产区生生不息之外，还扩展到土壤及气候都相宜的栽培地，成为大量种植的经济作物。但因为各地区的气候及环境不同，不仅生产的花草茶种类五花八门，它们的特性也因地而异。

（一）地中海沿岸

本区是许多常用花草茶的故乡，"Herb"一字就是源自此地的拉丁古语"Herba"（意为草、草本）。由于当地艳阳普照，夏季又少雨，为了减少水分蒸发，所以生长的花草茶多是小叶型，如唇形科的薰衣草、迷迭香、鼠尾草、百里香等。同时为了适应干燥的气候，叶片中存在着芳香精油以保留水分，因此不但成为天然香精的原料，在药效上也更丰富。此外，这种干暖的地中海型气候区，天生就是能使花草茶自然干燥的绝佳环境。这些条件配合上农家的"有机耕作"，所生产的花草茶品质极为优良。

（二）欧洲

除了南部的地中海沿岸区之外，欧洲的中部、北部也是一大产区。当地属于比较凉爽的大陆性气候，除了紫花、牛至、洋甘菊、莳萝等原有的品种外，也致力于栽培具经济价值的外来花草茶。欧洲拥有强大的研究开发及经贸能力，所以，它成为花草茶商品的最重要发行地区，也是推广和消费花草茶的主力。

（三）热带亚洲

处于热带的中国、印度都属于文明古国，将植物药用或食用已有长远的历史，称得上是最普遍将花草茶应用于生活的地区。由于此处高温多湿，生产的花草茶种类常具有扑鼻的香气，或较辛烈的口味，如当归、人参、洋葱、大蒜、罗勒（九层塔）、肉桂等。虽然如今这里的人民已习惯将上述花草茶视为食品，反而很少当作药物来用，但它们庞大的医疗潜力相继为欧美医学界所证实，尤其是对癌症、高胆固醇、高血压等疾病方面的治疗作用，值得现代人重视。

（四）美洲

欧洲人发现新大陆后，将美洲印第安人对花草茶的知识与应用引进欧洲，于是如甜菊、报春花（樱草）、柠檬马鞭草、马黛树等，日益为外人熟知。比较而言，南美洲以生产花草茶并直接应用为主；北美洲的美国、加拿大等国则在日渐感受到化学药品的副作用后，转而热衷于研制以花草茶为原料的药品。

（五）热带非洲

越接近原始品种的花草茶，药理效能越强，而非洲仍保有众多的野生花草茶物种。本区的花草茶为外人认识的比例有限，但在当地民族中已沿用数百年，诸如芦荟、魔鬼爪（南非钩麻）、布枯等，经验证后发觉疗效确实不凡。不过本区的花草茶比较缺乏芳香味，因此也较少当作花草茶的原料。

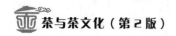

问题四　花草茶的采制工艺是怎样的?

多数花草茶有一定的生长季和采收期，要使花草茶在非收获期或供非生长地的人利用，就必须干燥处理以延长保存期。使用干燥的花草泡茶，不但用量较新鲜的少，也较容易释放花草茶内含的成分。

（一）花草茶采收

在适当时节采收的花草茶，将保有花草茶最多的有益成分。若以采花为主，则当花初开而未全盛时完整摘取；而采收叶或全草，则以茎叶茂盛或含苞未放时最适宜。选在晴日的午前采收，有助于花草茶以后的干燥完整。

（二）花草茶干燥

花草茶采收后先除去枯枝叶及附带的昆虫，随即将花草茶移到阴凉且通风良好的地方，任其自然风干。这些步骤需在采收后及早进行以免其中的芳香物质蒸发，或花草氧化变质；不经阳光照射，才能保持它的色泽及形态；而通风良好以免干燥花草带有封闭的霉味。为使花草茶发挥效用，花草茶干燥过程中要保持花草完整，通常是每几株自茎中段捆一小束，然后几小束都悬空倒吊，花则摊放在一层层的棚架上风干。即使采用干燥机烘干，也需采取循序渐进的方式，急速干燥会导致芳香油挥发。将温度保持在 20～32℃，约 3 天便完成风干，此时叶子干燥到能捏碎，花则簌簌作响且易脱落，除了重量减轻 80% 左右外，仍具备植物原来的色、香、味。

问题五　如何选购花草茶?

一般而言，花草茶通常在茶店或茶叶市场较容易买到。由于花草茶的种类繁多，每一种花草茶都有独特的芬芳，一般的消费者大都对花草茶口味不甚熟悉，可以请服务人员解说花草茶的香气和味道，或是要求试喝花草茶，以免买到口味不适的花草茶。

（一）了解花草茶功效

在购买前可以询问销售人员，了解各种花草茶的风味和功效，并评估个人需要，选择适合自己体质的花草茶饮用。因为，花草茶不像绿茶或红茶含有咖啡碱，所以不会有失眠或伤胃等副作用。

（二）观察花草茶外观

虽然市面卖的花草茶已经过干燥的过程，但是仍应维持植物原来的色泽，若是花草茶已经变色，不是过期，就是受潮、不新鲜。

（三）闻花草茶香

闻闻花草茶的味道。新鲜的花草茶带有花草天然的香气，如果觉得花草茶味道不自然或不对，那就有可能是添加人工香味，所以在购买前，最好能先了解花草茶应有的味道，以免买到人工调味的花草茶。

（四）试喝花草茶

在茶叶店或茶叶市场买花草茶，通常有试喝的服务，花草茶喝起来应该顺口、带有甘甜味。另外在试喝花草茶时，最好不要加入糖或蜂蜜等调味料，以免喝不出花草茶原来的味道。

（五）注意有效或制造日期

由于花草茶运送过程及上架需花费一段时间，因此购买花草茶时需注意有效期限。花草茶的保存及饮用期限，以 6 ～ 8 个月最佳，购买前，要看清楚花草茶包装上的制造日期和有效期限。

问题六　如何存放花草茶？

花草茶越新鲜越好，除了购买时要注意保存期限外，买回去后的保存方式也应格外注意，以免过期或受潮变质。以下几点是作为一个"护花使者"必须注意的事项。

（一）确保密封

无论放在袋中或密封罐中，都要记得将袋口或罐口密封好，以免受潮。

（二）放置阴凉干燥的地方

光线、湿气与温度都容易让花草茶变质，因此，要放置在干燥阴凉处。

（三）消耗速度慢时，须放在冰箱中

如果一次购买的量要很久才能用完，最好将它放到冰箱中冷藏，可以延长保存期限。

（四）注意小虫的侵袭

有些花草茶放久了，会出现小虫子，它们是附着在花草茶中的卵，时间到了就自动孵化出来，这些虫子并无碍饮茶，反而因为有虫子的产生，更证明花草茶没有喷洒农药，喝起来更加安心。

问题七　现代花草茶是如何分类的？

目前世界各地贩售的花草茶，大都是进口自德、法、英、澳、加拿大等主要花草

茶制造国。常见的花草茶有以下分类。

（一）按成品形式分类

1. 天然干燥的花草茶

这是最常见的花草茶形式，花草茶制造商将新鲜花草干燥后，挑选出适合冲泡的部分，便成了消费者在市面上看到的天然花草茶了。一般而言，大多是单一口味，但是也有一些是调配好的综合花草。

2. 花草茶茶包

有些花草茶多是用花草茶茶包包装，提供给上班族一种方便冲泡花草茶的享用方式。不过这类的花草茶大多不是纯花草口味，而是经过其他香料调味精制而成。由于是进口产品，价格较高，购买时要注意花草茶生产日期及外包装是否有破损，以免买到变质的花草茶。

3. 新鲜花草茶

在花草茶专卖店、花市，有卖一些常见的花草种子。如，黄菊、迷迭香、紫罗兰、薰衣草等，可以自己种植，然后冲泡新鲜的花草茶。要注意的是，一般观赏用或来路不明的花草，因为可能喷有农药，所以不适合拿来冲泡花草茶。

（二）按饮用时的组合方式不同分类

1. 单品花草茶

可食用的天然花草中含有各种植物精华和生物活性物质，每一种花草都具有不同的营养、保健和药用功效。某些口感独特、具有特殊功效的药草常被人们单独调制，成为单品花草茶，如广为人们熟知的菊花茶、薄荷茶等。

2. 花草之间的混合

花草茶的魅力之一就是可让人享受独创的混合滋味。尝过多种花草单独的味道和香气后，不妨试试数种花草混合的滋味，混合的花草以 5 种为限。混合的目的在于使味道和香气更为丰富，并得到加倍的功效。如果侧重于饮用的口感，则可以客人喜爱的口味为底，配上其他花草，构成独创的配方，也可延用约定俗成的花草茶配方，如玫瑰配柠檬草，柑橘配薄荷等。如果注重功效，那就可以依目的选择混合的花草，把许多配在一起得出加倍的效果。当然，同时也要考虑口感和色泽，一杯苦涩而混浊的花草茶是难以让人下咽的。要熟悉各种花草冲泡出来的颜色。如洛神花的鲜红色、锦葵的紫色、菩提的金色、玫瑰茄的酒红色，可以依据色调自由组合。

3. 与中国茶或红茶混合

在花草茶刚被引人的时候，经常可以看到红茶和花草的结合。将花草茶和人们熟悉的红茶一起冲泡，一方面可以使人容易接受，另一方面可以享受到红茶和花草茶各自的香气，这种加了花草的红茶的口感要比红茶口感更为自然、纯正、持久。如果是要增强花草的香气，最好选择没有特殊味道的红茶，以免造成茶味复杂多变。一般搭配时，红茶可占6～8成，花草则占2～4成，与红茶属性相配的花草有橙花、甘菊、白豆蔻、肉桂、锦葵、薄荷、薰衣草、菩提、柠檬草、玫瑰等，也可以加上橘子或苹果等水果，无论是制冰红茶还是热红茶都会受到客人的喜爱。

4. 与果汁或酒类混合

花草茶因其药效和鲜艳的色泽，也常被当作制作冷饮的材料，如番茄汁加百里香就是客人热点的饮料之一。而酒类自古就被用来和花草混合，它除了可增进芳香，也可引出花草的药效。花草浸在酒精里会渗出油溶性成分，适合长时间保存而且药效通过酒精更容易被身体吸收。过去的修道士会制作药酒，给人治病，他们的配方迄今还有一部分以利口酒的形式存在。还有一种花草酒制作相当容易，即将花草按照不同的组合方式与各种酒类相混合制成鸡尾酒，如威士忌配浓度较高的玫瑰果茶等。

任务二 掌握现代花草茶的成分和冲泡方法

问题一 花草茶有哪些成分？

花草茶能拥有丰富的风味及广泛的功效，主要是各种花草茶成分相互补的结果。各种花草茶的成分相当繁杂，其中比较常见的为以下几种。

（一）芳香精油类

又称为挥发油或精油，虽然就花草茶成分比例而言含量并不高，但极有价值。在不同种类的花草茶中，芳香精油的组成要素也相异，既赋予各种花草茶以独特香味，又具有独特的医用功效。一般来说，芳香精油具有防腐、抗微生物、消炎止痛、制止痉挛等作用，对人体的免疫系统也大有裨益。芳香精油疗法及蒸气吸入疗法中都可利用这一成分。

（二）单宁

也称为鞣质，它是花草茶涩味及苦味的来源，并具有收敛、止泻、防感染的效果。

（三）维生素

花草茶的维生素含量不少且种类多元，是一种基础的营养成分。饮用花草茶，能吸收其中的水溶性维生素 A、C 等，不但能促进消化和养颜美容，也有助于从根本上改善体质。

（四）矿物质

花草茶中含有多样矿物质，如镁、钙、铁等，都是人体保健的基本营养成分。

（五）类黄酮

这是一种色素，常和维生素 C 并存于花草茶中，对花草茶的色泽极具影响。它除了利尿、强健循环系统之外，抗肿瘤、抑癌（防止自由基形成）的功能也渐受重视。

（六）苦味素

部分花草茶带来苦味，但也使之拥有促进消化、消炎、抗菌等功能。

（七）配糖体

通常以药用为主的植物中都含有它，具强心、防腐、镇咳、利尿等功能。

（八）生物硅

它也是植物药用成分的主力之一，尤其对神经系统极具影响，但因为含有毒性而须小心使用。不过在一般常饮的花草茶中，这种成分微乎其微，并不致有中毒之虞。

问题二　冲泡花草茶的用具有哪些？

花草茶长久以来便是一种平民化的家庭饮品，因此未衍化成一种套制式的品饮礼仪，所用的茶具也不似喝红茶、葡萄酒等饮品来得华丽繁复，但与红茶的茶具多能通用。

（一）茶壶

泡花草茶的壶基本上呈广腹近球形，以便进行沸水的热对流运动，促成壶中花草释出色、香、味来。

陶瓷茶壶的外形精致，且许多都绘有优美的花、草、虫、鸟等图案，与自然风味的花草茶颇为契合。此外，由于陶瓷茶壶质地细密，不易起化学变化，又易于保温，最能发挥并维持花草茶的色、香、味。在寒冷的季节，附保温罩的茶壶更能维持茶温。只是使用陶瓷茶壶时，无法欣赏到花草在壶中徐徐展开的过程。

玻璃壶则是冲泡花草茶最普遍的工具，较陶瓷材质轻巧易执，上等玻璃壶可以给人们提供花草茶浮潜伸舒、鲜活如生的视觉享受。缺点是它不具备保温功效，茶香较易流失。有的玻璃壶内附有杯状茶滤，花草可直接置于滤杯中，花草的浸汁经此渗入沸水中，斟茶时茶渣即留在滤杯内，具有过滤茶叶的功能。

（二）加温器

因为玻璃壶不能保温，所以加温器是很适合的搭配器具，它是一个玻璃皿、壶座板及蜡烛座的组合。饮茶时将玻璃壶置于皿口的座板上，借由底下的烛火维持茶温，座板可使茶壶受热均匀，而烛光映透玻璃皿壁，增添几许温馨的气氛。

（三）沙漏和计时器

花草茶各有最佳的焖泡时间，借这两种计时工具来正确把握时间。采用沙漏具有一种传统的乐趣，但有的花草茶焖泡时间较长，则适合用计时器设定所需时间，届时鸣响即可斟茶。

（四）茶杯

饮用花草茶时如能选用玻璃茶杯就能观赏到花草舒展之美态，但缺点是不易保温，而瓷杯则是花草茶的好搭档，它保温性较强，以内侧纯白或白底者为宜。那就可以欣赏花草茶特有的茶色了；而铁或铝的制品就不宜选用了，因为器皿的材质会影响茶的味道。

由于花草茶的汤色多轻薄淡雅，斟在透明的玻璃杯中尤其澄亮，映衬着氤氲的袅袅热香，欣赏着花草舒展之美丽姿态，格外引人遐思。但缺点是不易保温，无柄的玻璃杯易烫到手，可以外加连柄的杯座。盖杯最适合一人独饮时用，通常附有茶滤。

（五）蜂蜜罐、砂糖罐

花草茶虽有一股自然的甘甜味，但仍有许多人不习惯它的清淡少味，故可视个人口味添加蜂蜜或砂糖，以增加风味。而清饮时，蜜罐和糖罐也能当作桌上的装饰。

（六）密封罐

花草茶是易潮物质，散货尤其需要妥善收贮于密封的罐子中，同时避免香味散逸，还可防虫。

（七）滤勺

多数的陶瓷茶壶内没有滤筛或滤杯的设计，如果斟倒原料较碎小的花草茶入杯时，必须借助滤勺架于杯口过滤并承接茶渣。

问题三　如何把握冲泡花草茶的原料品质及用量？

想泡出美味的花草茶，先决条件是选择品质优良的原料，原料的用量，得根据各种药草的特性来斟酌。原则上浓香类的药草可以少放些，如果是选用新鲜药草，则其分量是干燥原料的 2 ～ 3 倍。

问题四　如何把握冲泡花草茶的用水？

水质与水温都是诱发花草茶色、香、味的重要因素。泡茶用水取自洁净的山泉、井水或溪流最好，若不易取得，也可选择质纯的矿泉水或纯净水，然后将水煮沸。冲泡时的水温在 95℃左右，如此泡出的茶澄亮色正，味道也佳。至于用水量的多寡，若以最常用的玻璃壶为茶具，一壶为 500 毫升。

花草茶有单一材料及混合材料两种冲泡方式。单一的花茶材料，如用 500 毫升的沸水来冲泡，应取分量为 5 ～ 10 克；混合式的花草茶，则每一种材料各取 2 ～ 3 克，就可制造出一壶色彩缤纷的花草茶了。

问题五　冲泡花草茶的泡茶方式有哪些？

和中国茶一样。要泡出既美味又具有疗效的花草茶，冲泡的方式非常重要。冲泡花草茶不需要特别的器具，用来冲饮的茶具最好选择透明的耐热玻璃制品。注入热水后，草叶或花就会在水中慢慢地舒展开，人们可以透过玻璃欣赏这美丽的一刻，并欣赏花草茶那自然而纯正的色泽。茶壶最好不要选用注水口过于细长的，细长的注水口容易被花草阻塞。冲泡花草的分量可以用茶匙来控制，一杯茶（150 ～ 180 毫升）所需的花草，如果是干燥的花草，就需要满满一匙，如是新鲜的花草，则需要 2 ～ 3 匙，如是大片叶子、硬果或香料籽，就要先撕碎或捣碎。

1. 冲泡干燥的花草

（1）在茶壶里放入花草。先把要用的茶壶和茶杯温热，然后依人数在茶壶里放入花草。花草的分量以一杯茶需要一满匙为标准。分量要依据花草的种类稍加增减，细小的叶片分量可少一点儿，大片的花草则分量增加一点儿。在花草里含有香料籽或果实等坚硬材料要稍微捣碎，为了让花草的精华比较容易渗出，像香料籽或硬果等坚硬的材料要先用汤匙压碎。

（2）在茶壶里注入热水。把沸腾的水缓慢倒入壶中。

（3）盖上壶盖，焖 3 ～ 5 分钟。可用沙漏计时，果实或根等坚硬的花草材料较难渗出精华，所以焖的时间要稍长一些。

（4）用滤茶器将茶倒进茶杯。左右轻轻晃动茶壶，使茶的浓度趋于均衡，然后用滤茶器慢慢将水倒入杯中。甘菊之类的花茶适合滤洞较小的滤茶器，以免倒出渣滓。壶中的茶要一次倒完。同时泡多人份的茶时，为了统一茶色，最好一次倒一点儿。轮流倒进各个茶杯中。

（5）添加小花、叶片或甜味。有些茶适合放点儿干燥或新鲜的花叶漂在上面，增加观赏型。为了减轻药味，可添加蜂蜜或细粒砂糖。

2. 冲泡新鲜的花草

（1）用手撕开花草。冲泡新鲜的花草时，要在使用前才去摘取所需的叶子或花，清洗后，擦干水分，用手指撕开。以增加其和水的接触面，撕得越细，精华越容易渗出。柠檬草之类的草叶会刺伤人手，可用刀子切割。一杯茶所需要的分量是干燥花草的2～3倍。

（2）在茶壶中注入热水。

（3）焖3～5分钟。

（4）把茶汁倒入杯中。左右晃动茶壶，统一茶的浓度，然后将茶倒入杯中，除非是细小的花草，否则不必使用滤茶器。壶中的茶要一次倒完，避免浸泡时间过长影响口感。

3. 制作冰花草茶

（1）冲泡出比热茶浓2～3倍的茶。一杯茶所需用的花草分量和热茶一样，使用的热水量是泡热茶时的1/3～1/2，以便泡出两三倍的浓度。在茶壶里放入花草，把刚沸腾的水倒入，焖3～5分钟。

（2）把冰块放进降过温的玻璃杯中。也可把冲泡好的花草茶放入制冰器中，注满水，放入冷冻室结冰，制作内含花草的冰块。用新鲜的薄荷和香蜂草制成的冰块与任何冰茶搭配都很合适。

（3）用滤茶器将茶慢慢倒进加了冰块的玻璃杯里，冰块融化后，会形成适宜的花草茶浓度。

（4）加上漂浮的花叶，有些茶加上干燥或新鲜的花叶浮在上面。会增加花草茶的优美感觉。

问题六 如何进行味道调配？

调制花草茶时，不宜将所添加的蜂蜜、糖、鲜奶、柠檬等，加得太多，会盖过了花草茶自然的色香味。有些植物本身味道很重，热开水一冲味道便出来了，适宜当下立即饮用，否则浸泡久了，茶汤变苦，可能就很难下咽了。

问题七 静置时间是多久？

无论你采用何种冲泡法，都需要在冲泡后，将整壶花草茶静置2～3分钟，让它释放出成分和茶香。

问题八　如何把握饮茶时机？

口味轻柔的花草茶除了可以当作下午茶品尝外，若再配合其药理功能，在适当的时候享用，也是不错的选择。例如，晨起品尝提神的薄荷茶；餐后不妨辅以促进消化的柠檬马鞭草茶；睡前则适合饮用助眠的柑橙花苞茶。

问题九　饮用花草茶需要怎样的环境氛围？

品尝自然风味的花草茶时，挑选一处阳光柔和的位置静坐，搭配一份清淡爽口的点心，或独自捧读一本文学作品，聆听一曲优雅音乐，或三五好友轻谈浅笑，享受一段悠闲时光。

问题十　饮用花草茶的其他注意事项还有哪些？

花草茶最好是想喝多少就泡多少，喝不完要放入冰箱冷藏，再饮时色、香、味虽无法如初泡时完美，但可以延长存1～2日，超过3天以上就不适合再留了。

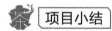 项目小结

花草茶作为广义茶的一种，历来被人们所饮用，在现代的生活中，人们对不含咖啡碱的花草茶越来越重视，因为相对于其他植物叶子加工而成的传统茶叶，花草茶有其特殊的功效和品味，受广大消费者青睐。

思考与练习题

一、单项选择题

1. 花草茶在采收时，如果是以采花为主，则应在（　　）采摘比较好。

A. 花朵盛放的时候　　　　　　　　B. 花初开而未全盛时

C. 花含苞未放时　　　　　　　　　D. 以上全部

2. 花草茶的保存及饮用期限，以（　　）月为最佳。

A. 1～3　　　　　　　　　　　　　B. 3～5

C. 6～8　　　　　　　　　　　　　D. 8～10

3. 泡饮花草茶不宜选择用来做茶杯的是（　　　）材质。

A. 玻璃　　　　　　B. 瓷器　　　　　　C. 木器　　　　　　D. 铁或铝

4. 冲泡花草茶的水温以（　　　）为佳。

A. 80℃　　　　　　B. 90℃　　　　　　C. 95℃　　　　　　D. 100℃

5. 冲泡好的花草茶如果喝不完，可以放冰箱里存放，但是超过（　　　）天的就不适合再饮用了。

A. 1.　　　　　　　B. 2　　　　　　　C. 3　　　　　　　D. 4

二、简答题

1. 说说你喝过的花草茶有哪些，它们都有哪些功效？

2. 如果有客人提出要喝清热解毒的花草茶，你能推荐给他的有几种？分别是什么茶？

3. 有一天经理带你去采购花草茶，请问你会从哪几个方面进行考虑来选择买到质量可靠的茶品？

项目五　中外饮茶风俗

 导语

你知道吗？茶俗是世界各国民间风俗的一种，它是各民族传统文化的积淀，也是人们心态的折射，它以茶事活动为中心贯穿于人们的生活中，并且在传统的基础上不断演变，成为人们文化生活的一部分，它内容丰富，各呈风采。要想了解这些，请重点学习以下内容：

1. 我国各民族的饮茶风俗
2. 世界各国的饮茶习俗

任务一　熟悉中国各民族饮茶风俗

中国是一个多民族的国家，各民族在长期传统的生活方式中，形成了丰富多彩的饮茶习俗，藏族的酥油茶、白族的三道茶、土家族的擂茶、蒙古族的奶茶和傣族的竹筒香茶等，无不显示出各民族强烈的文化色彩。好茶还需好水来冲泡，从古至今，中国各地的名茶历来受到了文人墨客的赞誉。各种茶叶有各种冲泡和饮用的方法，是否得法，很有讲究。煮茶、点茶、泡茶、品茶、喝茶、吃茶都各有不同的含义。当你置身于典雅古朴的茶馆中，观赏着各种茶艺表演时，定会有心旷神怡的感受。

中国饮茶历史最早，所以最懂得饮茶真趣。客来敬茶，以茶代酒，用茶示礼，历来是我国各民族的饮茶之道。

"千里不同风，百里不同俗"。我国是一个多民族的国家，共有56个兄弟民族，由于所处地理环境、历史文化的不同，以及生活风俗的各异，使每个民族的饮茶风俗也各不相同。在生活中，即使是同一民族，在不同地域，饮茶习俗也各有千秋。不过把饮茶看作是健身的饮品、纯洁的化身、友谊的桥梁、团结的纽带，在这一点上又是共同的。下面将分别介绍各民族中有代表性的饮茶习俗。

问题一 汉族"清饮"的饮茶风俗是怎样的?

汉族的饮茶方式,大致有品茶和喝茶之分。大抵说来,重在意境,以鉴别香气、滋味,欣赏茶姿、茶汤,观察茶色、茶形为目的,自娱自乐,谓之品茶。凡品茶者,得以细啜缓咽,注重精神享受。倘在劳动之际,汗流浃背,或炎夏暑热,以清凉、消暑、解渴为目的,手捧大碗急饮者;或不断冲泡,连饮带咽者,谓之喝茶。

不过,汉族饮茶,虽然方式有别,目的不同,但大多推崇清饮,其方法就是将茶直接用滚开水冲泡,无须在茶汤中加入姜、椒、盐、糖之类佐料,属纯茶原汁本味饮法,认为清饮能保持茶的"纯粹",体现茶的"本色"。而最有汉族饮茶代表性的,则要数品龙井、啜乌龙、吃盖碗茶、泡九道茶和喝大碗茶了。品龙井、啜乌龙内容详见项目三→任务三→问题四。

(一)成都盖碗茶

在汉族居住的大部分地区都有喝盖碗茶的习俗,而以我国的西南地区的一些大、中城市,尤其是成都最为流行。盖碗茶盛于清代,如今,在四川成都、云南昆明等地,已成为当地茶楼、茶馆等饮茶场所的一种传统饮茶方法,一般家庭待客,也常用此法饮茶。

饮盖碗茶一般说来,有五道程序。

(1)净具:用温水将茶碗、碗盖、碗托清洗干净。

(2)置茶:用盖碗茶饮茶,摄取的都是珍品茶,常见的有花茶、沱茶,以及上等红、绿茶等,用量通常为3～5克。

(3)沏茶:一般用初沸开水冲茶冲水至茶碗口沿时,盖好碗盖,以待品饮。

(4)闻香:待冲泡5分钟左右,茶汁浸润茶汤时,则用右手提起茶托,左手掀盖,随即闻香舒腑。

(5)品饮:用左手握住碗托,右手提碗抵盖,倾碗将茶汤徐徐送入口中,品味润喉,提神消烦,真是别有一番风情。

(二)昆明九道茶

九道茶主要流行于中国西南地区,以云南昆明一带最为流行。泡九道茶一般以普洱茶最为常见,多用于家庭接待宾客,所以,又称迎客茶,温文尔雅是饮九道茶的基本方式。因饮茶有九道程序,故名"九道茶"。

(1)赏茶:将珍品普洱茶置于小盘,请宾客观形、察色、闻香,并简述普洱茶的文化特点,激发宾客的饮茶情趣。

（2）洁具：迎客茶以选用紫砂茶具为上，通常茶壶、茶杯、茶盘一色配套。多用开水冲洗，这样既可提高茶具温度，以利茶汁浸出；又可清洁茶具。

（3）置茶：一般视壶大小，按1克茶泡50～60毫升开水比例将普洱茶投入壶中待泡。

（4）泡茶：用刚沸的开水迅速冲入壶内，至3～4分满。

（5）浸茶：冲泡后，立即加盖，稍加摇动，再静置5分钟左右，使茶中可溶物溶解于水。

（6）匀茶：启盖后，再向壶内冲入开水，待茶汤浓淡相宜为止。

（7）斟茶：将壶中茶汤，分别斟入半圆形排列的茶杯中，从左到右，来回斟茶，使各杯茶汤浓淡一致，至八分满为止。

（8）敬茶：由主人手捧茶盘，按长幼辈分，依次敬茶示礼。

（9）品茶：一般是先闻茶香清心，继而将茶汤徐徐送入口中，细细品味，以享饮茶之乐。

（三）广州早市茶

早市茶，又称早茶，多见于中国大、中城市，其中历史最久，影响最深的是广州，他们无论在早晨上工前，还是在工余后，抑或是朋友聚议，总爱去茶楼，泡上一壶茶，要上两件点心，如此品茶尝点，润喉充饥，风味横生。广州人品茶大都一日早、中、晚三次，但早茶最为讲究，饮早茶的风气也最盛，由于饮早茶是喝茶佐点，因此当地称饮早茶谓吃早茶。

在广东城市或乡村小镇，吃茶常在茶楼进行。如在假日，全家老幼登上茶楼，围桌而坐，饮茶品点，畅谈国事、家事、身边事，更是其乐融融。亲朋之间，上得茶楼，谈心叙谊，沟通心灵，倍觉亲近。所以许多即便交换意见，或者洽谈业务、协调工作，甚至青年男女谈情说爱，也是喜欢用吃（早）茶的方式去进行，这就是汉族吃早茶的风尚之所以能长盛不衰，甚至更加延伸扩展的缘由。

茶博士

潮 汕 工 夫 茶

潮汕工夫茶是指潮汕一带（包括广东省汕头市、潮州市、揭阳市等地，覆盖现今潮州、汕头、揭阳三市区及潮安、饶平、澄海、南澳、揭西、揭东等九县、市、区，还远及丰顺、大埔、焦岭等地）的饮茶风尚，所谓工夫茶，是指泡茶方式比较讲究，泡茶品茶需要一定的功夫。工夫茶是潮汕一带家家户户的必备品，而且几乎家家都备有工夫茶具，自家闲暇之时举家品茶，或有客到时以工夫茶招待。

潮汕一带品饮工夫茶具有数百年的历史了，近代茶人翁辉东（1885—1965）所著《潮州茶经》，较为全面地反映湖汕工夫茶的概貌，据该书指述，工夫茶有"四宝"："宜兴紫砂壶，景德镇若琛杯，枫溪砂铫，潮阳红泥炉"，讲究些的茶店还需备有"潮阳颜家锡罐""潮安陈氏羽扇"等。饮用的"茶品"，不仅有本地所产单丛茶、客家炒茶，也有安溪铁观音和武夷岩茶等。潮州工夫茶有它的鲜明个性，无论走进哪家哪户，茶盘茶具一摆，不用问，便是工夫茶，如翁辉东所说"潮人所用茶具大体相同，不过以家资有无，精粗有别而已"。有了"大体相同""精粗有别"，就有了"雅俗共赏"的基础。《潮州茶经》序言中说得明白："无论嘉会盛宴，闲处独居，商店工场，下至街边路侧，豆棚瓜下，每于百忙当中，抑或闲情逸致，无不借此泥炉砂铫，擎杯提壶，长斟短酌，以度此快乐人生。"潮州工夫茶以"精细"的工夫"收工夫茶之功"，就是鲜明个性中的"特质"。

《潮州茶经》对传统工夫茶艺的择茶、选水、备具及冲泡法有如下概述。

（1）茶之木质（有名区、品种、制法之别）。"潮人所嗜，在产区则为武夷、安溪，在品种则为奇种、铁观音"。

（2）取水。"山水为上，江水为中，井水其下"，"潮人嗜饮之家……诣某山某坑取水，不避劳顿"。（出自陆羽《茶经》）

（3）活火。"潮人多用绞积炭"（坚硬木烧的炭），"更有（用）橄榄核炭者"。

（4）茶具。茶壶（俗名冲罐）、盖瓯（代替冲罐）、茶杯（宜小宜浅，径不及寸）、茶洗（一正二副）、茶盘、茶垫、水瓶（备烹茶）、水钵（贮水）、龙缸（容多量水）、红泥火炉、砂铫、羽扇、桐箸、茶罐、竹箸、茶桌、茶担（用于登山游水）、茶罐锡盒（共18器）。

现代工夫茶的泡法与饮法还是比较讲究功夫的，一般先用净水洗涤茶具，并点燃炉中木炭。加水入壶，放在炉上烧沸。待水开后，即以沸水淋烫茶壶、茶杯。再用沸腾热水冲入茶壶泡茶，直至沸水溢出壶口时，方用手持壶盖刮去壶口水面浮沫，再置茶壶于盘中。接着用沸水淋湿整把茶壶，以保壶内茶水温度，与此同时，取出茶杯，分别以中指抵杯脚，拇指按杯沿，将杯放于茶盘中用沸水烫杯，或将杯子放入一只盛沸水的大杯中转动烫热。随即将小杯紧靠，一字形平放在茶盘上，茶壶茶汤倾入茶杯，但倾茶时，必须巡回分次注入，使各只茶杯中的茶汤浓淡均匀。按传统工夫茶的泡法，这一过程称洒茶，"洒则各杯轮匀，又必余沥全尽，两三洒后，覆转冲罐，俾滴尽之"。"洒茶既毕，趁热，人各一杯饮之"。啜饮者趁热以拇指和食指按杯沿，中指托杯脚，举杯将茶送入鼻端，闻其香，只觉清香扑鼻；接着茶汤入口，含在口中回旋，品其味，顿觉舌有余甘。"一啜而尽，三嗅杯底"寻韵、闻香。

（四）北京的大碗茶

喝大碗茶的风尚，在汉族居住地区，随处可见，特别是在大道两旁、车船码头、半路凉亭，直至车间工地、田间劳作，都屡见不鲜。这种饮茶习俗在我国北方最为流行，尤其早年北京的大碗茶，更是闻名遐迩，如今中外闻名的北京大碗茶商场，就是由此沿袭命名的。

大碗茶多用大壶冲泡，或大桶装茶，大碗畅饮，热气腾腾，提神解渴，好生自然。这种清茶较粗犷，颇有"野味"，但它随意，不用楼、堂、馆、所，摆设也很简便，一张桌子，几条木凳，若干只粗瓷大碗便可，因此，它常以茶摊或茶亭的形式出现，主要为过往客人解渴小憩。

大碗茶由于贴近社会、贴近生活、贴近百姓，自然受到人们的称道。即便是生活条件不断得到改善和提高的今天，大碗茶仍然不失为一种重要的饮茶方式。

北京盖碗茶的表演程序和解说

北京人爱饮花茶，北京盖碗茶即以花茶（北京香片）为主要用茶，为了使来宾能品饮到自己喜爱的花茶，表演时特备有四种不同的花茶，以供来宾选择。

表演用具：印有茶德的绢帕、挂绢帕的挂架、装有四种茶叶的茶罐、盖碗、清水罐、水勺、铜炉及铜壶、水盂等。

（1）恭迎来宾。中国是文明古国，是礼仪之邦，又是茶的原产地和茶文化的发祥地。茶陪伴中华民族走过5000多年的历程。"一杯春露暂留客，两腋清风几欲仙"。客来敬茶是中华民族的优良传统。今天，我们用北京盖碗茶为大家敬上一式东方奉茶礼，祝愿大家度过一段美好时光。

（2）敬宣茶德。中国茶文化集哲学、伦理、历史、文学、艺术为一体，是东方艺术宝库中的奇葩。已故中国当代茶学泰斗庄晚芳教授将茶德归举为四项。

廉——廉俭育德。茶可以益智明思，促使人们修身养性，冷静从事。所以，茶历来是清廉、勤政、俭约、奋进的象征。

美——美真康乐。饮茶给人们带来的味美、汤美、形美、具美、情美、境美，是物质与精神的极大享受。

和——和诚相处。同饮香茗，共话友谊，能使人们在和煦的阳光下共享亲情。

敬——敬爱为人。客来敬茶的清风美俗，造就了炎黄子孙尊老爱幼、热爱和平的民族性格。

（3）精选香茗。中国茶按发酵程度可分为不发酵茶、半发酵茶和全发酵茶。北方人喜爱的花茶属于绿茶的再加工茶，又称香片。窨制香片常用茉莉花、兰花、玫瑰花、桂花等。窨制花茶要在三伏天进行，因为三伏天的茉莉花香气最浓。今天，我们准备了茉莉毛峰、茉莉珍螺、茉莉春毫、牡丹绣球四样香片，供来宾选用。

（4）理火烹泉。掌握火候，烹煮泉水。

（5）鉴赏甘霖。好茶要用好水来泡，这是爱茶人的古训。现实生活中，用泉水、纯净水等泡茶的效果也较好。古都北京有不少名泉，如延庆的珍珠泉、卧佛寺的水源头、八大处的龙泉等。今天，我们为来宾汲取了大觉寺的龙潭泉水，这种水硬度只有3度，碳酸钙含量低。用这种软水泡茶，可使茶中的有效成分充分浸出，茶汤明亮透彻，滋味鲜活干爽。

（6）摆盏备具。自西周起，茶具就从食器中分离出来，成为我国器皿中的佼佼者。这也从侧面证明了中华民族自古以来对茶的崇敬。饮茶文化推动了中国陶瓷茶业的发展，精美的陶瓷茶具又升华了中国饮茶文化。中国和茶成为代表美丽东方的一对孪生姐妹，享誉全球。

选用茶具要因茶而异，沏泡花茶要用盖碗，加碗盖有利于保持香气和清洁；茶碗呈现喇叭形状，可使饮茶人清楚地看到茶叶在碗中的形态，碗底浅可使饮茶人及时品尝到碗根处的浓酽茶汤；碗托可以护手，又可保温，更显示出古都茶文化的考究与尊严。盖、碗、托三位一体，象征着天、地、人不可分离。

（7）流云拂月。有了好茶、好水和适宜的茶具，还要讲究冲泡技艺。温盏是泡茶的重要步骤，它可以给碗升温，有利于茶汁的迅速浸出。

（8）执权投茶。北京盖碗茶讲究香醇浓酽，每碗可放干茶叶3克。投茶时，可遵照五行学说，按木、火、土、金、水五个方位一一投入，不违背茶的圣洁物性，以祈求给人类带来更多的幸福。

（9）云龙泻瀑。泡茶的水温因茶而异，冲泡花茶要用沸水。先注水少许，温润茶芽，然后再悬壶高冲，使茶叶在杯中上下翻腾，加速其溶解。一般注水七成为宜。

（10）初奉香茗。千里不同风，百里不同俗。中国是一个多民族的大家庭，饮茶习俗众多又各有千秋。江浙一带，喜欢以绿茶待客；广东、福建、台湾则爱用乌龙茶、普洱茶。富有民族特点的还有内蒙古的奶茶、云南的三道茶、湖南的擂茶等，真是五彩纷呈，美不胜收。今天，为来宾奉上茉莉珍螺茶，请品赏。

（11）陶然沁芳。在饮用盖碗茶时，用左手托住盖托，右手拿起碗盖，轻轻拂动茶汤表面，使茶汤上下均匀。待香气充分发挥后，开始闻香、观色，然后缓啜三口。三口方知味，三番才动心。之后，便可随意细品了。

（12）泉入龙潭。

（13）品评江山。对茶的品位因人而异。评茶的方法有：眼观、鼻嗅、口尝。花茶以形整、色翠、香气浓酽为好。

（14）百味凝春。在品饮之间佐以茶食，能更好地体会茶的韵味。今天，我们准备了茶点，雅号凝春，请来宾品尝。

（15）重酌酽香。茶要趁热连饮。当客人杯中尚余1/3左右的茶汤时，主人就应及时添注热水。

（16）再识佳韵。品饮花茶，以二泡的滋味最好，因茶中的有效成分已基本上充分浸出，故此时茶叶香酽浓郁，回味无穷。好花茶可以冲泡三开，三开以后，茶味已淡，不再续饮。

（17）即兴诵章。茶能清诗思，助诗兴。几千年来，古人留下了几千首茶诗，今人的茶诗也日见增多。在此，我们共同欣赏一首著名茶诗，唐代卢仝的《七碗茶歌》："一碗喉吻润，二碗破孤闷。三碗搜枯肠，惟有文字五千卷。四碗发轻汗，平生不平事，尽向毛孔散。五碗肌骨清，六碗通仙灵。七碗吃不得也，惟觉两腋习习清风生。"

（18）书画会赏。茶圣陆羽也有一首著名的茶诗《六羡歌》，抄录于今天这幅《陆羽品茗图》上。此画出自陆羽故里湖北天门志清和尚之手。也许是陆羽24岁离家后再也没有回去过的缘故吧，天门人民心中的陆羽如画中所绘——永远是年轻的。

（19）尽杯谢茶。

（20）嘉叶酬宾。为了向来宾表示敬意，我们特向来宾代表奉上一些茶叶，请笑纳。

（21）洁具收盏。

（22）茶仓归一。道家认为：万物的一生一灭都遵循着"道"的循环规律。中国茶人自唐代开始就提出了"茶道"的概念。古今茶人常把温盏、投茶、沏泡、品饮、收杯、洁具、复归，视为是一次与大自然亲近融合的历程，是茶道精神的体现。

（23）再宣茶德。

（24）致谢话别。

（五）江南水乡的"阿婆茶"

周庄的"阿婆茶"是江南水乡一种独特的茶道。男女老少围坐在一起品茗时，必须佐以当地土产腌菜、酱瓜、酥豆和糖果等茶点。吃阿婆茶以侃和品尝茶点为主，说累了、吃咸了，才喝一口茶，润润喉咙。边吃边谈，说说笑笑，有茶有点，这便是"阿婆茶"。周庄中老年妇女较常见的喝茶方式，每天分早、午、晚三道茶。阿婆（家庭主妇）们边喝茶，边做针线活，边聊家常，成为一种带有水乡风韵的家庭社交，"阿婆茶"由此命名。当然喝茶时，主人必在桌上置放几碟土制小吃以佐茶。吃阿婆茶一般由街坊邻里轮流做东，定下日期后，由东家先在家中洗涤好茶具，摆设桌椅，备好各式茶点后四处邀请茶客。客人至后，主人热情招待，天南地北、海阔天空，边谈边吃，至吃过三开后，客人方可离席，辞别时一般都约定下次吃阿婆茶的东家和时间。周庄人吃阿婆茶不但能促进睦邻关系，也是交流思想、传递信息、社交公关、文化娱乐的一种方式。

（六）浙江的熏豆茶

这是遍及杭嘉湖一带的熏豆茶，亦称烘豆茶，是中国既古老又时兴，既品茶又吃茶点的食品之一。由于此茶具有通气、开胃、健脾的功能，又有浓郁的乡土气息，吃起来香喷喷咸津津，别具一格。因此颇受海外华人和内地城乡居民的喜爱。熏豆茶的茶叶，要选用"雨前"芽茶。芽茶幼嫩成朵，色泽绿翠，冲泡后尤似兰花开放，有蕙兰清香。熏豆选用新鲜的青毛豆肉，放食盐煮熟，烘干。熏豆营养丰富，不仅是熏豆茶的当家佐料，而且还是上好的素食食品。熏豆茶佐料还有橙子皮（将剥开的橙子皮切成丝条，加少许食盐卤腌后拌拼其他佐料）、野芝麻、丁香萝卜、黄豆芽、芽蚕豆、花生仁、桂花、姜片、橄榄，还有豆腐干丝、笋干段、番薯干、酱黄瓜等。这些佐料不仅味道鲜美，橙子皮能理气化痰、健脾温胃；丁香萝卜有利胸膈肺胃、安五脏的疗效；野芝麻有下气、消痰、润肺宽肠之功能。当你探亲访友，在客家捧到一碗热气腾腾的熏豆茶，碗中碧绿的茶芽、青绿的烘豆、金黄色的橙子皮丝、洁白的豆芽和咖啡色的野芝麻，沉沉浮浮，吃起来香喷喷、咸津津、甜滋滋时一定会久久难忘。品饮熏豆茶，讲究头开闻香，二开尝味，三开过后往往连汤带茶叶、熏豆和佐料都一块吃掉；有的人还要吃也可以添加佐料，再冲茶续水再吃。风行吃熏豆茶的地方，都还流传鲜为年轻人所知的饮茶风俗，如"打茶会""阿婆茶""新家婆茶""新娘子茶""毛脚女婿茶"等，把饮茶与娶妻会友融合在一块，增添了茶的韵味。熏豆茶由于多种佐料组合，随季节变化而变化，富有乡土气息，吃起来也要有工夫。

（七）陕西、甘肃的清茶和面茶

在陕西省汉中地区西北部的略阳县、甘肃省陇中一带的民间广泛流传着用陶罐煨清茶和面茶的习俗。清茶又分为一般清茶、油炒清茶和细作清茶。若远方的贵客来临，主人一定会以最精美的细作清茶来招待客人。细作清茶的制法，沿袭古时的"茗粥"饮法，但更具当地民间特有的风情和独到的风味。用料和烹茶的程序都十分讲究：由主妇先把馍片切好，烤于火塘边；再将一只小小的陶罐煨于火边，放猪油入罐；待油溶化，随手放入一小勺面粉，同时将一枚香杏仁或一瓣核桃仁或少许瓜子仁捣碎后放入罐内，用长柄小木铲翻炒，当罐内散发出阵阵焦香气味时，即用小铲将炒熟的果油膏汁搪于罐壁，再下茶叶、花椒叶和少量食盐等，再次和拌翻炒，当罐内再次散发出茶果油面的浓烈香味时，立即加入适量的水（最好是温开水）。煮沸后，别具风味的细作罐罐清茶就制好了。再分茶于小盅内，由主人用小茶盘托着奉献给客人嗅香、品尝；主人用小火筷子将烹茶前放在火塘边上烤得焦黄的馍片盛入小瓷盘里，放在客人面前的小桌几上，供客人在饮茶时一边喝茶，一边吃馍片。这真可谓是别具风情的品茶艺术享受了。略阳山区还有一种罐罐面茶，也分为三种，当地俗称"一层楼、二层楼、三层楼"，言其茶品位有高下之分。二、三层楼的面茶，除逢年过节时才饮用外，平常只是有客人时，才制作高档面茶以示对贵客的尊敬。其制作方法是：事先一般是用核桃、豆腐、鸡蛋、肉丁、黄豆（经粉碎）、花生、粉条、油炒酥食等，分别用油加五香粉调后炒成几种不同口味的食品，分别盛于容器里，以备调茶。烹茶人这时在火塘边煨上茶罐，罐里在放入茶叶的同时，再放入少许的茶椒叶，注水煮沸后，随即再往罐里调入事先备好的稠面糊，用竹筷在罐内搅动，使之调和均匀。当面茶煮熟后，即可向客人奉茶了。何谓"层楼面茶"呢？原来是主人向客人的茶碗里先倒上一层面茶，再覆上一层（即前已备好的）美味调品，若是如此反复三次、将三种不同味道的食品调和在同一茶碗里，客人饮罢一碗茶，即是"登"上"三层楼"，品尝和接受了热情好客的略阳人独具乡土风韵的面茶和最高的奉茶礼仪了。

问题二 傣族的"竹筒茶"饮茶风俗是怎样的?

竹筒香茶是傣族人民别具风味的一种茶饮料。傣族世代生活在我国云南的南部和西南部地区,以西双版纳最为集中,这是一个能歌善舞而又热情好客的民族。

傣族喝的竹筒香茶,其制作和烤煮方法,甚为奇特,一般可分为五道程序,现分述如下。

(1)装茶:就是将采摘细嫩、再经初加工而成的毛茶,放在生长期为一年左右的嫩香竹筒中,分层陆续装实。

(2)烤茶:将装有茶叶的竹筒,放在火塘边烘烤,为使筒内茶叶受热均匀,通常每隔4~5分钟应翻滚竹筒一次。待竹筒色泽由绿转黄时,筒内茶叶也已达到烘烤适宜,即可停止烘烤。

(3)取茶:待茶叶烘烤完毕,用刀劈开竹筒,就成为清香扑鼻、形似长筒的竹筒香茶。

(4)泡茶:分取适量竹筒香茶,置于碗中,用刚沸腾的开水冲泡,经3~5分钟,即可饮用。

(5)喝茶:竹筒香茶喝起来,既有茶的醇厚高香,又有竹的浓郁清香,所以,喝起来有耳目一新之感,难怪傣族同胞,不分男女老少,人人都爱喝竹筒香茶。

问题三 藏族酥油茶饮茶风俗是怎样的?

藏族主要分布在我国西藏,在云南、四川、青海、甘肃等省的部分地区也有居住。这里地势高,有"世界屋脊"之称,空气稀薄,气候高寒干旱,他们以放牧或种旱地作物为生,当地蔬菜瓜果很少,常年以奶、肉、糌粑为主食。"其腥肉之食,非茶不消;青稞之热,非茶不解"。茶成了当地人们补充营养的主要来源,喝酥油茶便成了如同吃饭一样重要。

酥油茶是一种在茶汤中加入酥油等佐料经特殊方法加工而成的茶汤。至于酥油,乃是把牛奶或羊奶煮沸,经搅拌冷却后凝结在溶液表面的一层脂肪。而茶叶一般选用的是紧压茶中的普洱茶或金尖。制作时,先将紧压茶打碎加水在壶中煎煮20~30分钟,再滤去茶渣,把茶汤注入长圆形的打茶筒内。同时,再加入适量酥油,还可根据需要加入事先已炒熟、捣碎的核桃仁、花生米、芝麻粉、松子仁之类,最后还应放上少量的食盐、鸡蛋等。接着,用木杵在圆筒内上下抽打,根据藏族经验,当抽打时打茶筒内发出的声音由"咣当,咣当"转为"嚓,嚓"时,表明茶汤和佐料已混为一体，酥油茶才算打好了，随即将酥油茶倒入茶瓶待喝。

由于酥油茶是一种以茶为主料，并加有多种食料经混合而成的液体饮品，所以，滋味多样，喝起来咸里透香，甘中有甜，它既可暖身御寒，又能补充营养。在西藏草原或高原地带，人烟稀少，家中少有客人进门。偶尔有客人来访，可招待的东西很少，加上酥油茶的独特作用，因此，敬酥油茶便成了西藏人款待客人的珍贵礼仪。

问题四　维吾尔族的"香茶"饮茶风俗是怎样的?

主要居住在新疆天山以南的维吾尔族，他们主要从事农业劳动，主食面粉，最常见的是用小麦面烤制的馕，色黄，又香又脆，形若圆饼。进食时，总喜与香茶伴食，平日也爱喝香茶。他们认为，香茶有养胃提神的作用，是一种营养价值极高的饮品。

南疆维吾尔族煮香茶时，使用的是铜制的长颈茶壶，也有用陶质、搪瓷或铝制长颈壶的，而喝茶用的是小茶碗，这与北疆维吾尔族煮奶茶使用的茶具是不一样的。通常制作香茶时，应先将茯砖茶敲碎成小块状。同时，在长颈壶内加水七八分满加热，当水刚沸腾时，抓一把碎块砖茶放入壶中，当水再次沸腾约5分钟时，则将预先准备好的适量姜、桂皮、胡椒、芘等细末香料，放进煮沸的茶水中，经轻轻搅拌，3～5分钟即成。为防止倒茶时茶渣、香料混入茶汤，在煮茶的长颈壶上往往套有一个过滤网，以免茶汤中带渣。

南疆维吾尔族老乡喝香茶，习惯一日三次，与早、中、晚三餐同时进行，通常是一边吃馕，一边喝茶，这种饮茶方式，与其说把它看成是一种解渴的饮品，还不如把它说成是一种佐食的汤料，实是一种以茶代汤、用茶作菜之举。

 茶博士

维吾尔族的茶礼

维吾尔族是一个好客的民族，凡是家里来客人，便热情接待，并请坐在上席。给客人敬一碗茶。女主人将茶水放在托盘里端上来，先从资格最老的客人开始献茶。二碗开始由男主人敬茶，或者由专人负责随时添茶。倒茶时要顺着茶碗内边慢慢地倒，茶水不能倒满；主人给客人奉茶时，客人不要为表示客气而接壶自斟；如果不想再喝，可用手把碗口括一下，示意已喝好。按照维吾尔族的风俗，在饮茶后或吃完饭时由长者

做"都瓦"（祈祷与祝福），做"都瓦"时把两只手伸开并在一起，手心朝脸默祷几秒钟或者更长些，然后轻轻从上到下摸一下脸（这一动作在维吾尔族民间习俗里表示吉祥如意），"都瓦"就完毕了。默祷的时间根据场合的不同而定，有短有长。在做"都瓦"时不能东张西望或起立，更不能笑。待主人收拾完茶具与餐具后，客人才能离席，否则就是失礼。维吾尔族喜欢喝茯砖茶。在饮茶习惯上又因所处的地域不同而有所差别。天山以北（北疆）的维吾尔族多喝奶茶。奶茶的做法：将茶叶放入铝锅或壶里的开水中煮沸后，放入鲜牛奶或已经熬好的带奶皮的牛奶；放入的奶量以茶汤的 1/5 ～ 1/4 为宜；再加入适量的盐。奶皮茶的做法与此基本类似。此外还有人喜食甜茶，即把砂糖块放在茶水中饮用。有的家庭喜食核桃茶，将碾碎的核桃仁放入大茶碗中，以煮好的茶水冲饮，是一种营养价值极高的茶。

问题五　回族的"刮碗子"茶饮茶风俗是怎样的？

回族主要分布在我国的大西北，以宁夏、青海、甘肃三省（区）最为集中。回族居住处多在高原沙漠、气候干旱寒冷、蔬菜缺乏的地区，故以食牛羊肉、奶制品为主。而茶叶中存在的大量维生素和多酚类物质，不但可以补充蔬菜摄入的不足，而且还有助于去油除腻，帮助消化。所以，自古以来，茶一直是回族同胞的主要生活必需品。

回族饮茶，方式多样，其中有代表性的是喝刮碗子茶。刮碗子茶用的茶具，俗称"三件套"。它有茶碗、碗盖和碗托或盘组成。茶碗盛茶，碗盖保香，碗托防烫。喝茶时，一手提托，一手握盖，并用盖顺碗口由里向外刮几下，这样一则可拨去浮在茶汤表面的泡沫，二则使茶味与添加食物相融，刮碗子茶的名称也由此而生。

刮碗子茶用的多为普通炒青绿茶，冲泡茶时，除茶碗中放茶外，还放有冰糖与多种干果，诸如苹果干、葡萄干、柿饼、桃干、红枣、桂圆干、枸杞子等，有的还要加上白菊花、芝麻之类，通常多达八种，故也有人美其名曰"八宝茶"。由于刮碗子茶中食品种类较多，加之各种配料在茶汤中的浸出速度不同，因此，每次续水后喝起来的滋味是不一样的。一般说来，刮碗子茶用沸水冲泡，随即加盖，经 5 分钟后开饮，一泡以茶的滋味为主，主要是清香甘醇；二泡因糖的作用，就有浓甜透香之感；三泡开始，茶的滋味开始变淡，各种干果的味道就应运而生，具体依所添的干果而定。大抵说来，一杯刮碗子茶，能冲泡 5 ～ 6 次，甚至更多。

回族同胞认为，喝刮碗子茶次次有味，且次次不同，又能去腻生津、滋补强身，是一种甜美的养生茶。

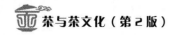

问题六　蒙古族的咸奶茶饮茶风俗是怎样的？

蒙古族主要居住在内蒙古及其边缘的一些省、区，喝咸奶茶是蒙古族人民的传统饮茶习俗。在牧区，他们习惯"一日三餐茶"，却往往是"一日一顿饭"。每日清晨，主妇的第一件事就是先煮一锅咸奶茶，供全家整天享用。蒙古族喜欢喝热茶，早上，他们一边喝茶，一边吃炒米。将剩余的茶放在微火上暖着，供随时取饮。通常一家人只在晚上放牧回家后才正式用餐一次，但早、中、晚三次喝咸奶茶一般是不可缺少的。

蒙古族喝的咸奶茶，用的多为青砖茶或黑砖茶，煮茶的器具是铁锅。制作时，先把砖茶打碎，并将洗净的铁锅置于火上，盛水 2～3 千克，烧水至刚沸腾时，加入打碎的砖茶 25 克左右。当水再次沸腾 5 分钟后，掺入奶，用量为水的 1/5 左右。稍加搅动，再加入适量盐巴。等到整锅咸奶茶开始沸腾时，才算煮好了，即可盛在碗中待饮。煮咸奶茶的技术性很强，茶汤滋味的好坏，营养成分的多少，与用茶、加水、掺奶，以及加料次序的先后都有很大的关系。如茶叶放迟了，或者加茶和奶的次序颠倒了，茶味就会出不来。而煮茶时间过长，又会丧失茶香味。蒙古族同胞认为，只有器、茶、奶、盐、温五者互相协调，才能制成咸香适宜、美味可口的咸奶茶来。为此，蒙古族妇女都练就了一手煮咸奶茶的好手艺。大凡姑娘从懂事起，做母亲的就会悉心向女儿传授煮茶技艺。当姑娘出嫁时，在新婚燕尔之际，也得当着亲朋好友的面，显露一下煮茶的本领。

问题七　侗家的"十五茶"饮茶风俗是怎样的？

十五茶流行于广西侗族自治县等地，每于农历十五夜晚，男女青年三五成群地去他村走寨，寨中的姑娘则会聚集于某个姑娘家中，待小伙子们到后以打油茶款待。喝茶前还得要先对歌，由女方问，男方答，答对者方能饮茶。女子献茶时先于一只碗上放两双筷，目的是试探小伙子是否有对象，待双方用歌对答后再行二次献茶。这时，则有碗无筷，以试探小伙子是否聪明。再次答歌后则开始三次献茶，这时一只碗上放一根筷子，是试探男方是否有情于女方，答对后再以四次献茶，这时即一只碗放一双筷子，表示成双成对，两心相印。

问题八　瑶族、侗族的"打油茶"饮茶风俗是怎样的？

居住在云南、贵州、湖南、广西毗邻地区的瑶族和这一地区的其他兄弟民族，他们世代相处，十分好客，相互之间虽习俗有别，但却都喜欢喝油茶。因此，凡在喜庆佳节，或亲朋贵客进门，总喜欢用做法讲究、佐料精选的油茶款待客人

做油茶，当地称之为打油茶。打油茶一般经过四道程序。

首先是选茶。通常有两种茶可供选用，一是经专门烘炒的末茶；二是刚从茶树上采下的幼嫩新梢，这可根据各人口味而定。

其次是选料。打油茶用料通常有花生米、玉米花、黄豆、芝麻、糯粑、笋干等，应预先制作好待用。

再次是煮茶。先生火，待锅底发热，放适量食油入锅，待油面冒青烟时，立即投入适量茶叶入锅翻炒，当茶叶发出清香时，加上少许芝麻、食盐，再炒几下，即放水加盖，煮沸 3～5 分钟，即可将油茶连汤带料起锅盛碗待喝。一般家庭自喝，这又香、又爽、又鲜的油茶已算打好了。

如果打的油茶是作庆典或宴请用的，那么，还得进行四道程序，即配茶。配茶就是将事先准备好的食料，先行炒熟，取出放入茶碗中备好。然后将油炒经煮而成的茶汤，捞出茶渣，趁热倒入备有食料的茶碗中供客人吃茶。

最后是奉茶。一般当主妇快要把油茶打好时，主人就会招待客人围桌入座。由于喝油茶是碗内加有许多食料，因此，还得用筷子相助，所以，说是喝油茶，还不如说吃油茶更为贴切。吃油茶时，客人为了表示对主人热情好客的回敬，赞美油茶的鲜美可口，称道主人的手艺不凡，总是边喝、边啜、边嚼，在口中发出"啧、啧"声响，还赞不绝口！

问题九　土家族的"擂茶"饮茶风俗是怎样的？

在湘、鄂、川、黔的武陵山区一带，居住着许多土家族同胞，千百年来，他们世代相传，至今还保留着一种古老的吃茶法，这就是喝擂茶。

擂茶，又名三生汤，是用生叶（指从茶树上采下的新鲜茶叶）、生姜和生米仁三种生原料经混合研碎加水后烹煮而成的汤，故而得名。相传三国时，张飞带兵进攻武陵壶头山（今湖南省常德境内），正值炎夏酷暑，当地正好瘟疫蔓延，张飞部下数百将士病倒，连张飞本人也不能幸免。正在危难之际，村中一位草医郎中有感于张飞部属纪律严明，秋毫无犯，便献出祖传除瘟秘方擂茶，结果茶（药）到病除。其实，茶能提神祛邪，清火明目；姜能理脾解表，去湿发汗；米仁能健脾润肺，和胃止火，所以说擂茶是一帖治病良药，是有科学道理的。

随着时间的推移，与古代相比，现今的擂茶，在原料的选配上已发生了较大的变

化。如今制作擂茶时，通常用的除茶叶外，再配上炒熟的花生、芝麻、米花等；另外，还要加些生姜、食盐、胡椒粉之类。通常将茶和多种食品，以及佐料放在特制的陶制擂钵内，然后用硬木擂棍用力旋转，使各种原料相互混合，再取出——倾入碗中，用沸水冲泡，用调匙轻轻搅动几下，即调成擂茶。少数地方也有省去擂研，将多种原料放入碗内，直接用沸水冲泡的，但冲茶的水必须是现沸现泡的。

土家族兄弟都有喝擂茶的习惯。一般人们中午干活回家，在用餐前总以喝几碗擂茶为快。有的老年人倘若一天不喝擂茶，就会感到全身乏力，精神不爽，视喝擂茶如同吃饭一样重要。不过，倘有亲朋进门，那么，在喝擂茶的同时，还必须设有几碟茶点。茶点以清淡、香脆食品为主，诸如花生、薯片、瓜子、米花糖、炸鱼片之类，以平添喝擂茶的情趣。

茶博士

客家人的擂茶

除了土家族，擂茶更是客家人的特制饮品，其制作与风味别具特色。赣南、闽西、粤东、湘中、湘南、川北、台湾、香港等地的客家擂茶，是一枝独秀的奇葩；其以古朴见奇趣，以保健见奇效，自古闻名遐迩。客家人热情好客，以擂茶待客更是传统的普遍的礼节，无论是婚嫁喜庆，还是亲朋好友来访，即请喝擂茶。客家人制擂茶，以妇女见长。

"擂"茶的用具是擂持和擂钵。前者取一握粗的樟、楠、枫、茶等可食杂木，长短0.6米～1.3米尺不拘，上端刻环钩系绳悬挂，下端刨圆便于擂转；后者乃内壁布满辐射状沟纹而形成细牙的特制陶盆，有大有小，呈倒圆台状。擂茶的基本原料是茶叶、米、芝麻、黄豆、花生、盐及橘皮，有时也加些青草药。茶叶其实不全是茶叶，可充当茶叶的品种很多，除采用老茶树叶外，更多的是采摘许多野生植物的嫩叶，如山梨叶、大青叶、中药称淮山的雪薯叶等，不下十余种。经洗净、焖煮、发酵、晒干等工序而大量制备，常年取用。加用药草则随季节气候不同而有所变换，如春夏温热，常用艾叶、薄荷、细叶金钱、斑笋菜等鲜草；秋季风燥，多选金盏菊或白菊花；冬天寒冷，可用竹叶椒或肉桂。原料备好，同置钵中。一般是坐姿操作，左手协助或仅用双腿夹住擂钵，右手或双手紧握擂持，以其圆端沿擂钵内壁成圆周频频擂转，直到原料擂成酱状茶泥，冲入滚水，撒些碎葱，便成为日常的饮品。相传擂茶起源于中原人将青草药擂烂冲服的"药饮"，客家先民在流迁过程中，艰辛劳作，容易

"上火"，为防止"六淫"致病，经常采集清热解毒的青草药制药饮，江南可供采用的药草很多，"茶"就是其中的一味。茶有清热、解暑、止渴、生津等多种功效，所以成了药饮必不可少的用料。后又有人在药饮中添加一些食物，便改良成了乡土味极浓的家常食饮。劳动归来，美美地享用一碗，甘醇的清流沁人心脾。如果用来淘饭，一股馨香，格外爽口。逢有普通客到，一勺笋饭，一把炒豆，搅入茶中，便可以招待。令人称绝的是擂茶不排斥任何"馐料"，几乎所有的食物都可加入，可荤可素，可粗可精。农家取材，极为方便。豆、米、花生、粉条、干果之类应先煮熟，连水冲入；菇、笋、香料和肉类应另行炒熟再加；芝麻、米花则可直接撒入茶中。用勺搅匀，即成佳品。既可解渴，又可充饥，用以待客，经济实惠。客家人热情好客，吃擂茶往往见者有份，越吃人越多，客人吃了一碗又一碗，主人添满这碗舀那碗，欢声笑语，彼此间感情得以充分交流。

斗转星移，历史变迁。如今擂茶在许多地方都消失了，可将乐地区还保存着这一古代饮食习俗，并赋予其浓郁的地方风情。将乐擂茶的主要工具是：擂钵，以陶土烧制而成，内径一尺左右，呈倒置的圆台形，内有沟状坚纹；擂杆，由山茶树干制成，长2尺许；笊篱，即竹编的捞瓢，供捞去渣滓用。

擂茶的用料很讲究，主要是雪白饱满的芝麻，芳香袭人的绿茶，间以花生果、橘皮、甘草等。

擂茶的制作方法独特。先把芝麻、茶叶等原料，放置擂钵内用擂杆细细研磨，待磨成浆状，即用滚烫的开水冲泡，然后以笊篱捞去渣滓，甘润芳香、白如琥珀、清爽可口的擂茶就制成了。

将乐擂茶品种繁多。它可因四季气候的变化、人体状况的不同而制作，既有去乏解渴的功用，也有防病健身的疗效。据中医验证，常喝擂茶，有防风祛寒、清肝明目、润肺健胃等功效。配料稍加变化，则妙用无穷。加鱼腥草、藿香、陈皮等擂成的，能祛湿防暑，曰防暑擂茶；加上凤尾车、佩兰叶、铜钱草等擂成的，具有清热解毒的功效，曰清热擂茶。凡此种种，不一而足。

请喝擂茶是将乐传统的社交手段。每过婚嫁寿诞、乔迁之喜、亲朋聚会、邻里串门，常以擂茶相待。谁家子女高考中榜，家长便会请老师到家喝擂茶。大碗敬，小碗添，以示不忘导师栽培的深情。擂茶席上，一般还有糖果、饼干、瓜子、花生等松、甜、香、脆的佐茶食品。

一场擂茶席，就是一幅淳朴的风俗书。一张张桌子排开来，男女老少团团围坐。这边客人喝着茶，说今论古，谈笑风生；那边女主人手持擂杖，在擂钵内有节奏地旋转擂动，时而像高山流水，时而似鸾凤和鸣，构成一幅立体的民俗风情图。

中国是茶的故乡，中国的茶文化源远流长。而将乐擂茶作为一种古老而独特的沏饮方式，倍受人们的喜爱，被称为"古代茶文化的孑遗"。

问题十　白族的"三道茶"饮茶风俗是怎样的？

白族散居在我国西南地区，主要分布在风光秀丽的云南大理，这是一个好客的民族，大凡在逢年过节、生辰寿诞、男婚女嫁、拜师学艺等喜庆日子里，或是在亲朋宾客来访之际，都会以"一苦、二甜、三回味"的三道茶款待。

制作三道茶时，每道茶的制作方法和所用原料都是不一样的。

一道茶，称之为"清苦之茶"。寓意做人的哲理："要立业，就要先吃苦"。制作时，先将水烧开。再由司茶者将一只小砂罐置于文火上烘烤。待罐烤热后，随即取适量茶叶放入罐内，并不停地转动砂罐，使茶叶受热均匀，待罐内茶叶"啪啪"作响，叶色转黄，发出焦糖香时，立即注入已经烧沸的开水。少顷，主人将沸腾的茶水倾入茶盅，再用双手举盅献给客人。由于这种茶经烘烤、煮沸而成，因此，看上去色如琥珀，闻起来焦香扑鼻，喝下去滋味苦涩，故而谓之苦茶，通常只有半杯，一饮而尽。

二道茶，称之为"甜茶"。当客人喝完一道茶后，主人重新用小砂罐置茶、烤茶、煮茶，与此同时，还得在茶盅中放入少许红糖，待煮好的茶汤倾入盅内八分满为止。这样沏成的茶，甜中带香，甚是好喝，它寓意"人生在世，做什么事，只有吃的了苦，才会有甜香来"。

三道茶，称之为"回味茶"。其煮茶方法虽然相同，只是茶盅中放的原料已换成适量蜂蜜、少许炒米花、若干粒花椒、一撮核桃仁，茶汤容量通常为六、七分满。饮三道茶时，一般是一边晃动茶盅，使茶汤和佐料均匀混合；一边口中"呼呼"作响，趁热饮下。这杯茶，喝起来甜、酸、苦、辣，各味俱全，回味无穷。它告诫人们：凡事要"回味"，切记"先苦后甜"的哲理。

问题十一　纳西族的"龙虎斗"和"盐茶"饮茶风俗是怎样的？

纳西族主要居住在风景秀丽的云南省丽江地区，这是一个喜爱喝茶的民族。他们平日爱喝一种具有独特风味的"龙虎斗"。此外，还喜欢喝盐茶。

纳西族喝的龙虎斗，制作方法也很奇特，首先用水壶将水烧开。另选一只小陶罐，放上适量茶，连罐带茶烘烤。为免使茶叶烤焦，还要不断转动陶罐，使茶叶受热均匀。待茶叶发出焦香时，向罐内冲入开水，烧煮3～5分钟。同时，准备茶盅，再放上半盅白酒，将白酒点燃，任其燃烧几分钟，然后将煮好的茶水冲进盛有白酒的茶盅内。这时，茶盅内会发出"啪啪"的响声，纳西族同胞将此看作是吉祥的征兆。声音愈响，在场者就愈高兴。纳西族认为龙虎斗还是治感冒的良药，因此，提倡趁热喝下。如此喝茶，香高味釅，提神解渴，甚是过瘾！

纳西族喝的盐茶原料为当地生产的紧茶或饼茶，茶具为小瓦罐和瓷杯，方法是先将紧压茶捣碎放入瓦罐，把罐移向火塘烤烘，至茶叶发出"劈啪"响声和焦香气味，缓缓冲入开水，再煮 5 分钟，然后把捆扎的盐巴投入茶汤中，抖动几下移去，使茶汤略有盐味，即可移出火塘，把茶汁分倒在瓷杯中，太浓时再加开水冲淡饮用。

问题十二　崩龙族的"水茶"饮茶风俗是怎样的？

崩龙族是住在云南西部的少数民族，过去称为"德昂族"，崩龙族对于茶很尊重，不仅喝茶而且嚼茶。水茶的做法是将茶树上采下来的鲜嫩茶叶经日晒萎凋后，拌上盐巴，装入小竹篓，一层层压紧，约一周后即成可嚼食的水茶。这种茶清香可口，带有咸味，能解渴消食。吃茶的方法很特别，是直接将茶放进嘴里咀嚼，又因为制法特别，水茶又叫腌茶。

问题十三　哈萨克族的"奶茶"饮茶风俗是怎样的？

主要居住在新疆天山以北的哈萨克族，还有居住在这里的维吾尔族、回族等兄弟民族，茶在他们的生活中占有很重要的地位，把它看成与吃饭一样重要。他们的体会是"一日三餐有茶，提神清心，劳动有劲；三天无茶落肚，浑身乏力，懒得起床"。

哈萨克族煮奶茶使用的器具，通常用的是铝锅或铜壶，喝茶用的大茶碗。煮奶时，先将茯砖茶打碎成小块状。同时，盛半锅或半壶水加热沸腾，随后抓一把碎砖茶入内，待煮沸 5 分钟左右，加入牛（羊）奶，用量约为茶汤的 1/5。轻轻搅动几下，使茶汤与奶混合，再投入适量盐巴，重新煮沸 5 ～ 6 分钟即成。讲究的人家，也有不加盐巴而加糖和核桃仁的。这样才算把一锅（壶）热乎乎、香喷喷、油滋滋的奶茶煮好了，便可随时供饮。

北疆兄弟民族习惯一日早、中、晚三次喝奶茶，中老年还得上午和下午各增加一次。如果有客从远方来，那么，主人就会立即迎客入帐，席地围坐。好客的女主人当即在地上铺一块洁净的白布，献上烤羊肉、馕（一种用小麦面烤制而成的饼）、奶油、蜂蜜、苹果等，再奉上一碗奶茶。如此，一边谈事叙谊，一边喝茶进食，饶有风趣。

喝奶茶对初饮者来说，会感到滋味苦涩而不大习惯，但只要在高寒，缺蔬菜，食奶、肉的北疆住上十天半月，就会感到喝奶茶实在是一种补充营养和去腻消食不可缺少的饮品。

问题十四　苗族的"虫茶"饮茶风俗是怎样的？

虫茶是湖南城步苗族自治县长安乡长安村的著名土特产，已有200年的历史。相传清代乾隆年间，当地横岭峒一带的少数民族起义，被清军镇压后逃往深山。因一时无食物可充饥，无奈即采灌木丛中的苦茶枝鲜叶为食，始食时感苦涩，食后觉回味甘甜，遂大量采摘，并用箩筐和木桶等储存起来。不料几个月后，苦茶枝被一种浑身乌黑的虫子吃光了，箩筐中、桶中只剩下一些呈黑褐色、似油菜籽般细小的渣滓和虫屎，人们惋惜之余，走投无路，被逼无奈，只得试探性地将残渣和虫屎都放进竹筒中，冲入沸水，只见顷刻间，泡浸出的褐红色茶汁，竟清香甜美，欣喜之下饮之，觉分外舒适可口，且清香甜美。从此，当地的苗族同胞们便刻意将苦茶枝叶喂虫，再用虫屎制成虫茶，成为苗寨的一大特色，至今风行。今日人们如到苗寨旅游，仍可品尝到风味独特的"苗族虫茶"。

居住在鄂西、湘西、黔东北一带的苗族，以及部分土家族同胞，有喝油茶汤的习惯。他们说："一日不喝油茶汤，满桌酒菜都不香。"倘有宾客进门，他们更会用香脆可口、滋味无穷的八宝油茶汤款待。八宝油茶汤的制作比较复杂，先将玉米（煮后晾干）、黄豆、花生米、团散（一种米面薄饼）、豆腐干丁、粉条等分别用茶油炸好，分装入碗待用。

接着是炸茶，特别要把握好火候，这是制作的关键步骤。具体做法是放适量茶油在锅中，待锅内的油冒出青烟时，放入适量茶叶和花椒翻炒，待茶叶色转黄发出焦糖香时，即可倾水入锅，再放上姜丝。一旦锅中水煮沸，再徐徐掺入少许冷水，等水再次煮沸时，加入适量食盐和少许大蒜、胡椒之类，用勺稍加拌动，随即将锅中茶汤连同佐料，一一倾入盛有油炸食品的碗中，这样就算把八宝油茶汤制好了。

待向客人敬油茶汤时，大凡有主妇用双手托盘，盘中放上几碗八宝油茶汤，每碗放上一只调匙，彬彬有礼地敬奉给客人。这种油茶汤，由于用料讲究，制作精细，一碗到手，清香扑鼻，沁人肺腑。喝在口中，鲜美无比，满嘴生香。它既解渴，又饱肚，还有特异风味，是我国饮茶技艺中的一朵奇葩。

问题十五　彝族的"罐罐茶"饮茶风俗是怎样的？

住在我国西北，特别是甘肃一带的一些苗族、彝族同胞有喝罐罐茶的嗜好。每当走进农家，只见堂屋地上挖有一口大塘（坑），烧着木柴，或点燃炭火，上置一把水壶。清早起来，主妇就会赶紧熬起罐罐茶来。这种情况，尤以六盘山区一带的兄弟民族中最为常见。

喝罐罐茶，以喝清茶为主，少数也有用油炒或在茶中加花椒、核桃仁、食盐之类的。

罐罐茶的制作并不复杂，使用的茶具，通常一家人一壶（铜壶）、一罐（容量不大的土陶罐）、一杯（有柄的白瓷茶杯），也有一人一罐一杯的。熬煮时，通常是将罐子围放在壶四周火塘边上，倾上壶中的开水半罐，待罐内的水重新煮沸时，放上茶叶8～10克，使茶、水相融，茶汁充分浸出，再向罐内加水至八分满，直到茶叶又一次煮沸时，才算将罐罐茶煮好了，即可倾汤入杯开饮。也有些地方先将茶烘烤或油炒后再煮，目的是增加焦香味；也有的地方，在煮茶过程中，加入核桃仁、花椒、食盐之类的。但不论何种罐罐茶，由于茶的用量大，煮的时间长，所以，茶的浓度很高，一般可重复煮3～4次。

由于罐罐茶的浓度高，喝起来有劲，会感到又苦又涩，好在倾入茶杯中的茶汤每次用量不多，不可能大口大口地喝下去。但对当地少数民族而言，因世代相传，也早已习惯成自然了。

喝罐罐茶还是当地迎宾接客不可缺少的礼俗，倘有亲朋进门，他们就会一同围坐在火塘边，一边熬制罐罐茶，一边烘烤马铃薯、麦饼之类，如此边喝酽茶、边嚼香食，可谓野趣横生。当地的彝族同胞认为，喝罐罐茶至少有四大好处：提精神、助消化、去病魔、保健康！

问题十六　瑶族、壮族的"咸油茶"饮茶风俗是怎样的？

瑶族、壮族主要分布在广西，毗邻的湖南、广东、贵州、云南等山区也有部分分布。瑶族的饮茶风习很奇特，都喜欢喝一种类似菜肴的咸油茶，认为喝油茶可以充饥健身、祛邪去湿、开胃生津，还能预防感冒，对一个多居住在山区的民族而言，咸油茶实在是一种健身饮品。

做咸油茶时，很注重原料的选配。主料茶叶，首选茶树上生长的鲜嫩新梢，采回后，经沸水烫一下，再沥干待用。配料常见的有大豆、花生米、糯粑、米花之类，制作讲究的还配有炸鸡块、爆虾子、炒猪肝等。另外，还备有食油、盐、姜、葱或韭等佐料。制咸油茶，先将配料或炸，或炒，或煮，制备完毕，分装入碗。尔后起油锅，将茶叶放在油锅中翻炒，待茶色转黄，发出清香时，加入适量姜片和食盐，再翻动几下，随后加水煮沸 3 ～ 4 分钟，待茶叶汁水浸出后，捞出茶渣，再在茶汤中撒上少许葱花或韭段。稍时，即可将茶汤倾入已放有配料的茶碗中，并用调匙轻轻地搅动几下，这样才算将香中透鲜、咸里显爽的咸油茶做好了。

由于咸油茶加有许多配料，所以，与其说是一碗茶，还不如说它是一道菜。如此一来，有些深感自己制作手艺不高的家庭，每当贵宾进门时，还得另请村里的做咸油茶的高手操作。又由于咸油茶，是一种高规格的礼仪。因此，按当地风俗，客人喝咸油茶，一般不少于三碗。

问题十七　基诺族的"凉拌茶和煮茶"饮茶风俗是怎样的?

基诺族主要分布在我国云南西双版纳地区，尤以景洪为最多。他们的饮茶方法较为罕见，常见的有两种，即凉拌茶和煮茶。

凉拌茶是一种较为原始的食茶方法，它的历史可以追溯到数千年以前。此法以现采的茶树鲜嫩新梢为主料，再配以黄果叶、辣椒、食盐等佐料而成，一般可根据各人的爱好而定。

做凉拌茶的方法并不复杂，通常先将从茶树上采下的鲜嫩新梢，用洁净的双手捧起，稍用力搓揉，使嫩梢揉碎，放入清洁的碗内；再将黄果叶揉碎，辣椒切碎，连同食盐适量投入碗中；最后，加上少许泉水，用筷子搅匀，静置15分钟左右，即可食用。

基诺族的另一种饮茶方式，就是喝煮茶，这种方法在基诺族中较为常见。其方法是先用茶壶将水煮沸，随即在陶罐取出适量已经加工过的茶叶，投入到正在沸腾的茶壶内，经 3 分钟左右，当茶叶的汁水已经溶解于水时，即可将壶中的茶汤注入竹筒，供人饮用。竹筒，基诺族既用它当盛具，劳动时可盛茶带到田间饮用；又用它作饮具。因它一头平，便于摆放，另一头稍尖，便于用口吮茶，所以，就地取材的竹筒便成了基诺族喝煮茶的重要器具。

问题十八　佤族的"烧茶和铁板烧茶"饮茶风俗是怎样的?

佤族主要分布在我国云南的沧源、西盟等地，在澜沧、孟连、耿马、镇康等地也有部分居住。他们自称"阿佤""布饶"，至今仍保留着一些古老的生活习惯，喝烧茶就是一种流传久远的饮茶风俗。

佤族的烧茶，冲泡方法很别致。通常先用茶壶将水煮开。与此同时，另选一块清洁的薄铁板，上放适量茶叶，移到烧水的火塘边烘烤。为使茶叶受热均匀，还得轻轻抖动铁板。待茶叶发出清香，叶色转黄时，随即将茶叶倾入开水壶中进行煮茶。约 3 分钟后，即可将茶置入茶碗，以便饮用。

如果烧茶是用来敬客的，通常得由佤族少女奉茶敬客，待客人接茶后，主人方可开始喝茶。

佤族的铁板烧茶不同于烤茶。其做法是先烧开一壶水，在火塘上架一块铁板，将茶叶放在铁板上烤至焦黄，然后把烤好的茶叶放入壶内煮 3 ~ 5 分钟，倒入茶碗中饮用，烧一次茶，煮一次水，现烧现饮。这种茶苦中回甘，带有一种浓烈的焦香味。

问题十九　拉祜族的"烤茶"饮茶风俗是怎样的？

拉祜族主要分布在云南澜沧、孟连、沧源、耿马、勐海一带。在拉祜语中，称虎为"拉"，将肉烤香称之为"祜"，因此，拉祜族被称之为"猎虎"的民族。饮烤茶是拉祜族古老、传统的饮茶方法，至今仍在普遍延用。

饮烤茶通常分为四个操作程序进行。

（1）装茶抖烤：先将小陶罐在火塘上用文火烤热，然后放上适量茶叶抖烤，使茶叶受热均匀，待茶叶叶色转黄，并发出焦糖香时为止。

（2）沏茶去沫：用沸水冲满盛茶的小陶罐，随即泼去上部浮沫，再注满沸水，煮沸 3 分钟后待饮。

（3）倾茶敬客：将罐内烤好的茶水倾入茶碗，奉茶敬客。

（4）喝茶啜味：拉祜族兄弟认为，烤茶香气足，味道浓，能振精神，才是上等好茶。因此，拉祜族喝烤茶，总喜欢热茶啜饮。

问题二十　景颇族的"腌茶"饮茶风俗是怎样的？

居住在云南省德宏地区的景颇族、德昂族等兄弟民族，至今仍保持着一种以茶作菜的食茶方法。

腌茶一般在雨季进行，所用的茶叶是不经加工的鲜叶。制作时，姑娘们首先将从茶树上采回的鲜叶，用清水洗净，沥去鲜叶表面附着的水后待用。

腌茶时，先将鲜叶摊晾，使其失去少许水分，而后稍加搓揉，再加上辣椒、食盐适量拌匀，放入罐或竹筒内，层层用木棒舂紧，将罐（筒）口盖紧，或用竹叶塞紧。静置二、三个月，至茶叶色泽开始转黄，就算将茶腌好。

腌好的茶从罐内取出晾干，然后装入瓦罐，随食随取。讲究一点的，食用时还可拌些香油，也有加蒜泥或其他佐料的。

问题二十一　哈尼族的"土锅茶"饮茶风俗是怎样的？

哈尼族主要居住在云南的红河、西双版纳地区，以及江城、澜沧、墨江、元江等地，有"和尼""布都""爱尼""卡多"等不同的名称。喝土锅茶是哈尼族的嗜好，这是一种古老而简便的饮茶方式。

哈尼族煮土锅茶的方法比较简单，一般凡有客人进门，主妇先用土锅（或瓦壶）将水烧开，随即在沸水中加入适量茶叶，待锅中茶水再次煮沸3分钟后，将茶水倾入用竹制的茶盅内，一一敬奉给客人。平日，哈尼族同胞也总喜欢在劳动之余，一家人喝茶叙家常，以享天伦之乐。

问题二十二　傈僳族的"油盐茶"饮茶风俗是怎样的？

傈僳族，唐代称其为"傈蛮"或"栗粟"，明清时称其为"力"或"栗粟"，主要聚居在云南的怒江，散居于云南的丽江、大理、迪庆、楚雄、德宏，以及四川的西昌等地，这是一个质朴而又十分好客的民族，喝油盐茶是傈僳人民广为流传的一种古老的饮茶方法。

傈僳族喝的油盐茶，制作方法奇特，首先将小陶罐在火塘（坑）上烘热，然后在罐内放入适量茶叶在火塘上不断翻滚，使茶叶烘烤均匀。待茶叶变黄，并发出焦糖香时，加上少量食油和盐。稍时，再加水适量，煮沸2～3分钟，就可将罐中茶汤倾入碗中待喝。

油盐茶因在茶汤制作过程中，加入了食油和盐，所以，喝起来"香喷喷、油滋滋、咸兮兮，既有茶的浓醇，又有盐的回味"，傈僳族同胞常用它来招待客人，也是家人团聚喝茶的一种生活方式。

问题二十三　布朗族的"青竹茶"饮茶风俗是怎样的？

布朗族主要分布在我国云南西双版纳，以及临沧、澜沧、双江、景东、镇康等地的部分山区，喝青竹茶是一种方便而又实用的饮茶方法，一般在离开村寨务农或进山狩猎时饮用。

布朗族喝的青竹茶，制作方法较为奇特，首先砍一节碗口粗的鲜竹筒，一端削尖，插入地下，再向筒内加上泉水，当作煮茶器具。然后，找些干枝落叶，当作烧料点燃于竹筒四周。当筒内水煮沸时，随即加上适量茶叶，待3分钟后，将煮好的茶汤倾入事先已削好的新竹罐内，便可饮用。竹筒茶将泉水的甘甜、青竹的清香、茶叶的浓醇融为一体，所以，喝起来别有风味，久久难忘。

问题二十四 傈尼族的"土锅茶"饮茶风俗是怎样的？

傈尼族是属于哈尼族的支系，居住在云南省勐海县南糯山下，喜欢饮土锅茶。土锅茶的傈尼族语称为"绘兰老泼"，"老泼"就是指茶叶。土锅茶的制法是：以大土锅盛山泉水烧开，放入南糯山所产的南糯白毫，约煮五六分钟，将茶汤舀入竹子制成的茶盅内饮用。相传南糯山的那棵老茶树就是傈尼族人所种植的。

问题二十五 裕固族的"摆头茶"饮茶风俗是怎样的？

裕固族分布在甘肃省河西走廊中部和祁连山北麓，主要从事牧业生产，饮食中以糌粑、酥油、乳制品为主。裕固族牧民饮用的摆头茶，又称为酥油炒面茶，是在熬的很浓的砖茶汁中，加入炒面、酥油、牛奶、盐、奶酪皮等，用筷子搅成糊状后饮用。由于他们在喝茶时，碗在手中从左到右不停地转动，一边转一边用嘴有节奏地往碗里吹气，开始是吹几口喝一口，后来是吹一口喝一口，因为一吹一摆头的动作很特别，所以人们就称之为摆头茶。

裕固族牧民每日三茶一饭，与其他游牧民族相似，只有晚餐正式吃饭。裕固族热情好客，客人来访时，主人都会穿上民族服装，双手托着装满酥油炒面茶的茶碗，在客人面前放声高唱献茶歌，歌声完毕客人才可以双手将茶碗接过来饮用。摆头茶所用的材料大都是湖南的茯砖茶。首先以铁锅把茶水烧开，然后把捣碎的茯砖茶倒入锅中熬煮到非常浓稠后再调入牛奶、食盐，以勺子反复搅匀，在瓷碗中放上酥油、炒面、奶酪皮等，将调好的奶茶加入瓷碗中就可成为酥油炒面茶。

裕固族早茶是一般的酥油炒面茶，即是早餐。中午还是这种茶，不过在喝茶的同时，吃些炒面或烫面烙饼，这是午餐。下午再喝一次酥油炒面茶，晚上一家人放牧回来后，在一起吃顿饭，晚餐一般吃揪面片、米饭、米粉、烤馍、烤花卷等。

任务二 熟悉世界各国饮茶习俗

随着东西方文化的交流，世界各地出现了形形色色的饮茶习俗，逐渐形成了全球性的茶文化。全世界有一百多个国家和地区的居民都喜爱品茗，有的地方把品茗作为一种艺术享受来推广。各国的饮茶方法并不相同，各有千秋。

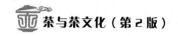

问题一　日本的饮茶风俗是怎样的？

日本人饮茶已有悠久的历史，并逐渐形成了"茶道"，讲究一点儿的人家都设有茶室。人们每次聚会，客人都会先到距茶室不远的一个小休息室敲击木钟以通报主人。主人得知客人已到的信息后，跪坐在茶室门口，客人经过门口时，要先用门口旁边的石臼中的清水洗手，然后脱鞋，进入茶室，主人则最后才进入茶室，和客人鞠躬行礼，寒暄之后，主人开始煮茶。这时客人要退出茶室，到后面花园或石子路走走，让主人自由、从容地准备茶具、煮茶、泡茶。主人泡好茶以后，敲钟让客人再回茶室，然后开始一起饮茶，饮完茶以后，主人还要跪坐在门外，向客人一一祝福道别。

问题二　印度的饮茶风俗是怎样的？

印度人喜欢饮用马萨拉茶。其制作方法是在红茶中加入姜和小豆蔻。虽然马萨拉茶的制作非常简单，但是喝茶的方式却颇为奇特，茶汤调制好后，不是斟入茶碗或茶杯里，而是斟入盘子里，不是用嘴去喝，也不是用吸管吸饮，而是伸出又红又长的舌头去舔饮，故当地人称之为舔茶。

问题三　斯里兰卡的饮茶风俗是怎样的？

斯里兰卡的居民酷爱喝浓茶，茶叶又苦又涩，他们却觉得津津有味。该国红茶畅销世界各地，在首都科伦坡有经销茶叶的大商行，设有试茶部，由专家凭舌试味，再核等级和价格。

问题四　俄罗斯的饮茶风俗是怎样的？

俄罗斯人喜欢喝红茶，他们先在茶壶里泡上浓浓的一壶，要喝时倒少许在茶杯里，然后冲上开水，随各人习惯，调上浓淡不一的味道。有客人来时，茶壶里的浓茶一倒，开水一冲，再在茶中加入果酱或蜂蜜，冲成果酱茶，即可尽情而饮。

问题五　泰国的饮茶风俗是怎样的？

泰国人喜爱在茶水里加冰，一下子就冷却了，甚至冰冻了，这就是冰茶。在泰国，当地茶客不饮热茶，要饮热茶的通常是外来的客人。

泰国北部山区的人民有食腌茶的习俗。这一带气候温暖，雨量充沛，野生茶树多。由于交通不便，制茶技术落后，只能自制自销腌茶。腌茶是一种菜肴，嚼食，其制作方法与我国云南的腌茶一模一样，是从我国云南南部传过去的，一般在雨季腌制。腌茶的吃法奇特，将香料与腌茶充分拌和以后，放进嘴里细嚼，又香又清凉。每年，这一带要制这种腌茶四千吨左右，供本地人食用。

问题六 英国的饮茶风俗是怎样的？

茶是英国人普遍喜爱的饮品，80%的英国人每天饮茶，茶叶消费量约占各种饮品总消费量的一半。英国本土不产茶，而茶的人均消费量占全球首位，因此，茶的进口量长期遥居世界一。

英国饮茶，始于17世纪中期，1662年葡萄牙凯瑟琳公主嫁与英国查尔斯二世，饮茶风尚带入皇家。凯瑟琳公主视茶为健美饮品，其因嗜茶、崇茶而被人称为饮茶皇后，由于她的倡导和推动，使饮茶之风在朝廷盛行起来，继而又扩展到王公贵族和豪门世家及至普通百姓。

英国人好饮红茶，特别崇尚汤浓味醇的牛奶红茶和柠檬红茶，伴随而来的还有反映西方色彩的茶歌、茶座、茶会以及饮茶舞会等。目前，英国人喝茶，多数在上午10时～下午5时进行。倘有客人进门通常也只有在这段时间内才有用茶敬客之举。他们特别注重午后饮茶，其源始于18世纪中期。因英国人重视早餐，轻视午餐，直到晚上8时以后才进晚餐。由于早晚两餐之间时间长，使人有疲惫饥饿之感。为此，英国公爵斐德福夫人安娜，就在下午5时左右请大家品茗用点以提神充饥，深得赞许。久而久之，午后茶逐渐成为一种风习，一直延续至今。如今在英国的饮食场所、公共娱乐场所等都有供应午后茶的。在英国的火车上，还备有茶篮，内放茶、面包、饼干、红糖、牛奶、柠檬等，供旅客饮午后茶用。午后茶实质上是一餐简化了的茶点，一般只供应一杯茶和一碟糕点，只有招待贵宾时，内容才会丰富。

 茶博士

正统英式维多利亚下午茶基本礼仪

喝下午茶的最正统的时间是下午四点钟（就是一般俗称的 Low Tea）。

在维多利亚时代，男士着燕尾服，女士则着长袍。现在每年在白金汉宫的正式下午茶会，男士则仍着燕尾服，戴高帽及手持雨伞；女士则穿洋装，且一定要戴帽子。

通常是由女主人着正式服装亲自为客人服务，以表示尊重，非不得已才请女佣

协助。

一般来讲，下午茶的专用茶为大吉岭与伯爵茶、锡兰茶，传统口味纯味茶，若是喝奶茶，则是先加牛奶再加茶。

正统的英式下午茶的点心是用三层点心瓷盘装盛，第一层放三明治，第二层放传统英式点心Scone，第三层则放蛋糕及水果塔，由下往上来回吃。至于Scone的吃法是先涂果酱，再涂奶油，吃完一口，再涂下一口。

这是一种绅士淑女风范的礼仪，最重要的是当时因茶几乎仰赖中国的输入，英国人对茶品有着无与伦比的热爱与尊重，因此在喝下午茶的过程中难免流露出严谨的态度。甚至，为了预防茶叶被偷，还有一种上了锁的茶柜，每当下午茶时间到了，才委托女佣取钥匙开柜取茶。

正统英式维多利亚下午茶标准配备器具：瓷器茶壶（两人壶、四人壶或六人壶，视招待客人的数量而定）；滤匙及放筛检程式的小碟子；杯具组；糖罐；奶盅瓶；三层点心盘；茶匙（茶匙正确的摆法是与杯子成45°角）；七吋个人点心盘；茶刀（涂奶油及果酱用）；吃蛋糕的叉子；放茶渣的碗；餐巾；一盆鲜花；保温罩；木头托盘（端茶品用）。另外，蕾丝手工刺绣桌巾或托盘垫是维多利亚下午茶很重要的配备，因为象征着维多利亚时代贵族生活的重要家饰物。

喝茶的摆设要优雅，正统英式下午茶所使用的茶以红茶中的香槟——大吉岭红茶为首选，或伯爵茶，不过演变至今连加味茶都有。就英国正式的下午茶来说，对于茶桌的摆饰、食具、茶具、点心盘等都非常讲究，道具包括茶杯、茶匙、茶刀、茶碟、茶盘（装点心）、叉子、糖罐、奶盅瓶、餐巾等，及茶壶、漏勺、三明治盘共用，将这些食具摆在圆桌上，桌巾亦可选择带刺绣或蕾丝花边的，再放首优美的音乐，此时下午茶的气氛便营造出来了。有了这些气氛更要有优美的装饰来点缀，在摆设时可用花、漏斗、蜡烛、照片或在餐巾纸上绑上缎花等，都是很好的装饰方式，不过现在的下午茶用具已经简化不少，很多繁冗的细节就不再那么注重了。

问题七　美国的饮茶风俗是怎样的？

美国人饮茶，讲求效率、方便，不愿为冲泡茶叶、倾倒茶渣而浪费时间和动作，他们似乎也不愿在茶杯里出现任何茶叶的痕迹，因此，喜欢喝速溶茶，这与喝咖啡的原理几乎一样。所以，美国至今竟仍有不少人对茶叶只知其味，不知其物。在美国，茶消耗量占第二位，仅次于咖啡，不过不是中国式的，而是欧洲风味的。欧洲饮茶也有很长的历史，一些人移民到美国后，习惯也带了过去。美国市场上的中国乌龙茶、绿茶等有上百种，但多是罐装的冷饮茶。美国人与中国人饮茶不同，大多数人喜欢饮冰茶，而不是热茶。饮用时，先在冷饮茶中放冰块，或事先将冷饮茶放入冰箱冰好，闻之冷香沁鼻，啜饮凉齿爽口，顿觉胸中清凉，如沐春风。遗憾的是，由于这茶以凉饮为主，便没有中国茶沏出的那种样式，那种温馨，那种悠闲，喝茶的情调也大打折扣。

问题八　土耳其的饮茶风俗是怎样的？

土耳其人喜欢饮薄荷茶。在炎热的夏季里，土耳其人喜欢在每半杯绿茶汤里加入二三片新鲜薄荷叶，再加上冰糖。茶汤黄绿，汤面上飘浮着几片薄荷叶。薄荷是清凉剂，具有祛风、发汗、利尿等功效。绿茶与冰糖也都有清凉的作用。茶、冰糖和薄荷三者交融一体，相得益彰，形成了一种独特的风味。薄荷茶是土耳其人最喜欢的一种饮品，由于薄荷与冰糖气味浓，因此对茶的要求很高，否则会喧宾夺主，失去茶味。所以土耳其人喜欢中国出产的珠茶和眉茶，这两种茶具有外形紧秀，色泽浓的起霜，叶底嫩绿泛黄等特点。加糖以后，茶味不减，汤色不退，加薄荷叶后，香味不散。

问题九　北非的饮茶风俗是怎样的？

北非的摩洛哥、突尼斯、毛里塔尼亚等地的人都喜欢绿茶，但饮用时总要在茶叶里加入少量的红糖或冰块，有的则喜欢加入薄荷叶或薄荷汁，称为"薄荷茶"。这种茶清香甜凉，喝起来有凉心润肺之感。因此，饮茶成了待客佳品，客人来访时，见面"三杯茶"，按礼节，客人应当看主人的面，一饮而尽，否则，视为失礼。

问题十　埃及的饮茶风俗是怎样的？

位于非洲的埃及，也是重要的茶叶进出口国，他们喜欢喝浓厚醇烈的红茶，但他们不喜欢在茶汤中加牛奶，而喜欢加蔗糖。埃及糖茶的制作比较简单，将茶叶放入茶杯用沸水冲沏后，杯子里再加上许多白糖，其比例是一杯茶要加2/3容积的白糖，让它充分溶化后，便可喝了。茶水入嘴后，有黏黏糊糊的感觉，可知糖的浓度很高，一般人喝上二三杯后，甜腻得连饭也不想吃了。埃及人泡茶的器具也很讲究，一般不用陶瓷器皿，而用玻璃器皿，红浓的茶水盛在透明的玻璃杯中，像玛瑙一样，非常好看。埃及人从早到晚都喝茶，无论是朋友谈心，还是社交集会，都要沏茶，糖茶是埃及人招待客人的最佳饮品。

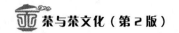

问题十一   马来西亚的饮茶风俗是怎样的?

拉茶是马来西亚传自印度的饮品，用料与奶茶差不多。调制拉茶的师傅在配制好料后，即用两个杯子像玩魔术一般，将奶茶倒过来，倒过去，由于两个杯子的距离较远，看上去好像白色的奶茶被拉长了似的，成了一条白色的粗线，十分有趣，因此被称为"拉茶"。拉好的奶茶像啤酒一样充满了泡沫，喝下去十分舒服。拉茶据说有消滞之功能，所以马来西亚人在闲时都喜欢喝上一杯。

问题十二   南美的饮茶风俗是怎样的?

南美的马黛茶。南美许多国家，人们用当地的马黛树的叶子制成茶，既提神又助消化。他们用吸管从茶杯中慢慢品味着。

问题十三   新西兰的饮茶风俗是怎样的?

新西兰人普遍喜欢喝茶，每年每人平均茶叶消费量居世界第三位。在新西兰人的心目中，晚餐比早餐和午餐更为重要。而他们则称晚餐为"茶"，有代表性的晚餐是一道肉食荤菜，一道蔬菜，一道甜食。新西兰人就餐一般在饮茶室里举行，因此这里的茶室星罗棋布。在茶室里，每顿都供应茶水。茶水的品种有奶茶、糖茶等多种。但是就餐之前一般不给茶水喝，只有等用餐完毕后，才有供应。新西兰人因为喜欢喝茶，上午和下午都安排有喝茶休息的时间。客主双方进行交谈或供求双方进行谈判时，一般都先敬上一杯茶，表示客气。

问题十四   马里的饮茶风俗是怎样的?

马里人喜爱饭后喝茶。他们把茶叶和水放入茶壶里，然后炖在泥炉上煮开。茶煮沸后加上糖，每人斟一杯。他们的煮茶方法不同一般：每天起床，就以锡罐烧水，投入茶叶；任其煎煮，直到同时煮的腌肉烧熟，再同时吃肉喝茶。

问题十五   加拿大的饮茶风俗是怎样的?

加拿大人泡茶方法较特别，先将陶壶烫热，放一茶匙茶叶，然后以沸水注于其上，浸七八分钟，再将茶叶倾入另一热壶供饮。通常加入乳酪与糖。

问题十六   德国的饮茶风俗是怎样的?

德国人也喜欢饮茶。德国人饮茶有些既可笑又可爱的地方，比如，德国也产花茶，但不是我国用茉莉花、玉兰花或米兰花等窨制过的茶叶，他们所谓的"花茶"，是用各种花瓣加上苹果、山楂等果干制成的，里面一片茶叶也没有，真正是"有花无茶"。中国花茶讲究花味之香远；德国花茶，追求花瓣之真实。德国花茶饮时需放糖，不然因花香太盛，有股涩酸味。德国人也买中国茶叶，但居家饮茶是用沸水将放在细密的金属筛子上的茶叶不断地冲，冲下的茶水通过安装于筛子下的漏斗流到茶壶内，之后再将茶叶倒掉。有中国人到德国人家做客，发觉其茶味淡、颜色也浅，一问，才知德国人独具特色的"冲茶"习惯。

问题十七　法国的饮茶风俗是怎样的？

法国，位于欧洲西部，西靠大西洋。自茶作为饮料传到欧洲后，就立即引起法国人民的重视。以后，几经宣传和实践，激发了法国人民对可爱的中国茶的向往和追求，使法国饮茶从皇室贵族逐渐普及民间，成为人们日常生活和社交不可或缺的一部分。

现在，法国人最爱饮的是红茶、绿茶、花茶和沱茶。饮红茶时，习惯采用冲泡或烹煮法，类似英国人饮红茶的习俗。通常取一小撮红茶或一小包袋泡红茶放入杯内，冲上沸水，再配以糖或牛奶和糖；有的地方，也有在茶中拌以新鲜鸡蛋，再加糖冲饮的；还有流行饮用瓶装茶水时加柠檬汁或橘子汁的；更有的还会在茶水中掺入杜松子酒或威士忌酒，做成清凉的鸡尾酒饮用的。

法国人饮绿茶，要求绿茶必须是高品质的。饮绿茶方式与北非饮绿茶方式一样，一般要在茶汤中加入方糖和新鲜薄荷叶，做成甜蜜透香的清凉饮料饮用。

花茶，主要在法国的中国餐馆和旅法华人中供应。其饮花茶的方式，与中国北方人饮花茶的方式相同，习惯用茶壶加沸水冲泡，通常不加佐料，推崇清饮。爱茶和香味的法国人，也对花茶产生了浓厚的兴趣。近年来，特别是在一些法国青年人中，又对带有花香、果香和叶香的加香红茶产生兴趣，成为时尚。

沱茶主产于中国西南地区，因它具有特殊的药理功能，所以也深受法国一些养生益寿者，特别是法国中老年消费者的青睐，每年从中国进口量达 2000 吨，有袋泡沱茶和山沱茶等种类。

问题十八　肯尼亚的饮茶风俗是怎样的？

肯尼亚位于非洲高原的东北部，是一个横跨赤道的国家，濒临印度洋，是属于热带草原型气候，平均海拔将近 2000 米，终年气候温和，雨量充足，土壤呈红色，并属酸性土壤，很适合茶叶生长。肯尼亚人民喝茶深受英国统治时期的影响，主要是饮红碎茶，也有喝下午茶的，冲泡红茶加糖的习惯很普遍，过去只有上层社会才饮茶，目前一般平民也普遍喝茶，在大饭店和市面上也可看到提供饮茶的场所。绿茶在肯尼亚的出现是最近几年的事。

问题十九　摩洛哥的饮茶风俗是怎样的？

茶从中国通过丝绸之路，穿越阿拉伯，来到了北非的摩洛哥。摩洛哥人大多不喝酒，其他饮料也很少喝，只有饮茶之风很盛。摩洛哥人上从国王，下至市井百姓，每个人都喜喝茶，可以说茶已成为摩洛哥人文化的一部分。逢年过节，摩洛哥政府必以甜茶招待外国宾客。在日常的社交鸡尾酒会上，必须在饭后饮三道茶。所谓的三道茶，是敬三杯甜茶，用茶叶加白糖熬煮的甜茶，一般比例是 1 千克茶叶加 10 千克白糖和清水一起熬煮。主人敬完这三道茶才算礼数周全。在酒宴后饮三道茶，口齿甘醇，提神解酒，十分舒服。而喝茶用的茶具，更是珍贵的艺术品，摩洛哥国王和政府都以此作为赠送来访国宾的礼品。

摩洛哥一般人家也有客来敬茶的礼俗。

问题二十　澳大利亚的饮茶风俗是怎样的？

澳大利亚的牧民居住在高寒的山区，以放牧为生，由于气候寒冷，蔬菜极少，使他们养成了饮茶的习惯。澳大利亚人喜欢饮红茶，而且必须在煮好的茶汤内加入甜酒、柠檬和牛乳，这种有各种味道的茶汤营养丰富，能增加人体热量。澳大利亚的多味茶在匈牙利和捷克等国家的下层人民中也很流行。

问题二十一　阿根廷的饮茶风俗是怎样的？

阿根廷人喜欢饮马蒂茶，其饮茶方式也别具一格。他们把马蒂茶叶放入一个非常精致的、上面刻有民族图案的葫芦形瓢中，然后冲入开水，片刻以后便开始饮用。他们的饮法也很独特，既不用嘴直接去喝，也不用舌头去舔，而是用一根银制的吸管插入葫芦瓢内，像中国的儿童吸饮料一样，慢慢地吸饮。

问题二十二　也门的饮茶风俗是怎样的？

阿拉伯嚼茶是也门人民喜欢的一种茶。这种茶不是用茶叶做原料，而是用当地的一种"卡特树"的叶子制成的，是非茶之茶。卡特树形如冬青，为多年生常绿树，开白花不结果。阿拉伯嚼茶的饮法十分独特，不是用水熬制，也不用茶杯饮用，而是把这种树叶放入嘴里细嚼，吸其汁水，故称为嚼茶。阿拉伯嚼茶有提神醒脑的作用，但不能久服，否则会中毒。

问题二十三 新加坡的饮茶风俗是怎样的？

肉骨茶实际上是边吃猪排边饮茶。肉骨头是选用上等的包着厚厚瘦肉的新鲜排骨，然后加入各种佐料，炖得烂烂的，有的还加进各种滋补身体的名贵药材。当你落座不久，店主就会端上一大碗热气腾腾的鲜汤，里边有四五块排骨和猪蹄，外加香喷喷的白米饭一碗，和一盘切成一寸长的油条，客人可根据不同的口味加入胡椒粉、酱油、盐、醋等，在吃肉骨头的同时，必须饮茶，显得别具风味。茶必须是福建特产的铁观音、水仙等乌龙茶，茶具须是一套精巧的陶瓷茶壶和小盅。吃肉骨茶的习俗，原来是从我国福建南部和广东潮汕地区传入的，肉骨茶现在是新加坡人传统的饮品，不仅香味可口，别具风味，而且吸引了大批外国游客，给风光绚丽、婀娜多姿的岛国，增添了许多异彩。

项目小结

世界之大，风俗各异，在这万千世界里，各地的饮茶习俗让人流连于形式的同时，也体会到当地的文化的延续和继承给生活带来的心灵上的冲击，才发现原来饮茶不仅仅是为了生理所需，更重要的是要喝出文化来，喝出生活的内涵。

思考与练习题

一、单项选择题

1. 竹筒茶是我国哪个民族的饮茶习俗？（　　　　）

A. 藏族　　　　　　B. 蒙古族　　　　　　C. 傣族　　　　　　D. 回族

2. 我国苗族人民的喝茶习俗里，他们喜食的是（　　　　）。

A. 酥油茶　　　　　B. 熏豆茶　　　　　　C. 虫茶　　　　　　D. 打油茶

3. 有"色绿、形美、香郁、味醇"美称的是我国的（　　　　）。

A. 成都盖碗茶　　　B. 杭州龙井茶　　　C. 乌龙茶　　　　　D. 普洱茶

4. 下列不属于世界三大饮品的是（　　　）。

A. 茶　　　　　　B. 咖啡　　　　　C. 可可　　　　　D. 葡萄酒

5. 印度人喜欢喝的茶是（　　　）。

A. 马萨拉茶　　　B. 茉莉花茶　　　C. 白茶　　　　　D. 乌龙茶

二、简答题

1. 谈谈你对西湖龙井茶的了解及当地人饮用此茶的习惯。

2. 以蒙古族饮茶习俗为例子，谈谈你对游牧民族的喝茶习俗的了解有哪些。

3. 请说出英国人对红茶的热爱是怎样发展起来的？

项目六　中国茶文化

 导语

　　通过前面项目的学习，你应该知道：中国是茶的故乡，也是茶文化的发源地，茶文化是中国具有代表性的传统文化。但何谓"茶文化"，它的内涵有哪些呢？跟它有关的名人、茶诗、茶书画有哪些呢？要想掌握或熟悉这些，请重点学习本项目的以下内容：

　　1. 茶文化的内涵

　　2. 名人与茶

　　3. 茶与文艺的关系

　　4. 各类茶的典故与传说

任务一　熟悉茶文化的基本概况

问题一　茶文化的内涵是什么？

　　茶叶是劳动生产物，是一种饮品。茶文化是以茶为载体，并通过这个载体来传播各种文化，是茶与文化的有机融合，这包含和体现一定时期的物质文明和精神文明。

　　茶文化应该有广义和狭义之分。广义的茶文化是指整个茶叶发展历程中有关物质和精神财富的总和。狭义的茶文化则是专指其"精神财富"部分。

问题二　茶文化体系是由哪些部分构成的？

　　茶文化体系由以下六个部分构成。

　　（1）茶史学。包括茶的起源、发现和利用，茶文化形成、发展、演变、特点及表现形式。

（2）茶文化社会学。包括茶文化对社会各方面的影响，社会发展与进步对茶文化的作用和社会各阶层与茶文化的关系。

（3）饮茶民俗学。包括历史和现代、各个地区和民族、城市和农村饮茶习俗。

（4）茶的美学。包括成品茶外形设计、名茶取名、茶包装设计及宣传广告等。

（5）茶文化交流学。包括国际国内研讨、茶文化展示、茶艺表演、少儿茶艺、茶叶历史文化博览及茶事旅游；茶文化功能学：茶文化资源、特性、历史茶文化和新时期茶文化、茶文化功能、茶文化对现代社会及精神文明建设作用等。

（6）茶文学。包括通过诗词歌赋、散文、小说等形式表现出来的茶文化的文学形式。

问题三　茶文化有哪些特性？

1. 历史性

茶文化的形成和发展其历史非常悠久。武王伐纣，茶叶已作为贡品。原始公社后期，茶叶成为货物交换的物品。战国，茶叶已有一定规模。《诗经》总集有茶的记载。

汉朝，茶叶成为佛教"坐禅"的专用滋补品。魏晋南北朝，已有饮茶之风。隋朝，全民普遍饮茶。唐代，茶业昌盛，茶叶成为"人家不可一日无"，出现在茶馆、茶宴、茶会上，提倡客来敬茶。宋朝，流行斗茶、贡茶和赐茶。

清朝，曲艺进入茶馆，茶叶对外贸易发展。茶文化是伴随商品经济的出现和城市文化的形成而孕育诞生的。历史上的茶文化注重文化意识形态，以雅为主，着重于表现诗词书画、品茗歌舞。茶文化在形成和发展中，融化了儒家思想，道家和释家的哲学色泽，并演变为各民族的礼俗，成为优秀传统文化的组成部分和独具特色的一种文化模式。

2. 时代性

物质文明和精神文明建设的发展，给茶文化注入了新的内涵和活力，在这一新时期，茶文化内涵及表现形式正在不断扩大、延伸、创新和发展。新时期茶文化融进现代科学技术、现代新闻媒体和市场经济精髓，使茶文化价值功能更加显著，对现代化社会的作用进一步增强。茶的价值是茶文化核心的意识进一步确立，国际交往日益频繁。新时期茶文化传播方式呈大型化、现代化、社会化和国际化趋势。其内涵迅速膨胀，影响扩大，为世人所瞩目。

3. 民族性

各民族酷爱饮茶，茶与民族文化、生活相结合，形成有各自民族特色的茶礼、茶艺、饮茶习俗及喜庆婚礼。以民族茶饮方式为基础，经艺术加工和锤炼而形成的各民族茶艺，更富有生活性和文化性，表现出饮茶的多样性和丰富多彩的生活情趣。藏族、土家族、佤族等少数民族的茶与喜庆婚礼，也充分展示了茶文化的民族性。

4. 地区性

名茶、名山、名水、名人、名胜孕育出各具特色的地区茶文化。我国地区广阔，茶类品种繁多，饮茶习俗各异，加之各地历史、文化、生活及经济差异，形成各具地方特色的茶文化。在经济、文化中心的大城市，以其独特的自身优势和丰富的内涵，也形成了独具特色的都市茶文化。自 1994 年起，上海已连续举办四届国际茶文化节，显示出都市茶文化的特点与魅力。

5. 国际性

古老的中国传统茶文化同各国的历史、文化、经济及人文相结合，演变成英国茶文化、日本茶文化、韩国茶文化、俄罗斯茶文化及摩洛哥茶文化等。在英国，饮茶成为生活的一部分，是英国人表现绅士风度的一种礼仪，也是英国女王生活中必不可少的程序和重大社会活动中必需的仪程。日本茶道源于中国，日本茶道具有浓郁的日本民族风情，并形成独特的茶道体系、流派和礼仪。韩国人认为茶文化是韩国民族文化的根，每年 5 月 24 日为全国茶日。中国茶文化是各国茶文化的摇篮。茶人不分国界、种族和信仰，茶文化可以把全世界茶人联合起来，切磋茶艺、学术交流、经贸洽谈。

问题四　茶文化对现代社会有哪些作用？

现代社会依靠高科技和信息，创造更多的社会财富，物质财富将越来越多，生活也将更加富裕。东亚一些国家在工业化进程中，在吸收西方的优秀科技和工艺技术的同时，西方颓废的文化价值观、风俗习惯也侵蚀社会，随之产生了道德危机、拜金主义和极端个人主义等。社会发展的经验表明，现代化不是唯一目标，现代化社会需要与之相适应的精神文明，需要发掘优秀传统文化的精神资源。茶文化所具有的历史性、时代性的文化因素及合理因素，在现代社会中已经和正在发挥其自身的积极作用。茶文化是高雅文化，社会名流和知名人士乐意参加。茶文化也是大众文化，民众广为参与。茶文化覆盖全民，影响整个社会。

茶文化对现代社会的作用主要有以下五个方面。

（1）茶文化以德为中心。重视人的群体价值，倡导无私奉献，反对见利忘义和唯利是图。主张义重于利，注重协调人与人之间的相互关系，提倡对人尊敬，重视修身养德，有利于人的心态平衡，解决现代人的精神困惑，提高人的文化素质。

（2）茶文化是应付人生挑战的益友。在激烈的社会竞争、市场竞争下，紧张的工作、应酬，复杂的人际关系，以及各类依附在人们身上的压力不轻。参与茶文化，可以使精神和身心放松一番，以应付人生的挑战，粤、港、澳地区的茶楼，这个作用十分显著。

（3）有利于社区文明建设。经济上去了，但文化不能落后，社会风气不能污浊，道德不能沦丧和丑恶。改革开放后茶文化的传播表明，茶文化还有改变社会不正当消费活动、创建精神文明、促进社会进步的作用。

（4）对提高人们生活质量、丰富文化生活的作用明显。茶文化具有知识性、趣味性和康乐性，品尝名茶、茶点，观看茶俗、茶艺，都给人一种美的享受。

（5）促进开放，推进国际文化交流。2000年起至今广州已举办了五届茶文化节、八届茶文化博览会；上海市闸北区自1994年迄今连续二十一届举办国际茶文化节，扩大了该地区对内对外的知名度。

国际茶文化的频繁交流，使茶文化跨越国界，成为人类文明的共同精神财富。

 茶博士

"茶"字趣闻

中国是世界四大文明古国之一，中国文字极具象征性意义。自"茶"字普遍使用后，古代文人对茶字有不少趣解。

（1）"茶"字的来龙去脉。古时称"茶"为"荼"，何时少了一笔呢？那是在唐代开元年间，编了一部《开元文字音义》，由唐玄宗作序，书中"荼"字不知何故就少写了一笔，变为"茶"字。皇帝作序的书谁还敢不遵照执行？经过一段混用时期，"茶"便完全取代了"荼"字。

（2）以"茶"字象征长寿。茶字的草字头，与"廿"相似，中间的"人"字与"八"相似，下部"木"可分解为"八十"。"廿"加"八"再加"八十"等于一百零八岁，所以把一百零八岁的老人称为"茶寿老人"。久而久之，许多人便用"茶"字代表长寿。更用茶来作为佳节送礼、送健康的代表性物品了。

（3）让"茶"字回归自然。"茶"字由草字头、"人"及"木"字三部分构成，"人"字在草字头之下，"木"字之上，意为人在草木间，孰能不喝茶，也表示引导人类回归大自然，热爱大自然。

最古老的"茶"字是什么时候在什么情况下产生的呢？我国历史上称谓和写法极其复杂。参见《中国茶叶大辞典》一书词目的定名，以茶名和茶字的词目来说，不算"草中英""酪奴""草大虫""不夜侯""离乡草"等谑名趣名，还有茶、槚、蔎、茗、荈、葭、葭萌、椒、茶荈、苦茶、苦荼、茗茶、茶茗、荈诧等叫法和写法。面对这些茶的方言、俗名、异体字和通假字，一般因其烦琐也就不去探究原诂了。其实，如果把这些茶名茶字进行梳理，寻找相互间的关系，会对我们搞清我国茶业和茶叶文化的起源有帮助。

任务二 熟悉名人与茶

中国是茶叶的故乡，茶文化源远流长。自古至今，有许多名人与茶结缘，不仅写有许多对茶吟咏称道的诗句，还留下了不少煮茶品茗的趣闻轶事。下面以不同的历史时期分别介绍。

问题一 唐、宋、元时期的名人与茶有哪些?

(一)"茶圣"陆羽（见图 6-1）

陆羽（733—804 年），字鸿渐、季疵，一名疾，号竟陵子、桑苎翁、东冈子。唐复州竟陵（今湖北天门）人。陆羽精于茶道，以著世界第一部茶叶专著《茶经》而闻名于世，被后人称为"茶圣"。

图 6-1 陆羽

陆羽原来是个被遗弃的孤儿。唐开元二十三年（公元735年），被竟陵龙盖寺住持智积禅师，抱回寺中抚养成人。在陆羽二十多岁时，出游到河南的义阳和巴山峡川，耳闻目睹了蜀地彭州、绵州、蜀州、邛州、雅州、泸州、汉州、眉州的茶叶生产情况，后来又转道宜昌，品尝了峡州茶和蛤蟆泉水。公元755年夏天，陆羽回到竟陵定居在东冈村。公元756年，由于安史之乱，关中难民蜂拥南下，陆羽也随之过江。在此后的生活中，他收集了不少长江中下游和淮河流域各地的茶叶资料。

公元760年，他来到浙江湖州与僧侣皎然同住杼山妙喜寺，结成忘年之交。同时又结识了灵澈、李冶、孟郊、张志和、刘长卿等名僧高士，此间，他一面郊游，一面著述，对以往收集的茶叶历史和生产资料进行汇集和研究。

公元765年，陆羽终于写成了世界上第一部茶叶专著《茶经》。

在《茶经》初稿写成之后，陆羽继续在江浙一带访茶、制茶，并对《茶经》不断进行订正、补充，到公元780年，《茶经》最后定稿。《茶经》是唐代和唐代以前有关茶叶科学和文化的系统总结，《茶经》是中国茶叶生产、茶叶文化历史的里程碑。宋代陈师道在《茶经序》中评论："夫茶之著书，自羽始，其用于世，亦自羽始。羽诚有功于茶者也。"

陆羽不仅在总结前人的经验上做出了巨大贡献，而且身体力行，善于发现好茶，善于精鉴水品。如浙江长兴顾渚紫笋茶，经陆羽品评为上品而成为贡茶，名重京华。又如对义兴的阳羡茶，他品饮后认为，芳香甘冽，冠于他境，并直接推荐为贡茶。陆羽又能辨水，同一江中之水，能区分不同水段的品质，他还对所经之处的江、河、泉水排列高下，将其分为二十等，对后世影响也很大。

陆羽逝世后不久，他在茶业界的地位就渐渐突出了起来，不仅在生产、品鉴等方面，就在茶叶贸易中，人们也把陆羽奉为神明，凡做茶叶生意的人，多用陶瓷做成陆羽像，供在家里，认为这有利于茶叶贸易。

陆羽开创的茶叶学术研究，历经千年，研究的门类更加齐全，研究的手段也更加先进，研究的成果更是丰盛，茶叶文化得到了更为广泛的发展。陆羽的贡献也日益为中国和世界所认识。

（二）"茶僧"皎然

皎然，俗姓谢，字清昼，湖州（今浙江吴兴）人，南朝谢灵运十世孙。生卒年不详，活动于上元、贞元年间，是唐代著名的诗僧。他善烹茶，作有茶诗多篇，并与陆羽交往甚笃，常有诗文酬赠唱和。他不仅是诗僧，又是个茶僧。

佛教禅宗强调以坐禅方式彻悟自己的心性，禅宗寺院十分讲究饮茶。皎然推崇饮茶，把饮茶的好处说得更神，他有一首饮茶歌《饮茶歌送郑容》，诗云：

丹丘羽人轻玉食，采茶饮之生羽翼。

名藏仙府世莫知，骨化云宫人不识。

云山童子调金铛，楚人茶经虚得名。

霜天半夜芳草折，烂漫缃花啜又生。

常说此茶祛我病，使人胸中荡忧栗。

日上香炉情未毕，乱踏虎溪云，高歌送君出。

皎然在诗中提倡禁市饮茶，说茶不仅可以除病祛疾，荡涤胸中忧患，而且可以踏云而去，羽化飞升。他的《饮茶歌诮崔石使君》，赞誉剡溪茶（产于浙江嵊州市）清郁隽永的香气，生动描写了一饮、再饮、三饮的感受，与卢仝的《七碗茶歌》有异曲同工之妙：

越人遗我剡溪茗，采得金芽爨金鼎。

素瓷雪色飘沫香，何似诸仙琼蕊浆。

一饮涤昏寐，情来朗爽满天地。

再饮清我神，忽如飞雨洒轻尘。

三饮便得道，何须苦心破烦恼。

此物清高世莫知，世人饮酒多自欺。

愁看毕卓瓮间夜，笑向陶潜篱下时。

崔侯啜之意不已，狂歌一曲惊人耳。

孰知茶道全尔真，唯有丹丘得如此。

皎然现存诗作中的名篇《寻陆鸿渐不遇》，清空如话，陆羽的隐士风韵和诗人的仰慕之情，跃然纸上。诗云：

移家虽带郭，野径入桑麻。

近种篱边菊，秋来未著花。

扣门无犬吠，欲去问西家。

报到山中去，归来每日斜。

（三）"醉翁"欧阳修

欧阳修（1007—1072年），字永叔，号醉翁，晚号六一居士，吉州永丰（今属江西）人。北宋著名政治家、文学家，唐宋八大家之一。

欧阳修论茶的诗文不算多，但却很精彩。例如，他特别推崇修水的双井茶，有

《双井茶》诗，详尽述及了双井茶的品质特点和茶与人品的关系：

> 西江水清江石老，石上生茶如凤爪。
>
> 穷腊不寒春气早，双井芽生先百草。
>
> 白毛囊以红碧纱，十斤茶养一两芽。
>
> 长安富贵五侯家，一啜犹须三月夸。
>
> 宝云日铸非不精，争新弃旧世人情。
>
> 岂知君子有常德，至宝不随时变易。
>
> 君不见，建溪龙凤团，
>
> 不改旧时香味色。

欧阳修对蔡襄创制的小龙团十分关注，他在为蔡襄《茶录》所作的后序中论述到当时人们对小龙团茶的珍视，已成为后人研究宋代贡茶的宝贵资料。

茶为物之至精，而小团又其精者，录序所谓上品龙茶者是也。盖自君读始造而岁供焉。仁宗尤所珍惜，虽辅相之臣未尝辄赐。惟南郊大礼致斋之夕，中书、枢密院各四人共赐一饼，宫人剪金为龙凤花草贴其上。两府八家分割以归，不敢碾试，相家藏以为宝，时有佳客，出而传玩尔。至嘉祐七年，亲享明堂，斋夕，始人赐一饼，余亦恭预，至今藏之。

《大明水记》是欧阳修论烹茶之水的专文。他在文中对唐代陆羽《茶经》和张又新《煎茶水记》的比较和批判，显示出了一个学者独立思考、不随人后的本色。

（四）卢仝与"七碗茶歌"

卢仝（约795—835年）唐代诗人。自号玉川子。范阳（今河北涿州）人。年轻时隐居少室山。家境贫困，仅破屋数间。但他刻苦读书，家中图书满架。朝廷曾两度要起用他为谏议大夫，而他不愿入仕，均不就。曾作《月蚀诗》讽刺当时宦官专权，受到韩愈称赞（时韩愈为河南令）。甘露之变时，因留宿宰相王涯家，与王同时遇害。

他的诗作对当时腐败的朝政与民生疾苦均有所反映，风格奇特，近似散文。有《玉川子诗集》。

卢仝好茶成癖，诗风浪漫，他的《走笔谢孟谏议寄新茶》诗，传唱千年而不衰，其中的"七碗茶诗"之吟，最为脍炙人口："一碗喉吻润，二碗破孤闷。三碗搜枯肠，惟有文字五千卷。四碗发轻汗，平生不平事，尽向毛孔散。五碗肌骨清，六碗通仙灵。七碗吃不得也，唯觉两腋习习清风生。"茶的功效和卢仝对茶饮的审美愉悦，在诗中表现得淋漓尽致。人以诗名，诗则又以茶名也。卢仝著有《茶谱》，被世人尊称为"茶仙"。卢仝的《七碗茶歌》在日本广为传颂，并演变为"喉吻润、破孤闷、搜枯肠、发轻汗、肌骨清、通仙灵、清风生"的日本茶道。日本人对卢仝推崇备至，常常将之与"茶圣"陆羽相提并论。至今的九里沟还有玉川泉、品茗延寿台、卢仝茶社等名胜。

（五）范仲淹与"斗茶"

范仲淹（989—1052 年），字希文，苏州人。北宋政治家、文学家。他写的《和章岷从事斗茶歌》脍炙人口，在古代茶文化园地里占有一席之地，这首斗茶歌说的是文人雅士以及朝廷命官，在闲适的茗饮中采取的一种高雅的品茗方式，主要是斗水品、茶品（以及诗品）和煮茶技艺的高低。这种方式在宋代文士茗饮活动中颇具代表性，从他的诗可以看出，宋代武夷茶已是茶中极品，也是作为斗茶的茶品。同时写出宋代武夷山斗茶的盛况（见图 6-2）。

图 6-2　斗茶图

《和章岷从事斗茶歌》（范仲淹）

年年春自东南来，建溪先暖冰微开。

溪边奇茗冠天下，武夷仙人从古栽。

新雷昨夜发何处，家家嬉笑穿云去。

露芽错落一番荣，缀玉含珠散嘉树。

终朝采掇未盈襜，唯求精粹不敢贪。

研膏焙乳有雅制，方中圭兮圆中蟾。

北苑将期献天子，林下雄豪先斗美。

鼎磨云外首山铜，瓶携江上中泠水。

黄金碾畔绿尘飞，碧玉瓯中翠涛起。

斗茶味兮轻醍醐，斗茶香兮薄兰芷。

其间品第胡能欺，十目视而十手指。

胜若登仙不可攀，输同降将无穷耻。

吁嗟天产石上英，论功不愧阶前蓂。

众人之浊我可清，千日之醉我可醒。

屈原试与招魂魄，刘伶却得闻雷霆。

卢仝敢不歌，陆羽须作经。

森然万象中，焉知无茶星。

商山丈人休茹芝，首阳先生休采薇。

长安酒价减百万，成都药市无光辉。

不如仙山一啜好，泠然便欲乘风飞。

君莫羡花间女郎只斗草，赢得珠玑满斗归。

（六）陆龟蒙和皮日休

陆龟蒙（？—881年），字鲁望，自号江湖散人、甫里先生，又号天随子，长洲（今江苏）人。唐代文学家，早年举进士不中，后隐居甫里。陆龟蒙喜爱茶，在顾渚山下辟一茶园，每年收取新茶为租税，用以品鉴。日积月累，编成《品书》，可惜今已不存。

皮日休（约838—883年），字袭美，一字逸少，道号鹿门子，又号间气布衣、醉吟先生，复州竟陵（今属湖北）人。唐代文学家，登进士，随即东游至苏州，咸通十年为苏州的刺史从事，其后又入京为太常博士，出为毗陵（今江苏常州）副使。后参加黄巢起义军，任翰林学士。

皮日休在苏州与陆龟蒙相识，两人诗歌唱和，评茶鉴水，是一对亲密的诗友和茶友。世以皮陆相称。在他们的诗歌唱和中，皮日休的《茶中杂咏》和陆龟蒙的《奉和袭美茶具十咏》最令人注目。

皮日休在《茶中杂咏》诗的序中，对茶叶的饮用历史作了简要的回顾，并认为历代包括《茶经》在内的文献中，对茶叶的各方面的记述都已是无所遗漏，但在自己的诗歌中却没有得到反映实在引以为憾。这也就是他创作《茶叶杂咏》的缘由。

皮日休将诗送呈陆龟蒙后，便得到了陆龟蒙的唱和。他们的唱和诗内容包括茶坞、茶人、茶笋、茶籝、茶舍、茶灶、茶焙、茶鼎、茶瓯、煮茶十题。几乎涵盖了茶叶制造和品饮的全部，他们以诗人的灵感、丰富的辞藻，艺术、系统、形象地描绘了唐代茶事，对茶叶文化和茶叶历史的研究，具有重要的意义。

（七）"嗜茶居士"苏东坡

苏轼（1037—1101 年），字子瞻，号东坡居士，眉山（今四川眉山市）人。苏东坡是中国宋代杰出的文学家、书法家，而且对品茶、烹茶、茶史等都有较深的研究，在他的诗文中，有许多脍炙人口的咏茶佳作，流传下来。

他创作的散文《叶嘉传》，以拟人手法，形象地称颂了茶的历史、功效、品质和制作等各方面的特色。

苏东坡一生，因任职或遭贬谪，到过许多地方，每到一处，凡有名茶佳泉，他都留下诗词。如元丰元年（公元 1078 年），苏轼任徐州太守时作有《浣溪沙》一词："酒困路长惟欲睡，日高人渴漫思茶，敲门试问野人家。"形象地再现了他思茶解渴的神情。

"白云峰下两旗新，腻绿长鲜谷雨春"是描写杭州的白云茶。

而对福建的壑源茶，则更是推崇备至。他在《次韵曹辅寄壑源试焙新茶》一诗中这样写道：

仙山灵草温行云，洗遍香肌粉未匀。

明月来投玉川子，清风吹破武林春。

要知冰雪心肠好，不是膏油首面新。

戏作小诗君勿笑，从来佳茗似佳人。

后来，人们将苏东坡的另一首诗中的"欲把西湖比西子"与"从来佳茗似佳人"辑成一联，陈列到茶馆之中，成为一副名联。

苏东坡烹茶有自己独特的方法，他认为好茶还须好水配，活水还须活火烹。他还在《试院煎茶》诗中，对烹茶用水的温度做了形象的描述。他说："蟹眼已过鱼眼生，飕飕欲作松风鸣。"以沸水的气泡形态和声音来判断水的沸腾程度。

苏东坡对茶的功效，也深有研究。在熙宁六年（公元 1073 年）在杭州任通判时，一天，因病告假，游湖上净慈、南屏诸寺，晚上又到孤山谒惠勤禅师，一日之中，饮浓茶数碗，不觉病已痊愈。便在禅师粉壁上题了七绝一首：

示病维摩元不病，在家灵运已忘家。

何须魏帝一丸药，且尽卢仝七碗茶。

苏轼还在《仇池笔记》中介绍了一种以茶护齿的妙法：

除烦去腻，不可缺茶，然暗中损人不少。吾有一法，每食已，以浓茶漱口，烦腻既出而脾胃不知。肉在齿间，消缩脱去，不烦挑刺，而齿性便若缘此坚密。率皆用中下茶，其上者亦不常有，数日一啜不为害也。此大有理。

可见苏东坡在中国茶文化发展史上的贡献是多方面的。

（八）"江南桑苎翁"陆游

陆游（1125—1210 年），字务观，号放翁，山阴（今浙江绍兴）人。

陆游是南宋著名的爱国主义诗人，有许多脍炙人口的佳作，譬如"壮心未与年俱老，死去犹能作鬼雄""王师北定中原日，家祭无忘告乃翁"广为人们吟诵。

陆游的一部《剑南诗稿》，有诗九千三百多首。他自言六十年间万首诗并非虚数。其中涉及茶事的就有三百首之多。

陆放翁一生曾出仕福州，调任镇江，又入蜀、赴赣，辗转祖国各地，在大好河山中饱尝各处名茶。茶孕诗情，裁香剪味，陆游的茶诗情结，是历代诗人中最突出的一个。他一生中所作的咏茶的诗多达二百多首，为历代诗人之冠。陆游的茶诗，包括的面很广，从诗中可以看出，他对江南茶叶，尤其是故乡茶的热爱。他自比陆羽，"我是江南桑苎翁，汲泉闲品故园茶"。这故园茶就是当时的绍兴日铸茶。他认为"囊中日铸传天下，不是名泉不合尝""汲泉煮日铸，舌本味方永"。

陆游在诗中还对分茶游戏做了不少的描述。分茶是一种技巧性很强的烹茶游戏，善于此道者，能在茶盏上用水纹和茶沫形成各种图案，也有水丹青之说。陆游的诗中反映出，他常与自己的儿子进行分茶，调剂自己的生活情致。陆游在《临安春雨初霁》一诗中吟道"矮纸斜行闲作草，晴窗细乳戏分茶"。诗中表露的闲散和无聊的心境，间接地反映出在国家多事之秋，爱国志士却被冷落的沉重的社会景象，也反映出南宋王朝的腐败和衰落。

（九）赵佶与《大观茶论》

赵佶（1082—1135 年），即宋徽宗（见图 6-3）。宋徽宗为宋神宗赵顼的十一子，元符三年（公元1100年）即位。1101年改年号为"建中靖国"。

宋徽宗在位期间，治国无方，一派腐朽黑暗。但他自己却通晓音律、善于书画，甚至对茶艺也颇为精通。他著有《大观茶论》，在中国历史上以皇帝的身份撰写茶叶专著，恐怕是空前绝后的一个。

赵佶《大观茶论》包括序、地产、天时、采择、蒸压、制造、鉴辨、白茶、罗碾、盏、筅、瓶、杓、水、点、味、香、色、藏焙、品

图6-3　宋徽宗赵佶

名和外焙二十一节。比较全面地论述了当时茶事的各个方面。

徽宗在序中说"至若茶之为物，擅瓯闽之秀气，钟山川之灵禀，祛襟涤滞，致清导和，则非庸人孺子可得而知矣。中澹闲洁，韵高致静，则非遑遽之时可得而好尚矣"。对茶于人的性情的陶冶和饮茶的心境做了高度概括。

宋徽宗还在《大观茶论》中对当时的贡茶及由此引发的斗茶活动，以及斗茶用具、用茶要求，花了不少的笔墨。这反映了宋代皇室的一种时尚，同时也为历史保留了宋代茶文化的一个精彩片段。

（十）虞集诗夸龙井茶

虞集（1272—1348年），元代最有影响的文臣，"元四家"之一。字伯生，号道园，人称邵庵先生。

虞集晚年寓居杭州吴山脚下，一次与三位文人雅士游龙井时，一位名叫澄公的处士或隐士，以龙井泉水烹龙井新茶招待贵客，虞集惊叹不已，于是留下了这首《次邓文原游龙井》：

杖藜入南山，却立赏奇秀。所怀玉局翁，来往绚履旧。空余松在涧，仍作琴筑奏。徘徊龙井上，云气起晴昼。入门避露洒，脱屦乱苔甃。阳岗扣云石，阴房绝遗构。澄公爱客至，取水挹幽窦。坐我苍葺中，余香不闻嗅。但见瓢中清，翠影落群岫。烹煎黄金芽，不取谷雨后。同来二三子，三咽不忍嗽。讲堂集群彦，千蹬坐吟究。浪浪杂飞雨，沉沉度清漏。令我怀幼学，胡为裹章绶。

诗中写到倒映在瓢中清纯茶汤中的"翠影""群岫"，可能就是龙井茶山。"烹煎黄金芽，不取谷雨后"两句，点出了龙井茶的采摘时间是在谷雨之前，与当代不同，明前、雨前茶在古代都是比较早采的。同时写出了龙井茶翠而略黄的形象和特色。"同来二三子，三咽不忍嗽"是全诗的点睛之笔，龙井茶的珍贵稀罕跃然纸上，同时写出

了诗人爱茶惜物的情怀。

自从虞集作《次邓文原游龙井》诗后，明清两代都以龙井茶为绝品。所以龙井茶能誉满天下，虞集功不可没。

问题二　明、清时期名人与茶有哪些？

（一）许次纾与《茶疏》

许次纾（1549—1604 年），字然明，号南华，明钱塘人。《茶疏》撰于明万历二十五年（1597）。《茶疏》对沏茶方法有独到见解，手中撮茶，把热水注入茶壶，然后迅速把茶投入开水中并把壶盖盖严。等大约呼吸三次的时间后，把茶水全部倒在盂中，然后再把茶倒入壶中，再等大约呼吸三次的时间，让茶叶下沉，然后把茶水倒在茶瓯中，献给客人。许次纾认为"汤铫瓯注，最宜燥洁。每日晨兴，必以沸汤荡涤，用极熟黄麻巾帨向内拭干，以竹编架，覆而庋之燥处，烹时随意取用。修事既毕……瓯中残渖，必倾去之，以俟再斟。如或存之，夺香败味"。他认为秋茶品质甚佳，七八月可采一遍。许次纾还认为，量小方益于品味。"一壶之茶，只堪再巡……若巨器屡巡，满中泻饮，待停少温，或求浓苦，何异农匠作劳。但需涓滴，何论品尝，何知风味乎？"许次纾在《茶疏》中更进一步说："黄河之水，来自天上。浊者土色也，澄之既净，香味自发。"言即使浑浊的黄河水，只要经澄清处理，同样也能使茶汤香高味醇。许次纾认为品茶应于自然环境、人际关系、茶人心态联系，把饮茶作为高雅的精神享受而执着地追求。许次纾强调"惟素心同调，彼此畅适，清言雄辩，脱略形骸，始可呼童篝火，酌水点汤"。其实，茶人相聚并不在意于嗜茶与不嗜茶，而在于意境是否合乎"茶理"，就是追求和谐。天与人、人与人、人与境、茶与水、茶与具、水与火，以及情与理，这相互之间的协调融合，是饮的精义所在。据《茶疏》之说，最宜于饮茶的时间和环境如下：心手闲适，披咏疲倦，意绪纷乱，听歌拍曲，歌罢曲终，杜门避事，鼓琴看画，夜深共语，明窗净几，佳客小姬，访友初归，风日晴和，轻阴微雨，小桥画舫，茂林修竹，荷亭避暑，小院焚香，酒阑人散，儿辈斋馆，清幽寺观，名泉怪石。

宜辍：作事、观剧、发书柬、大雨雪、长筵大席、翻阅卷帙、人事忙迫及与上宜饮时相反事。

不宜用：恶水、敝器、铜匙、铜铫、木桶、柴薪、麸炭、粗童、恶婢、不洁巾帨、各色果实香药。

不宜近：阴屋、厨房、市喧、小儿啼、野性人、童奴相哄、酷热斋舍。

（二）"茶癖" 张岱

张岱（1597—1679年），字宗子、石公，号陶庵，山阴（今浙江绍兴）人，寓居杭州。张岱是明末清初的文学家、史学家，以散文见长。同时，他还是一位精于茶艺茶道之人。张岱出身仕宦之家，曾漫游苏、浙、鲁、皖等地区，家里藏书丰富，自30岁左右，即钻研明史。明亡后，披发入山，静心著书。其著名的著作有《石匮书》《琅嬛文集》《陶庵梦忆》《西湖梦寻》《夜航船》等。在他的许多著作中，记述了不少生动的茶事。有如《闵老子茶》详尽记录了张岱与闵汶水的品茶辨泉的经过：1638年9月的一天，张岱专程来到闵汶水家，说："今日不畅饮汶老茶，决不去。"汶水非常高兴，立即起炉煮茶，并且把张岱带到一间窗明几净的房里，用荆溪壶，成宣窑瓷招待。张岱问："此茶产于何处？"汶水说："这是阆苑茶。"张岱又品一口，说："汶老别哄我，这茶是阆苑的制法，但滋味却不像！"闵汶水微微一笑，说："那么你说是什么茶？"张岱再品之，说："极似罗岕茶。"闵汶水惊曰："奇、奇！"张岱又问水是何水。闵汶水说："惠泉。"张岱又说："别哄我，惠泉在千里之外，何能鲜爽不损？"汶水对张岱的精鉴连连称奇，抽身而去，不一会儿，又持一壶满斟，递给张岱。张岱评鉴道："此茶香烈味醇，乃春茶也，刚才喝的是秋茶。"闵汶水大笑，说："我年已七十，所见精鉴茶水者，没有人能超过你！"通过这次品茶，张岱与闵汶水结为了好友。张岱不仅善于品茶，而且还钻研制茶。他通过招募安徽歙人，引入松萝茶制法，对家乡的日铸茶进行改制，采用多种手法，促进日铸茶品质的改善，同时，对冲泡用水进行选择。经张岱的改制，冲泡出来的茶，色如新竹、香如素兰、汤如雪涛、清亮宜人。他把此茶命名为"兰雪"茶。四五年后，兰雪茶风靡茶市，绍兴的饮茶者，多用此，后来，就连松萝茶也改名"兰雪"了。此外，张岱在探访名泉、申述茶理、鉴别茶具上都有独到之处，因而，张岱可谓是一个茶道专家。

（三）"三绝" 郑燮

郑燮（1693—1765年），字克柔，号板桥，江苏兴化人，清代著名书画家、文学家。

作为扬州八怪之一的郑板桥，曾当过十二年七品官，他清廉刚正，在任上，他画过一幅墨竹图，上面题诗："衙斋卧听萧萧竹，疑是民间疾苦声。些小吾曹州县吏，一枝一叶总关情。"他对下层民众有着十分深厚的感情，对民情风俗有着浓厚的兴趣，在他的诗文书画中，总是不时地透露着这种清新的内容和别致的格调。茶，是其中的重要部分。

茶是郑板桥创作的伴侣，茅屋一间，新篁数竿，雪白纸窗，微浸绿色，此时独坐其中，一盏雨前茶，一方端砚石，一张宣州纸，几笔折枝花。朋友来至，风声竹响，愈喧愈静。

墨兰数枝宣德纸，苦茗一杯成化窑。

板桥善对联，多有名句流传：

楚尾吴兴，一片青山入座；

淮南江北，半潭秋水烹茶。

从来名士能评水，自古高僧爱斗茶。白菜青盐糁子饭，瓦壶天水菊花茶。在他的诗书中，茶味更浓，他所书《竹枝词》云：

溢江江口是奴家，郎若闲时来吃茶。黄土筑墙茅盖屋，门前一树紫荆花。

他的一首"不风不雨正清和，翠竹亭亭好节柯。最爱晚凉佳客至，一壶新茗泡松萝"得到了不少文人的共鸣。

郑板桥喜欢将茶饮与书画并论，饮茶的境界和书画创作的境界往往十分契合。清雅和清贫是郑板桥一生的写照，他的心境和创作目的在《靳秋田素画（之二）》中表现得十分清楚：

三间茅屋，十里春风，窗里幽兰，窗外修竹。此是何等雅趣，而安享之人不知也。懵懵懂懂，没没墨墨，绝不知乐在何处。惟劳苦贫病之人，忽得十日五日之暇，闭柴扉，扫竹径，对芳兰，啜苦茗。时有微风细雨，润泽于疏篱仄径之间，俗客不来，良朋辄至，亦适适然自惊，为此日之难得也。凡吾画兰画竹画石，用以慰天下之劳人，非以供天下之安享人也。

（四）"寿魁"爱新觉罗·弘历（乾隆皇帝）

清代乾隆皇帝弘历，在位当政六十年，终年八十八岁，这一寿龄即使在现在也是高寿了，而在中国古代的帝王中更是最长寿的一位。

乾隆十六年，即 1751 年，他一次南巡到杭州，在天竺观看了茶叶采制的过程，颇有感受，写了《观采茶作歌》，其中有"地炉微火徐徐添，乾釜柔风旋旋炒。慢炒细焙有次第，辛苦功夫殊不少"的诗句。皇帝能够在观察中体知茶农的辛苦与制茶的不易，也算是难能可贵。乾隆皇帝不是死在任上的，而是"知老让位"的。传说在他决定让出皇位给十五子时（即后来的嘉庆皇帝），一位老臣不无惋惜地劝谏道："国不可一日无君啊！"一生好品茶的乾隆帝端起御案上的一杯茶，说："君不可一日无茶。"这也许是幽默玩笑之语，也许是"我应该退休闲饮"之意，或者是兼而有之。乾隆在茶事中，以帝王之尊，穷奢极欲，倍求精工，什么排场都可以做得到。他首倡在重华宫举行的茶宴，豪华隆重，极为讲究。据徐珂《清稗类钞》记载："乾隆中，元旦后三日，钦点王公大臣之能诗者，宴会于重华宫，演剧赐茶，命仿柏梁体联句，以记其盛，复当席御诗二章，命诸臣和之，岁以为常。"他还规定，凡举行宴会，必须茶在酒前，这对于极为重视先后顺序的国人来说其意义是很大的。乾隆六十年（1795 年，他是在这一年让位的）举行的千叟宴，设宴八百桌，被誉为"万古未有之盛法"。与宴者三千零五十六人，赋诗三千余首，参宴者肯定都是当时的非一般人，却似乎没有留下什么名章佳句。对品茶鉴水，乾隆独有所好。他品尝洞庭湖产的"君山银针"后赞誉不绝，令当地每年进贡十八斤。他还赐名福建安溪为"铁观音"，从此安溪茶声名大振，至今不衰。乾隆晚年退位后仍嗜茶如命，在北海镜清斋内专设"焙茶坞"，悠闲品尝。他在世八十八年，为中国历代皇帝中之寿魁，其长寿当与之不无关系。当然他身为皇帝，使用的延年益寿之术肯定很多，喝茶是他养生之一法。中国古代的许多防老术效果并不好，一些"丹药"之类更是弊多益少，唯有饮茶可能是唯一能够长年不厌、裨益多多的嗜好。

问题三 当代的名人与茶有哪些？

（一）郭沫若与茶

郭沫若（1892—1978 年），原名郭开贞，乳名文豹，号尚武。四川省乐山市沙湾镇人。著名现代文学家。

郭沫若生于茶乡，曾游历过许多名茶产地，品尝过各种香茗。在他的诗词、剧作及书法作品中留下了不少珍贵的饮茶佳品，为现代茶文化增添了一道绚丽的光彩。

郭沫若在 11 岁时就有"闲钓茶溪水，临风诵我诗"的句子。在 1940 年，与友人游重庆北温泉、缙云山，所作赠诗中，也以茶来表达自己的感情。

诗曰：

豪气千盅酒，锦心一弹花。

缙云存古寺，曾与共甘茶。

四川邛崃山上的茶叶，以味醇香高著称。据传，卓文君与司马相如曾在县城开过茶馆。1957 年，郭沫若作《题文君井》诗：

文君当垆时，相如涤器处，

反抗封建是前驱，佳话传千古。

今当一凭吊，酌取井中水，

用以烹茶涤尘思，清逸凉无比。

后来，当地茶厂，便以文君为茶名，创制了文君绿茶。

湖南长沙高桥茶叶试验场在1959年创制了名茶新品高桥银峰。5年后，郭沫若到湖南考察工作，品饮之后倍加称赞，特作七律一首，并亲自手书赠高桥茶叶试验场，诗的名称是《初饮高桥银峰》，高桥银峰茶因郭沫若的题诗一时声名鹊起。此外，安徽宣城敬亭山的敬亭绿雪，也因郭沫若的题字而身价倍增，一时传为佳话。

（二）"当代茶圣"吴觉农

吴觉农（1897—1989年）浙江省上虞区人。著名农学家、茶叶家，爱国民主人士，中国农学会名誉会长、中国茶叶学会名誉理事长。

1919年考取赴日官费留学生，在日本农林水产省茶叶试验场和精制工厂学习，收集了不少世界各国有关茶叶生产、制造和贸易方面的资料，撰写了《中国茶叶改革方准》《茶叶原产地考》等。《茶叶原产地考》一文驳斥了茶树是公元517年才输入中国的谬论，证实了早在先秦，中国已饮用茶，还中国茶叶原产地的荣誉。

1922年回国后，先去安徽芜湖省立二农业学校任教，后到上海任中华农学会司库、总干事，主编《新农业季刊》。1940年秋，促成复旦大学农学院茶叶系和茶叶专修科的建立，为中国第一个高等院校茶叶专业系科，其任教授、系主任。1941年，他又在福建崇安设立我国一个茶叶研究机构——中国茶叶研究所，任所长。抗日战争胜利后，他在1946年与友人共同创办了上海兴华制茶公司，任总经理。1947年又创办了之江机械制茶厂，任董事长。中华人民共和国成立后，吴觉农被任命为中央人民政府农业部副部长兼中国茶业公司总经理。并先后担任中国农学会副理事长、名誉会长，中国茶叶学会副理事长、名誉理事长。他在主持中茶公司期间，在全国建立了较完整的茶叶产销体系，积极开展对外贸易，在各主要产茶区建立了各种类型的机制茶厂，同时组织建立和扩大茶叶教学、科研机构，以提高产制运销技术，培养专业人才。粉碎"四人帮"后，他心情激奋，虽年逾八旬，仍以极大的热情参与各项考察和学术活动，亲赴边疆地区调查研究，并对发展茶叶出口创汇，提出了一些全局性的宏观管理改革意见。他几十年如一日地从事茶叶史料的搜集和研究，发表了大量精湛的茶叶论著，在90岁高龄时还撰写主编了其最后一部著作《茶经述评》。他的著作丰富了祖国茶叶的历史文库。在近70多年岁月里，他为振兴祖国茶叶事业做出了重要贡献，被誉为"当代茶圣"。

吴觉农生前情系故土，十分关心绍兴人民的生活与茶业生产的发展，曾多次返乡视察，在上虞与嵊州创办茶场，引进良种，培养人才，极大地促进了绍兴茶业的发展。

任务三 熟悉茶与文艺

问题一 茶诗、茶歌、茶联分别是什么？

在我国古代和现代文学作品中与茶有关的茶诗、茶歌、茶联比比皆是，这些作品大都已成为我国文学宝库中的奇葩。

（一）茶诗

我国既是"茶的祖国"，又是"诗的国家"，因此茶很早就渗透进诗词之中，从最早出现的茶诗到现在，历时一千七百年，为数众多的诗人，文学家已创作了不少优美的茶叶诗词。

我国狭义的茶叶诗词是指"咏茶"诗词，即诗的主题是茶，这种茶叶诗词数量略少；广义的茶叶诗词不仅包括咏茶诗词，而且也包括"有茶"诗词，即诗词的主题不是茶，但是诗词中提到了茶，这种诗词数量就很多了。我国广义的茶叶诗词，据估计：唐代约有500首，宋代多达1000首，再加上金、元、明、清，以及近代，总数当在2000首以上，真可谓美不胜收、琳琅满目了（见图6-4）。

卢仝，自号玉川子，爱茶成癖，被后人尊为茶中亚圣，他的《走笔谢孟谏议寄新茶》即《饮茶歌》是他在品尝友人谏议大夫孟简所赠新茶之后的即兴之作，是一首著名的咏茶的七言古诗。

1.《娇女诗》——我国最早咏及茶事的诗

西晋文学家左思的《娇女诗》是我国最早咏及茶事的诗，该诗写道：

吾家有娇女，皎皎颇白皙。小字为纨素，口齿自清历。鬓发覆广额，双耳似连璧。明朝弄梳台，黛眉类扫迹。浓朱衍丹唇，黄吻烂漫赤。娇语若连琐，忿速乃明集。握笔利彤管，篆刻未期益。执书爱绨素，诵习矜所获。其姊字惠芳，面目粲如画。轻妆喜楼边，临镜忘纺绩。举觯拟京兆，立的成复易。玩弄眉颊间，剧兼机杼役。从容好赵舞，延袖象飞翮。上下弦柱际，文史辄卷襞。顾眄屏风画，如见已指摘。丹青日尘暗，明义为隐赜。驰骛翔园林，果下皆生摘。红葩缀紫蒂，萍实骤柢掷。贪华风雨中，倏忽数百适。务蹑霜雪戏，重綦常累积。并心注肴馔，端坐理盘鬲。翰墨戢闲案，相与数离逖。动为垆钲屈，屐履任之适。止为茶荈据，吹嘘对鼎立。脂腻漫白袖，烟熏染阿锡。衣被皆重地，难与沉水碧。任其孺子意，羞受长者责。瞥闻当与杖，掩泪俱向壁。

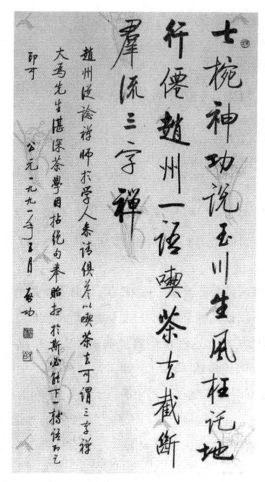

图 6-4　启功的《赵州和尚茶诗》

诗的前四句给娇女儿作了一幅肖像画，纨素肌肤白皙，口齿伶俐，活泼可爱。五六句描写大女儿外貌美丽，并且在眉目上轻描淡写。后六句写姐妹俩一年四季在园子里攀折花木，生摘果实，有时贪迷花枝，竟不觉风和雨，来回奔跑，眨眼间可有百十趟。当她俩玩得口渴想喝茶时，便乖乖地匐于茶饮前，鼓腮吹嘘。

陆羽对这首诗很感兴趣，而且把它当作一则茶事史料收录于《茶经》中。

2.李白最先吟唱咏茶诗

在唐代，随着饮茶风尚的逐渐普及，文人都喜欢以诗吟诵茶叶，如诗人李白的《答族侄僧中孚赠玉泉仙人掌茶》诗：

尝闻玉泉山，山洞多乳窟。

仙鼠如白鸦，倒悬清溪月。

茗生此中石，玉泉流不歇。

根柯洒芳津，采服润肌骨。

丛老卷绿叶，枝枝相接连。

曝成仙人掌，似拍洪崖肩。

举世未见之，其名定谁传。

宗英乃禅伯，投赠有佳篇。

清镜烛无盐，顾惭西子妍。

朝坐有馀兴，长吟播诸天。

这首诗是最早的吟唱咏茶诗，诗人用豪放的诗词，把仙人掌茶的出处、品质、功效等，做了详细的描述。

3. 白居易与茶诗

将茶大量移入诗坛，使茶、酒在诗坛中并驾齐驱的是白居易。从白居易的诗中，我们看到茶在文人中的地位逐渐上升、转化的过程。白居易与许多唐代早、中期诗人一样，原是十分喜欢饮酒的。有人统计，白居易存诗二千八百首，涉及酒的有九百首；而以茶为主题的有八首，叙及茶事、茶趣的有五十多首，二者共六十多首。可见，白居易是爱酒不嫌茶。《唐才子传》说他"茶铛酒杓不相离"，这正反映了他对茶酒兼好的情况。在白居易的诗中，茶、酒并不争高下，而常像姐妹一般出现在一首诗中："看风小溘三升酒，寒食深炉一碗茶"（《自题新昌居止》）。又说："举头中酒后，引手索茶时"（《和杨同州寒食乾坑会》）。前者讲在不同环境中有时饮酒，有时饮茶；后者是把茶作为解酒之用。

白居易为何好茶，有人说因朝廷曾下禁酒令，长安酒贵；有人说因中唐后贡茶兴起，白居易多染时尚。这些说法都有道理，但作为一个大诗人，白居易从茶中体会的还不仅是物质功用，还有艺术家特别的体味。白居易终生、终日与茶相伴，早饮茶、午饮茶、夜饮茶、酒后索茶，有时睡下还要索茶。他不仅爱饮茶，而且善别茶之好坏，朋友们称他为"别茶人"。

（二）茶歌

茶歌是由茶叶生产、饮用这一主体文化派生出来的一种茶叶文化现象。从现存的茶史资料来说，茶叶成为歌咏的内容，最早见于西晋的孙楚《出歌》，其称"姜桂茶荈出巴蜀"，这里所说的"茶荈"，指的就是茶。

茶歌的来源，一是由诗为歌，也即由文人的作品而变成民间歌词的。茶歌的另一种来源，是由谣而歌，民谣经文人的整理配曲再返回民间。

江西、福建、浙江、湖南、湖北、四川各省的方志中，都有不少茶歌的记载。这些茶歌，开始未形成统一的曲调，后来，孕育产生了专门的"采茶调"，使采茶调和山歌、盘歌、五更调、川江号子等并列，发展成为我国南方的一种传统民歌形式。当然，采茶调变成民歌的一种格调后，其歌唱的内容，就不一定限于茶事或与茶事有关的范围了。

在我国有不少的以茶为主题的和与茶相关的歌曲，如《采茶歌》《请茶歌》《茶山小调》等。从茶歌的历史上来看，茶歌大都是劳动人民创造的口头文艺形式，并以口头形式在民间流传，所以茶歌具有广泛的群众基础。

在现代出现的一些以茶为内容的流行歌曲，则大都是以茶为引子或衬托来表达某种情调或情谊。如《龙井谣》：

龙井龙井，多少有名。问问种茶人，多数是客民。儿子在嘉兴，祖宗在绍兴。茅屋蹲蹲，番薯啃啃。你看有名勿有名？

茶歌的再一个也是主要的来源，即完全是茶农和茶工自己创作的民歌或山歌。如清代流传在江西每年到武夷山采制茶叶的劳工中的歌，其歌词称：

清明过了谷雨边，背起包袱走福建。

想起福建无走头，三更半夜爬上楼。

三捆稻草搭张铺，两根杉木做枕头。

想起崇安真可怜，半碗腌菜半碗盐。

茶叶下山出江西，吃碗青茶赛过鸡。

采茶可怜真可怜，三夜没有两夜眠。

茶树底下冷饭吃，灯火旁边算工钱。

武夷山上九条龙，十个包头九个穷。

年轻穷了靠双手，老来穷了背竹筒。

（三）茶联

茶联（见图6-5、图6-6），乃是我国楹联宝库中的一枝夺目鲜花。相传最早始于五代后蜀主孟昶在寝门桃符板上的题词，自唐至宋，饮茶兴盛，又受文人墨客所推崇，因此，茶联的出现，最迟应在宋代。但目前有记载的，而且数量又比较多的，乃是在清代，尤以郑燮为最。清代的郑燮能诗、善画，又懂茶趣，善品茗，他的一生中曾写过许多茶联，如下：

汲来江水烹新茗，买尽青山当画屏。

扫来竹叶烹茶叶，劈碎松根煮菜根。

墨兰数枝宣德纸，苦茗一杯成化窑。

雷言古泉八九个，日铸新茶三两瓯。

山光扑面因潮雨，江水回头为晚潮。

从来名士能评水，自古高僧爱斗茶。

楚尾吴头，一片青山入座；淮南江北，半潭秋水烹茶。

图6-5 吴昌硕《行书对联》

图6-6 毛怀《行书对联》

 茶博士

近代部分经典茶联（摘录）

一天无空座	煮沸三江水	茶香飘四海
四时有香茶	同饮五岳茶	叶味流三江
三江待茶客	香分共相露	香飘屋内外
四海迎春风	水汲石中泉	味醇一杯中

客至心常热 人走茶不凉	客来茶当酒 人好水如饴	人走茶不冷 客来酒犹香
浓茶胜美酒 雅座赛蓬莱	醉我非美酒 留宾皆因茶	闲情常品茗 豪气快登楼
黄山顶上茶 扬子江心水	龙团新斗品 凤饼乍分纲	门前柳浪泛 屋后茶园香
品茶赞国瑞 捧杯话党恩	有茶桐叶暖 无酒竹梗寒	酒香文明店 茶润礼貌客
疑成云雾顶 飘出晨露香	玉盏霞生液 金瓯雪泛花	方音听满座 和气透提壶
风生丛竹笑 香泛乳花轻	溢味播九区 芳茶冠六清	浴蚕新月岭 团凤旧生涯
雨前勤采取 酒后合品赏	诗写梅花月 茶煎谷雨春	蜀土茶称胜 蒙山味独珍
雀舌溢清香 凤团思异品	清泉烹雀舌 活水煮龙团	与陶潜论酒 偕陆羽评茶
泉嫩黄金涌 芽香紫璧栽	春共山中采 香宜竹里煎	带烟烹雀舌 和露摘龙鳞
亭中新煮茗 壁上旧题诗	茶笋尽禅味 松杉真法音	尘虑一时净 清风两腋生
西子矿泉水 黄山云雾茶	深山沾雨露 市井献清香	家乡水最美 碧野茶清香
一醉千愁解 三杯万事和	经纶布函夏 色味得先香	贤良德生聚 良辰春风来
识得此中滋味 觅来无上清凉	门外鸟啼花落 庵中饭熟茶香	红茶橙红映日 绿茶碧绿妆山
龙井泉水奇味 武夷茶发异香	煮酒放言世事 烹茶细味人生	佳肴无肉亦可 雅淡离我难成
花好月圆人寿 酒酣饭饱茶香	菜在街面摊卖 茶于壶中吐香	竹露松风蕉雨 茶烟琴韵书声

问题二　与茶有关的民谣有哪些？

民谣是民众心声的流露，民谚是劳动智慧与生活经验的总结。民间谣谚因此具有了作为社会史料和风俗史料的宝贵价值。以下是劳动人民在种茶、摘茶、制茶和品茶活动中总结的民谣、民谚：

（一）茶叶采摘民谚

从雨雀舌茶，一叶搭一芽。（江西）

割不尽的麻，采不尽的茶。（浙江）

茶树不怕采，只要肥料足。（浙江）

苦茶，苦茶，不摘不发。（湖南）

茶蔸是个瘟，不摘不发荪。（湖南）

茶叶是个狠心草，不狠心就摘不到。（湖南）

插得秧来茶变草，采得茶来秧已老。（浙江）

头年蓄个桠，来年发一把。（湖南）

头茶留个把，二茶发一跨，二茶留个墩，三茶发一捆。（湖南）

会做鞋子先打底，会采茶叶从蔸起。（湖南）

茶芽茶芽，早采早发，迟采迟发，难采不发。（湖北宜昌）

夏前宝，夏后草。（指春茶时的立夏节气）

茶叶是个时辰草，早采三天是个宝，迟采三天变成草。（杭州西湖梅家坞）

摘了"白露"茶，园门把销挂。（湖南浏阳）

连把老叶摘来年。（不留叶的采摘，招致来年减产的后果）

采了头春想二春，采了今年问来年。（福建）

清明茶叶是个宝，立夏茶叶变成草，谷雨茶叶刚刚好。（浙江）

树上乱难采，采下乱难拣。（江苏）

明前茶叶是贡品，谷雨仙茶为上等，立夏茶叶是下等。（浙江）

春茶不采，夏茶不发，头拨不采，二拨不发，夏采留一叶，秋茶多一芽。（云南凤庆）

采养结合，芽壮叶多；过度采摘，枝枯叶瘦。（云南凤庆）

采尽树上果，拣尽地上籽。（河南）

（二）茶园管理民谚

春山挖破皮，伏山开见底。（浙江）

三年不打挖，只有摘花。（浙江）

行间深挖，丛边浅削。（浙江）

人不吃饭难挑担，茶不施肥难增产。（浙江）

若要茶叶产量高，茶园年年铺秋草。（浙江）

茶园铺秋草，赛过穿棉袄。（浙江）

冬天一尺五，不如伏天破寸土。（浙江）

大茶砍谷雨，小茶砍立夏。（福建）

深挖一尺三，茹砣尽力担。（茹砣指红薯，湖南新化）

土灰拌人粪，茶茹两有分。（湖南新化）

种届豆子当得下届肥。（湖南涟源）

茶园种黄豆、绿豆、饭豆、豇豆最好，叶烂为肥。（湖南汉寿）

要想茶树长得好，就要每年挖疙苑。（湖南）

茶树不要粪，只要伏天挖一顿。（湖南双峰）

冬天培了土，茶园丰收十有九。（湖南岳阳）

一道锄头一道粪。（湖南平江）

庄稼一枝花，全靠肥当家。（湖南安化）

隔年茶园培上土，来年增产十月九。（湖南汉寿）

锄头尖上出大粪。（湖南浏阳）

要想茶树长得好，只要年年打届草。（山区有刘莆肥茶土的习惯）

春前播种早，春后播种迟，雨水惊蛰最适宜。（浙江）

正月早，三月迟，二月播种正当时。（浙江）

三耕锄，一培土。（安徽）

土是根，水是命，肥是劲。（江西）

茶树无肥芽不旺。（江西）

长疼不如短疼。（茶树修剪）

生地种茶易活，铲掉草皮用桩落。（云南）

（三）茶叶加工谚语

十里红茶九里香。（指制红茶时，茶香传播很远）

主脉红上尖，支脉红一边。叶片红八成，青味变香甜。（指红茶发酵程度要掌握适当。湖北宜昌）

茶叶机械化，再忙也不怕。（湖南岳阳）

嫩叶子，色鲜艳，颜色均匀红黄现；老叶子，色较暗，青气消失红黄间。(指掌握发酵叶色变化)

日看锅白，夜看锅红。(指杀青温度的掌握。湖南安化)

叶子包得盐，杆子撑得船。(指采制粗老茶的原料)

嫩茶窨香花，芬芳人人夸。(四川)

一杯花茶十朵花，撷花万蕾窨花茶。(四川)

(四)茶与生活民谚

宁可一日无食，不可一日无茶。(藏、蒙)

一日无茶则滞，三日无茶则病。(藏、蒙)

藏人茶饱肚，汉人饭饱肚。(藏)

宁可三天无油盐，不可一日不喝茶。(藏)

清晨一杯茶，饿死卖药家。(广东)

东南路里水泡茶，城西两路罐罐茶，北路河里油炒茶。(陕西汉中地区略阳)

勤俭姑娘，鸡鸣起床，梳头洗面，先煮茶汤。(赣南客家)

平地人不离糍粑，高山人不离苦茶。(湖南江华)

一天三餐油茶汤，一餐不吃心里慌。(鄂西土家族、苗族自治州)

头苦二甜三回味。(云南白族三道茶)

贵客进屋三杯茶。(侗族)

若要富，种茶树。(云南华坪县傈僳族、勐海县傣族)

古蔺罐儿茶好喝，麻辣鸡好吃。(四川古蔺)

不喝一碗擂茶，枉到桃花源。(湖南桃源)

早晨三杯茶，郎中饿得爬。(湘西城步苗族自治县)

问题三　与茶有关的书画有哪些?

(一)茶与书法

"酒壮英雄胆，茶助文人思"，茶能触发文人创作激情，提高创作效果。但是，茶与书法的联系，更本质的是在于两者有着共同的审美理想、审美趣味和艺术特性，两者以不同的形式，表现了共同的民族文化精神。也正是这种精神，将两者永远地联结了起来。

中国书法艺术，讲究的是在简单的线条中求得丰富的思想内涵，就像茶与水那样，在简明的色调对比中求得五彩缤纷的效果。它不求外表的俏丽，而注重内在的生命感，从朴实中表现出韵味。对书法家来说，要以静寂的心态进入创作，去除一切杂念，意守胸中之气。书法对人的品格要求也极为重要，如柳公权就以"心正则笔正"来进谏皇上。宋代苏东坡最爱茶与书法，司马光便问他："茶欲白墨欲黑，茶欲重墨欲轻，茶欲新墨从陈，君何同爱此二物？"东坡妙答曰："上茶妙墨俱香，是其德也；皆坚，是其操也。譬如贤人君子，黔皙美恶之不同，其德操一也。"这里，苏东坡是将茶与书法两者上升到一种相同的哲理和道德高度来加以认识的。此外，如陆游的"矮纸斜行闲作草，晴窗细乳戏分茶"。这些诗句，是对茶与书法关系的一种认识，也体现了茶与书法的共同美。

唐代是书法艺术盛行的时期，也是茶叶生产的发展时期。书法中有关茶的记载也逐渐增多，其中比较有代表性的是唐代著名的狂草书法家怀素和尚的《苦笋帖》。

宋代，在中国茶业和书法史上，都是一个极为重要的时代，可谓茶人迭出，书法家群起。茶叶饮用由实用走向艺术化，书法从重法走向尚意。不少茶叶专家同时也是书法名家。比较有代表性的是"宋四家"。

唐宋以后，茶与书法的关系更为密切，有茶叶内容的作品也日益增多。流传至今的佳品有蔡襄的《精茶帖》（见图6-7）、苏东坡的《一夜帖》（见图6-8）、米芾的《苕溪诗》、郑燮的《竹枝词》、汪巢林的《幼孚斋中试泾县茶》、文彭《草书卢仝饮茶诗卷》（见图6-9）、文征明的《形书游虎丘诗卷》局部（见图6-10）等。其中有的作品是在品茶之际创作出来的。至于近代的佳品则更多了。

图6-7　蔡襄《精茶帖》

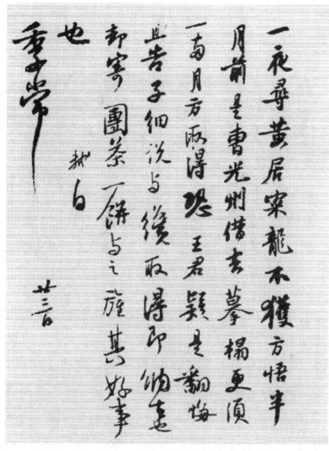

图 6-8　苏轼的《一夜帖》

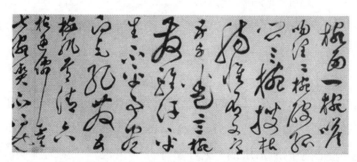

图 6-9　文彭的《草书卢仝饮茶诗卷》

（二）茶与画

如果把酒与诗比作孪生兄弟，那么，茶与画就是形影相随的同胞姐妹。茶墨之情源远流长，据学者考证，中国古代绘画以茶为题材可追溯到两千多年前的秦汉时期。1972 年在湖南长沙马王堆出土的西汉墓葬中就发现了一幅迄今为止最早的以茶为题的

"敬茶仕女"帛画。新疆吐鲁番出土的唐代墓葬中，有一幅《对棋图》上画一侍女，手捧茶托端茶侍候。

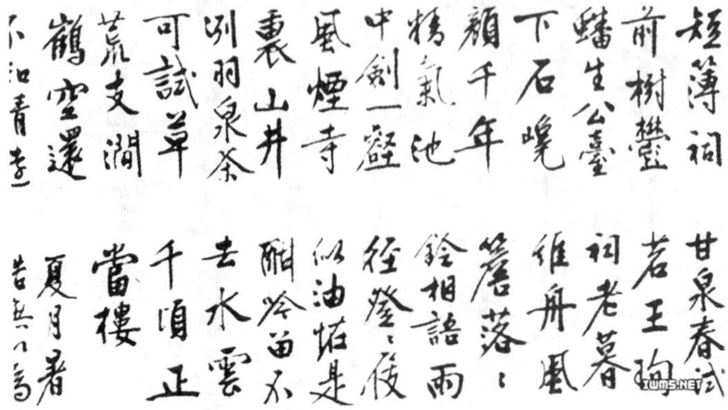

图 6-10　文征明的《形书游虎丘诗卷》局部

唐宋以后，茶与画更是结下了不解之缘，有不少茶客在饮茶之余，创作了大量描绘士人书斋饮茶或百姓坊间斗茶的图画。这当中，最为著名的茶画有宋代刘松年的《卢仝烹茶图》、宋末元初钱选的《卢仝烹茶图》、明代文征明的《惠山茶会图》与《林榭煎茶图》、唐寅的《琴士图》与《事茗图》等。这些茶画多写玉川煮茶，意境空旷闲适，无为超脱。尤其是唐寅的《事茗图》，表现山野散人茅屋独饮，画面开阔，苍松古树拥抱着几间草屋，近有山石环绕，小桥流水，远有高山飞瀑，给人以空冥脱俗之感。文征明的《惠山茶会图》写山野依泉啜饮，画面宁静恬雅，古朴归真，苍松林中有一茅草搭成的泉亭，与群松融为一体。泉边两人席地对坐，安详舒适。亭外有茶几、茶具、风炉之属。在这里，茶境与画境水乳交融，浑然一体。我们不仅能从中看到作者品尝幽泉新绿的潇洒，也能体会到他在品茗中参悟生命机趣的愉悦。

喝茶之道在于情趣：杯中泛起的浅碧，"灿然而生""纤巧如画"，可清心见性；入口平和的茶汤，犹能淡泊明志；伴清茶一壶，把盏浅啜，能浇灭心中的块垒、熄去世态炎凉。这也正是画家们所追求的。对于妙手丹青来说，茶汤的神韵能使其涤除一切杂念，意守胸中正气，以静寂的心态进入创作，从而创作出真正的佳作。丰子恺和齐白石的画如图 6-11、图 6-12 所示。

问题四　与茶有关的戏曲有哪些？

茶与戏曲的渊源是很深的。以茶为题材，或者情节与茶有关的戏剧，是很多的。

我国的"采茶戏"是世界上唯一由茶事发展产生的独立剧种。所谓采茶戏，是流行于江西、湖北、湖南等省区的一种戏曲类别。

图6-11　丰子恺漫画《山高月小水落石出》

图6-12　齐白石《煮茶图》

采茶戏在各省还以流行的地区不同，而冠以各地的地名来加以区别。如广东的"粤北采茶戏"、湖北的"阳新采茶戏""黄梅采茶戏"等。这种戏，尤以江西较为普遍，剧种也多。这些剧种虽然名目繁多，但它们形成的时间，大致都在清代中期至清代末年的这一阶段。

采茶戏是由采茶歌和采茶舞发展起来的。如采茶戏变成戏曲，就要有曲牌，其最早的曲牌名，就叫"采茶歌"。采茶戏的人物表演，与民间的"采茶灯"极其相近，茶灯舞一般为一男一女或一男二女；最初的采茶戏，也叫"三小戏"，亦是二小旦、一小生或一旦一生一丑参加演出的。另外，有些地方的采茶戏，如蕲春采茶戏，在演唱形式上，也多少保持了过去民间采茶歌、采茶舞的一些传统。其特点是一唱众和，即台上一名演员演唱，其他演员和乐师在演唱到每句句末时，合唱帮腔。因此，如果没有采茶和其他茶事劳动，也就不会有采茶的歌和舞；如果没有采茶歌、采茶舞，也就不会有广泛流行于我国南方许多省区的采茶戏。所以，采茶戏不仅与茶有关，而且是茶叶文化在戏曲领域派生或戏曲文化吸收茶叶文化形成的一种灿烂的文化内容。

茶对戏曲的影响，不仅直接产生了采茶戏这种戏曲，更为重要的是，对所有戏曲都有影响的是剧作家、演员、观众都喜好饮茶；茶叶文化浸染在人们生活的各个方面，以至于戏剧也须臾不能离开茶叶。如明代我国剧本创作中有一个艺术流派，叫"玉茗堂派"（也称临川派），即是因大剧作家汤显祖嗜茶，将其临川的住处命名为"玉茗堂"而引起的。汤显祖的剧作，注重抒写人物情感，讲究辞藻，在他的代表作《牡丹亭》里，就有许多表达茶事的情节。如在《劝农》一折，当杜丽娘的父亲、太守杜宝在风和日丽的日子里，下乡劝勉农作。来到田间，只见农妇们边采茶边唱道："乘谷雨，采新茶，一旗半枪金缕芽。学士雪炊他，书生困想他，竹烟新瓦。"杜宝见到农妇们采茶如同采花一般的情景，不禁喜上眉梢，吟曰："只因天上少茶星，地下先开百草精，闲煞女郎贪斗草，风光不似斗茶清。"这些唱词对谷雨采摘细嫩的旗枪，选用雪水沏茶，以及斗茶品茗等，做了生动的描绘。

其所作《玉茗堂四梦》刊印后，对当时和后世的戏剧创作，有着不可估量的影响。

在我国的传统戏剧剧目中，还有不少表现茶事的情节与台词。如昆曲《西园记》的开场白中就有"买到兰陵美酒，烹来阳羡新茶"之句。昆曲《鸣凤记·吃茶》一折，杨继盛乘吃茶之机，借题发挥，怒斥走狗赵文华，可谓淋漓尽致。现代著名剧作家田汉的《环珴璘与蔷薇》中也有不少煮茶、沏茶、奉茶、斟茶的场面。戏剧与电影《沙家浜》中的剧情就是在阿庆嫂开设的春来茶馆中展开的。在电视剧《聊斋志异·书阁》中，书痴与书仙结婚时，则是采用以清茶代酒的情节。至于老舍的话剧《茶馆》，几十年来连演不衰，深受广大观众的欢迎。该剧通过裕泰茶馆的兴衰和各种人物的遭遇，揭露了旧社会的腐朽和黑暗。

又如过去不仅弹唱、相声、大鼓、评话等曲艺大多在茶馆演出，就是各种戏剧演出的剧场，也都兼营卖茶或最初也在茶馆。所以，在明、清时，凡是营业性的戏剧演出场所，一般统称之为"茶园"或"茶楼"。因为戏曲演员演出的收入，早先是由茶馆支付的。换句话说，早期的戏院或剧场，其收入是以卖茶为主；只收茶钱，不卖戏票，演戏是为娱乐茶客和吸引茶客服务的。如20世纪末北京最有名的"查家茶楼""广和茶楼"以及上海的"丹桂茶园""天仙茶园"等，就均是演出场所。这类茶园或茶楼，一般在一壁墙的中间建一台，台前平地称之为"池"，三面环以楼廊作观众席，设置茶桌、茶椅，供观众边品茗边观戏。现在的专业剧场，是辛亥革命前后才出现的，当时还特地名之为"新式剧潮"或"戏园""戏馆"。这"园"字和"馆"字，就出自茶园和茶馆。所以，有人也形象地称："戏曲是我国用茶汁浇灌起来的一门艺术。"另外，茶叶的生产、贸易和消费，既然已成为社会生产、社会文化和社会生活的一个重要方面，自然，也就不可能不被戏剧所吸收和反映。所以，古今中外的许多名戏、名剧，不但都有茶事的内容、场景，有的甚至全剧即以茶事为背景和题材，把观众一下引到特定的乡土风情之中。

赣南采茶戏简介

赣南采茶戏风格幽默、诙谐、轻松、活泼，像一朵鲜艳、芳香的山茶花，盛开在赣南各地的艺苑之中，并延及闽、粤、桂等地。这种由赣南民间口头文学和民间音乐舞蹈相结合而形成的，独具客家表演艺术特色的地方戏曲，是随宋代客家民乐在南方地域的形成而诞生于赣南的。至今仍保留有宋、元杂剧的某些特点。音乐主要采用唢呐加锣鼓伴奏的灯戏音乐和用"勾筒"（胡琴）主奏的采茶音乐，曲调有灯腔、茶腔、路调、彩调四种，演出的扇子花或矮子步最具特色。曾有一百多个传统戏目在民间流传。

问题五　与茶有关的小说有哪些？

小说是文学的一大类别，它以人物的塑造为中心，通过完整的故事情节和具体的环境描写，广泛地多方面地反映社会生活。而作为社会生活必需品的茶，自然是小说情节中被描述的对象。

唐代以前，在小说中茶事往往在神话志怪传奇故事里出现。如东晋干宝《搜神记》中的神异故事"夏侯恺死后饮茶"；隋代以前的《神异记》中的神话故事"虞洪获大茗"；传说为东晋陶潜著的《续搜神记》中的神异故事"秦精采茗遇毛人"；南朝宋刘敬叔著的《异苑》中的鬼异故事"陈务妻好饮茶茗"；还有《广陵耆老传》中的神话故事"老姥卖茶"，这些都开了小说记叙茶事的先河。明清时代，记述茶事的多为话本小说和章回体小说。在我国古代六大古典小说和四大奇书中，如《三国演义》《水浒传》《金瓶梅》《西游记》《红楼梦》《三言二拍》等无一例外地都有茶事的描写。

在兰陵笑笑生的《金瓶梅》中，作者借李桂姐的一曲"朝天子儿"，发表了一篇"崇茶"的自白书，词曰："这细茶的嫩芽，生长在春风下，不揪不采叶儿楂。但煮着颜色大，绝妙清奇，难描难画。口里儿常时呷，醉了时想他，醒了时爱他，原来一篓儿千金价。"由于作者爱茶、崇茶，因此，在他的小说中就极力提倡戒酒饮茶，如在《四贪词·酒》中写道："酒损精神破丧家，语言无状闹喧哗……切须戒，饮流霞。"并进而提出："今后逢宾只待茶。"要大家"闲是闲非休要管，渴饮清泉闷煮茶"。

清代的蒲松龄，大热天在村口铺上一张芦席，放上茶壶和茶碗，用茶会友，以茶换故事，终于写成《聊斋志异》。在书中众多的故事情节里，又多次提及茶事，其中以书痴在婚礼上"用茶代酒"一节，给人的印象尤为深刻。在刘鹗的《老残游记》中，有专门写茶事的"申子平桃花山品茶"一节，其中写到申子平呷了一口茶，觉得此茶清爽异常，津液汩汩，又香又甜，有说不出的好受，于是问仲玙姑娘，此茶为何这等好受？仲玙姑娘告诉他："这茶是本山上的野茶，水是汲的东山顶上的泉，又是用松花作柴，沙瓶煎的。三合其美，所以好了。"她一语中的，说出了要品一杯好茶，必须茶、水、火"三合其美"，缺一不可。在施耐庵的《水浒传》中，则写了王婆开茶坊和喝大碗茶的情景。

 茶博士

《茶馆》赏析

茶馆，在中国极为常见，但却是一个很特殊的地方。茶馆几乎浓缩了整个社会的各种形态，并随着社会的变革而同步地演出着一幕幕的人间话剧。

《茶馆》是一部非常著名的话剧。剧作者老舍（1899—1966年），原名舒庆春，字舍予。老舍是他的笔名。满族，北京人。中国著名的现代文学家。老舍的《茶馆》创作于1956年，他以独特的艺术手法，把三个历史时期的中国社会变迁状况，装进了不足5万字的《茶馆》里，以话剧的形式生动地表现了出来。

这出三幕话剧中，共有70多个人物，其中50个是有姓名或绰号的，这些人物的身份差异特大，有曾经做过国会议员的，有宪兵司令部里的处长，有清朝遗老，有地方恶势力的头头，也有说评书的艺人、看相算命的及农民乡妇等，形形色色的人物，构成了一个完整的"社会"层次。

《茶馆》的创作意图是十分清楚的，它通过"裕泰"的茶馆陈设由古朴→新式→简陋的变化，昭示了茶馆在各个特定历史时期中的时代特征和文化特征。开始时，茶客的弄鸟、吃茶、玩虫，虽有些略带古风的声色，但由于"侦缉"的出现及"莫谈国事"的纸条，一动一静，均产生着一种压抑的气氛。第二幕中，"裕泰"的生存，及

茶馆设施的更新与场面的收缩，无疑暗示着茶馆在这个矛盾不断加剧的社会中所做的抗争。茶馆中的"洋气"以及那张越写越大的"莫谈国事"纸条，则预示着更大的危机。到了第三幕，不仅"莫谈国事"的纸条写得更大，数目更多，而且旁边还有一张纸条——"茶钱先付"。这表明了茶馆已经到了入不敷出的地步，而"茶钱先付""莫谈国事"显然反映了一种因果联系。

老舍以茶馆为载体，以小见大，反映社会的变革，是"吃茶"使各种人物、各个社会阶层和各类社会活动聚合在一起，如果没有"吃茶"一事，则茶馆中任何事情都将不复存在。正因为如此，老舍在剧中对北京茶馆文化也花费了不少的笔墨。如早先的茶馆里，除了喝茶，还有点心、"烂肉面"可吃；一边喝茶，一边还可以做不少与茶无涉的事情；北京的茶馆也和江南茶馆一样，是个"吃讲茶"的地方；茶馆的老顾客是可以赊账的，茶客也可以自己带茶叶来品；茶馆也是听书的好地方，说书人可以在此谋得一份生活的来源……

这类细节，给《茶馆》所要表现的主题，增添了一种真切的氛围。除了为表现主题服务之外，也展示了中国茶馆文化之一斑。《茶馆》的艺术价值不仅在于通过一个茶馆反映了一段历史时期的社会变革，同时也在于反映了社会变革对茶馆经济和茶馆文化的影响。

问题六 中国历代茶书有哪些？

自唐陆羽撰写世界上第一部茶书《茶经》以来到清末，这期间中国出了许多茶书。我国茶书按其内容分类，大体可分为综合类、地域类、专题类和汇编类四类。

综合类：综合类茶书主要是记述茶树植物形态特征、茶名汇考、茶树生态环境，茶的栽种、采制、烹煮技艺，以及茶具、茶器、饮茶风俗、茶史、茶事等。如陆羽的《茶经》、赵佶的《大观茶论》、朱权的《茶谱》、许次纾的《茶疏》和罗廪的《茶解》等。

地域类：地域类茶书主要记述福建建安的北苑茶区和宜兴与长兴交界的岕茶区。北苑茶区有丁谓的《北苑茶录》、宋子安的《东溪试茶录》、赵汝砺的《北苑别录》和熊蕃的《宣和北苑贡茶录》等；岕茶区有熊明遇的《罗岕茶记》、周高起的《洞山岕茶系》、冯可宾的《岕茶笺》和冒襄的《岕茶汇抄》等。

专题类：专题类茶书有专门介绍咏赞碾茶、煮水、点茶用具的审安老人的《茶具图赞》；有杂录茶话和典故的夏树芳的《茶董》、陈继儒的《茶话》和陶谷的《荈茗录》等；有记述各地宜茶之水，并品评其高下的如张又新的《煎茶水记》、田艺蘅的《煮泉小品》和徐献忠的《水品》等：有专讲煎茶、烹茶技艺，述说饮茶人品、茶侣、环境等的蔡襄的《茶录》，苏廙的《十六汤品》，陆树声的《茶寮记》和徐渭的《煎茶七类》等；有主要讨论茶叶采制掺杂弊病的黄儒的《品茶要录》；还有关于茶技、茶叶专卖和整饬茶叶品质的专著，如沈立的《茶法易览》、沈立的《本朝茶法》和程雨亭的《整饬皖茶文牍》等。

汇编类；汇编类的茶书，有把多种茶书合为一集的，如喻政的《茶书全集》；有摘录散见于史籍、笔记、杂考、字书、类书以及诗词、散文中的茶事资料作分类编辑的，如刘源长的《茶史》和陆廷灿的《续茶经》等。

《茶经》简介

《茶经》，是中国乃至世界现存最早、最完整、最全面介绍茶的一部专著，由中国茶道的奠基人陆羽所著。此书是一部关于茶叶生产的历史、源头、现状、生产技术以及饮茶技艺、茶道原理的综合性论著，是一部划时代的茶学专著。它不仅是一部精辟的农学著作又是一本阐述茶文化的书。它将普通茶事升格为一种美妙的文化艺能。它是中国古代专门论述茶叶的一类重要著作，推动了中国茶文化的发展。

《茶经》分三卷十节，约7000字。卷上：一之源，讲茶的起源、形状、功用、名称、品质；二之具，谈采茶制茶的用具，如采茶篮、蒸茶灶、焙茶棚等；三之造，论述茶的种类和采制方法。卷中：四之器，叙述煮茶、饮茶的器皿，即24种饮茶用具，如风炉、茶釜、纸囊、木碾、茶碗等。卷下：五之煮，讲烹茶的方法和各地水质的品第；六之饮，讲饮茶的风俗，即陈述唐代以前的饮茶历史；七之事，叙述古今有关茶的故事、产地和功效等；八之出，将唐代全国茶区的分布归纳为山南（荆州之南）、浙南、浙西、剑南、浙东、黔中、江西、岭南等八区，并谈各地所产茶叶的优劣；九之略，分析采茶、制茶用具可依当时环境，省略某些用具；十之图，教人用绢素写茶经，陈诸座隅，目击而存。《茶经》系统地总结了当时的茶叶采制和饮用经验，全面论述了有关茶叶起源、生产、饮用等各方面的问题，传播了茶业科学知识，促进了茶叶生产的发展，开中国茶道的先河。且《茶经》是中国古代最完备的茶书，除茶法外，凡与茶有关的各种内容，都有叙述。以后茶书皆本于此。

任务四 了解茶的典故与传说

我国名茶众多，几乎每个名茶都有一段神奇的传说，细细读来，颇有滋味。历史上有记载的茶事典故非常多，例如，"大红袍""铁观音""碧螺春"的来历、三国志中的"以茶代酒""乾隆皇帝封御茶""王安石泡茶验水，识破苏东坡取水地点上的破绽"等故事，这些典故与传说耐人寻味，引人入胜。

一、虎跑泉的传说

龙井茶、虎跑泉素称"杭州双绝"。虎跑泉是怎样来的呢？据说很早以前有兄弟二人，哥哥名叫大虎，弟弟名叫二虎，二人力大过人，有一年二人来到杭州，想安家住在现在虎跑的小寺院里，和尚告诉他俩，这里吃水困难，要翻几座岭去挑水，兄弟俩说，只要能住，挑水的事我们包了，于是和尚收留了兄弟俩。有一年夏天，天旱无雨，小溪也干涸了，吃水更困难了。一天，兄弟俩想起南岳衡山的"童子泉"，如能将童子泉移来杭州就好了。兄弟俩决定要去衡山移来童子泉，一路奔波，到衡山脚下时就昏倒了，狂风暴雨大作，风停雨住过后，他俩醒来，只见眼前站着一位手拿柳枝的小童，这就是管"童子泉"的小仙人，小仙人听了他俩的诉说后用柳枝一指，水洒在他俩身上，霎时，兄弟二人变成了两只斑斓老虎。小孩跃上虎背，老虎仰天长啸一声，带着"童子泉"直奔杭州而去。老和尚和村民们夜里做了一个梦，梦见大虎、二虎变成两只猛虎，把"童子泉"移到了杭州，天亮就有泉水了。第二天，天空霞光万丈，两只老虎从天而降，猛虎在寺院旁的竹园里，前爪刨地，不一会就刨了一个深坑，突然狂风暴雨大作，雨停后，只见深坑里涌出一股清泉，大家明白了，肯定是大虎和二虎给他们带来的泉水。为了纪念大虎和二虎，他们给泉水起名叫"虎刨泉"。后来为了顺口就叫"虎跑泉"了。用虎跑泉泡龙井茶，色香味绝佳，现今的虎跑茶室，就可品尝到这"双绝"佳饮。

二、黄山毛峰的传说

明朝天启年间，江南黟县新任县官熊开元带书童来黄山春游，迷了路，遇到一位腰挎竹篓的老和尚，便借宿于寺院中。长老泡茶敬客时，知县细看这茶叶色微黄、形似雀舌、身披白毫，开水冲泡下去，只见热气绕碗边转了一圈，转到碗中心就直线升腾，约有30厘米高，然后在空中转一圆圈，化成一朵白莲花。那白莲花又慢慢上升化成一团云雾，最后散成一缕缕热气飘荡开来，清香满室。知县问后方知此茶名叫黄山毛峰，临别时长老赠送此茶一包和黄山泉水一葫芦，并叮嘱一定要用此泉水冲泡才能出现白莲奇景。熊知县回县衙后正遇同窗旧友太平知县来访，便将冲泡黄山毛峰表演了一番。太平知县甚是惊喜，后来到京城禀奏皇上，想献仙茶邀功请赏。皇帝传令进宫表演，然而不见白莲奇景出现，皇上大怒，太平知县只得据实说道乃黟县知县熊开元所献。皇帝立即传令熊开元进宫受审，熊开元进宫后方知未用黄山泉水冲泡之故，讲明缘由后请求回黄山取水。熊知县来到黄山拜见长老，长老将山泉交付予他。在皇帝面前再次冲泡玉杯中的黄山毛峰，果然出现了白莲奇观，皇帝看得眉开眼笑，便对熊知县说道："朕念你献茶有功，升你为江南巡抚，三日后就上任去吧。"熊知县心中感慨万千，暗忖道"黄山名茶尚且品质清高，何况为人呢？"于是脱下官服玉带，来到黄山云谷寺出家做了和尚，法名正志。如今在苍松入云、修竹夹道的云谷寺下的路旁，有一檗庵大师墓塔遗址，相传就是正志和尚的坟墓。

三、铁观音的传说

铁观音原产安溪县西坪镇，已有 200 多年的历史，关于铁观音品种的由来，有两种说法，一种说法是：相传，清乾隆年间。安溪西坪上尧茶农魏饮制得一手好茶，他每日晨昏泡茶三杯供奉观音菩萨，十年来从不间断，可见礼佛之诚。一夜，魏饮梦见在山崖上有一株散发兰花香味的茶树，正想采摘时，一阵狗吠把好梦惊醒。第二天，他果然在崖石上发现了一株与梦中一模一样的茶树。于是采下一些芽叶，带回家中，精心制作。制成之后茶味甘醇鲜爽，精神为之一振。魏饮认为这是茶之王，就把这株茶挖回家进行繁殖。几年之后，茶树长得枝叶茂盛。因为此茶美如观音重如铁，又是观音托梦所获，就叫它"铁观音"。从此铁观音就名扬天下了。铁观音是乌龙茶的极品，其品质特征是：茶条卷曲，肥壮圆结，沉重匀整，色泽砂绿，整体形状似蜻蜓头、螺旋体、青蛙腿。冲泡后汤色多黄，浓艳似琥珀，有天然馥郁的兰花香，滋味醇厚甘鲜，回甘悠久，俗称有"音韵"。茶音高而持久，可谓"七泡有余香"。

另一说法是：

相传，安溪西坪南岩人王士让清朝乾隆六年曾出任湖广黄州府蕲州通判，曾经在南山之麓修筑书房，取名"南轩"。

清朝乾隆元年（1736 年）的春天，王士让与诸友会文于"南轩"。每当夕阳西坠时，就徘徊在南轩之旁。

有一天，他偶然发现层石荒园间有株茶树与众不同，就移植在南轩的茶圃，朝夕管理，悉心培育，年年繁殖，茶树枝叶茂盛，圆叶红心。采制成品，乌润肥壮；泡饮之后，香馥味醇，沁人肺腑。

乾隆六年，王士让奉召入京，谒见礼部侍郎方苞，并把这种茶叶送给方苞，方侍郎见其味非凡，便转送内廷，皇上饮后大加赞誉，垂问尧阳茶史，因此茶乌润结实、沉重似铁、味香形美，犹如"观音"，赐名"铁观音"。

四、大红袍茶的由来

相传明代有一进京赴考的书生，路过九龙窠，突然得病，借宿于一寺庙中。庙中和尚对这位书生悉心照顾，并取出所珍藏的茶叶，煮给书生饮用，病人服后病体迅速痊愈，进京一举考中状元。回乡祭祖时，特赴庙中答谢救命之恩，并问及该茶产于何地茶丛？和尚一一告知，并领状元至茶丛处，状元脱红袍披于茶丛之上，茶亦因之得名。

另一传说称：崇安有一县官久病不愈，后僧人进献此茶，县官饮后病除，遂到庙中向僧人致谢，将身上红袍脱下披在茶树上，茶遂得名为大红袍。虽然传说大同小异，都因茶能治病和红袍披茶树而得名。但是也有传说认为因此种茶树的嫩叶呈紫红色，初春时茶树似红袍披身而得名。

真本茶树据说在九龙窠，年产茶仅几两。所以要买到质量可靠的大红袍，就要学会鉴别。鉴别的一点就是看外包装。无论什么样的大红袍外包装，都必须要有生产厂家与生产日期、注册商标、原产地理标志、绿色环保认证标志（绿色食品、有机产品）。如果购买散装的大红袍茶，那就要看干茶外形。传统工艺制作的大红袍，呈条索状，条形完整；黑色或深褐色，有光泽；手触有弹性，微刺；闻嗅有干香，无异味。但更重要的是试茶，即当场冲泡。

传统工艺大红袍茶的冲泡，需要一定的技巧。俗话说"三分茶七分泡"，大红袍茶最忌的是用冲泡绿茶花茶的方法冲泡。最好的方法就是用"工夫茶"冲泡法。好水，沸水，快出水。"好水"就是选择适合冲泡的水，最好的当然是南方的山泉水，但一般城市没有这个条件，可选择优质桶装矿泉水或纯净水，以口感清冽甘甜为上。"沸水"就是一定要将水烧沸，一般用电随手泡现烧现泡即可，温度应达95℃以上。不宜用热水壶的温吞水。"快出水"指沸水冲下盖碗后，要快速倒出茶汤。一般来说，小盖碗置茶5～7克，时间不超过20秒就应出汤。基本原则是宁淡勿浓，先淡后浓。如果依"工夫茶"冲泡法冲泡，基本上就能冲泡出大红袍的韵味。

五、君山银针的传说

据说君山茶的一颗种子还是四千多年前娥皇、女英播下的。后唐的明宗皇帝李嗣源，有一回上朝的时候，侍臣为他捧杯沏茶，开水向杯里一倒，马上看到一团白雾腾空而起，慢慢地出现了一只白鹤。这只白鹤对明宗点了三下头，便朝蓝天翩翩飞去了。再往杯子里看，杯中的茶叶都整齐地悬空竖了起来，就像一群破土而出的春笋。过了一会儿，又慢慢下沉，就像是雪花坠落一般。明宗感到很奇怪，就问侍臣是什么原因。侍臣回答说"这是君山的白鹤泉（即柳毅井）水，泡黄翎毛（即银针茶）的缘故。"明宗心里十分高兴，立即下旨把君山银针定为"贡茶"。君山银针冲泡时，茶芽立悬于杯中，极为美观。

六、白毫银针的传说

福建省东北部的政和县盛产一种名茶，色白如银，形如针，据说此茶有明目降火的奇效，可治"大火症"，这种茶就叫"白毫银针"。传说很早以前有一年，政和一带久旱不雨，瘟疫四起，在洞宫山上的一口龙井旁有几株仙草，草汁能治百病，很多勇敢的小伙子纷纷去寻找仙草，但都有去无回。有一户人家，家中兄妹三人志刚，志诚和志玉，三人商定轮流去找仙草。这一天，大哥来到洞宫山下，这时路旁走出一位老爷爷告诉他说仙草就在山上龙井旁，上山时只能向前不能回头，否则采不到仙草。志刚一口气爬到半山腰，只见满山乱石，阴森恐怖，但忽听一声大喊"你敢往上闯！"志刚大惊，一回头，立刻变成了这乱石岗上的一块新石头。志诚接着去找仙草，在爬到半山腰时由于回头也变成了一块巨石，找仙草的重任落到了志玉的头上，她出发后，途中也遇见白发爷爷，同样告诉她千万不能回头等话，且送她一块烤糍粑。志玉谢后继续往前走，来到乱石岗，奇怪声音四起，她用糍粑塞住耳朵，坚决不回头，终于爬上山顶来到龙井旁，采下仙草上的芽叶，并用井水浇灌仙草，仙草开花结子，志玉采下种子，立即下山。回乡后将种子种满山坡，这种仙草便是茶树，这便是白毫银针名茶的来历。

七、白牡丹茶的传说

福建省福鼎市盛产白牡丹茶，传说在西汉时期，有位名叫毛义的太守，因看不惯贪官当道，于是弃官随母去深山老林归隐。母子俩来到一座青山前，只觉得异香扑鼻，经探问一位老者得知香味来自莲花池畔的十八棵白牡丹，母子俩见此处似仙境一般，便留了下来。一天，母亲因年老加之劳累，病倒了。毛义四处寻药，一天毛义梦见了白发银须的仙翁，仙翁告诉他"治你母亲的病须用鲤鱼配新茶，缺一不可。"毛义认为定是仙人的指点，这时正值寒冬季节，毛义到池塘里破冰捉到了鲤鱼，但冬天到哪里去采新茶呢？正在为难之时，那十八棵牡丹竟变成了十八仙茶，树上长满嫩绿的新芽叶，毛义立即采下晒干，白毛茸茸的茶叶竟像是朵朵白牡丹花，毛义立即用新茶煮鲤鱼给母亲吃，母亲的病果然好了，后来就把这一带产的名茶叫作"白牡丹茶"。

八、茉莉花茶的传说

很早以前北京茶商陈古秋同一位品茶大师研究北方人喜欢喝什么茶，陈古秋忽然想起有位南方姑娘曾送给他一包茶叶，尚未品尝过，便寻出请大师品尝。冲泡时，碗盖一打开，先是异香扑鼻，接着在冉冉升起的热气中，看见有一位美貌姑娘，两手捧着一束茉莉花，一会工夫又变成了一团热气。陈古秋不解，就问大师，大师说："这茶乃茶中绝品'报恩茶'"。陈古秋想起三年前去南方购茶住客店遇见一位孤苦伶仃的少女的经历，那少女诉说家中停放着父亲尸身，无钱殡葬，陈古秋深为同情，便取了一些银子给她。三年过去，今春又去南方时，客店老板转交给他这一小包茶叶，说是三年前那位少女交送的。当时未冲泡，谁料是珍品，"为什么她独独捧着茉莉花呢？"两人又重复冲泡了一遍，那手捧茉莉花的姑娘又再次出现。陈古秋一边品茶一边悟道："依我之见，这是茶仙提示，茉莉花可以入茶。"次年他便将茉莉花加到茶中，从此便有了一种新茶类——茉莉花茶。

九、碧螺春的传说

相传很早以前，西洞庭山上住着一位名叫碧螺的姑娘，东洞庭山上住着一个名叫阿祥的小伙子，两人深深相爱着。有一年，太湖中出现一条凶恶残暴的恶龙，扬言要碧螺姑娘，阿祥决定与恶龙决一死战。一天晚上，阿祥操起渔叉，潜到西洞庭山同恶龙搏斗，斗了七天七夜，双方都筋疲力尽了，阿祥昏倒在血泊中。碧螺姑娘为了报答阿祥的救命之恩，亲自照料阿祥。可是阿祥的伤势一天天恶化。有一天，姑娘找草药来到了阿祥与恶龙搏斗的地方，忽然看到一棵小茶树长得特别好，心想：这可是阿祥与恶龙搏斗的见证，应该把它培育好。至清明前后，小茶树长出了嫩绿的芽叶，碧螺采摘了一把嫩梢，回家泡给阿祥喝。说也奇怪，阿祥喝了这茶，病居然一天天好起来了。阿祥得救了，姑娘心上沉重的石头也落了地。就在两人陶醉在爱情的幸福之中时，碧螺的身体再也支撑不住了，她倒在阿祥怀里，再也睁不开双眼了。阿祥悲痛欲绝，就把姑娘埋在洞庭山的茶树旁。从此，他努力培育茶树，采制名茶。"从来佳茗似佳人"，为了纪念碧螺姑娘。人们就把这种名贵茶叶取名为"碧螺春"。

十、冻顶乌龙茶的传说

据说台湾冻顶乌龙茶是一位叫林凤池的台湾人从福建武夷山把茶苗带到台湾种植而发展起来的，林凤池祖籍福建。有一年，他听说福建要举行科举考试，想去参加，可是家穷没路费。乡亲们纷纷捐款，临行时，乡亲们对他说："你到了福建，可要向咱祖家的乡亲们问好呀，说咱们台湾乡亲十分怀念他们。"林凤池考中了举人，几年后，决定要回台湾探亲，顺便带了36棵乌龙茶苗回台湾，种在了南投鹿谷乡的冻顶山上。经过精心培育繁殖，建成了一片茶园，所采制之茶清香可口。后来林凤池奉旨进京，他把这种茶献给了道光皇帝，皇帝饮后称赞好茶。因这茶是台湾冻顶山采制的，就叫作冻顶茶，从此台湾乌龙茶也叫"冻顶乌龙茶"。

十一、乾隆皇帝封御茶的传说

在美丽的西子湖畔群山之中，有一座狮峰山，山上所产的西湖狮峰龙井茶天下闻名。狮峰山下的胡公庙前，有用栏杆围起来的"十八棵御茶"，年年月月吸引着众多游客。说起这十八棵御茶，还有一段美好的传说。相传清乾隆皇帝周游天下，有一次，他来到了杭州，在饱览西湖湖光山色之后，就想去看看自己平时最爱喝的茶叶。这一来可忙坏了地方大小官员，也忙坏了胡公庙的老和尚，因为根据安排，乾隆要在庙里休憩喝茶。第二天，乾隆带领大小随从巡游狮峰山，一路上，高耸的狮峰雄姿，清澈的龙井泉水，碧绿的连片茶园，村姑们肩背茶篓，穿梭园间忙着采茶，树上、路旁到处花香鸟语。乾隆深为大自然的景色所陶醉，久久徘徊山间，在太监催请下，才来到胡公庙。老和尚恭恭敬敬地献上最好的香茗，乾隆看那杯茶，汤色碧绿，芽芽直立，栩栩如生，煞是好看，品饮之下，只觉清香阵阵，回味甘甜，齿颊留芳，便问和尚："此茶何名？如何栽制？"和尚奏道："此乃西湖龙井茶中之珍品——狮峰龙井，是用狮峰山上茶园中采摘的嫩芽炒制而成。"接着就陪乾隆观看茶叶的采制情况，乾隆为龙井茶采制之劳、技巧之精所感动，作茶歌赞曰："慢炒细焙有次，辛苦功夫殊不少。"乾隆看罢采制情况，返回庙前时，见庙前的十多棵茶树，芽梢齐发，雀舌初展，心中一乐，就挽起袖子学着村姑采起茶来。当他兴趣正浓时，忽有太监来报："皇太后有病，请皇上急速回京。"乾隆一听急了，随手把采下的茶芽往自己袖袋里一放，速返京城去了。不几日回到皇宫，见太后坐在床边，赶忙上前请安。太后本无大病，只是山珍海味吃多了后，肝火上升，眼睛红肿，今见皇儿回朝，心里高兴，病也去了几分，遂问起皇上在外情况，谈着谈着，太后闻到似有阵阵清香迎面扑来，便问乾隆："皇儿从杭州带来了什么好东西？如此清香！"乾隆心想，我急匆匆赶回，倒是忘了带些礼品孝顺母后，然仔细闻闻确有一阵清香散发出来。他用手一摸，想起是狮峰采下的一把茶叶，几天过去，已经干了。乾隆一边取出茶叶，一边回答道："母后，这是我亲手采下的狮峰山龙井茶。""哦，这茶真香！我这几天嘴巴无味，快泡来我尝尝！"乾隆忙叫宫女泡了一杯茶来，太后接过茶，慢慢品饮，说也奇怪，太后喝完茶汤，感到特别舒适，其实这茶，一来品质好，清香可口，去腻消食；二来见到皇儿，心情舒畅，加上茶叶是皇上亲手所采，所以如此连喝几天，居然肝火平了，眼红退了，肠胃也舒服了。太后满心欢喜地告诉皇帝："儿啊，这是仙茶哩，真像灵丹妙药，把为娘的病也治好了！"乾隆听了哈哈大笑，忙传旨下去封胡公庙前茶树为御茶树，派专人看管，年年岁岁采制送京，专供太后享用。因胡公庙前一共有十八棵茶树，从此，就称为"十八棵御茶"。

十二、王安石验水

王安石老年患有痰火之症，虽服药，难以除根。太医院嘱饮阳羡茶，并须用长江瞿塘中峡水煎烹。因苏东坡是蜀地人，王安石曾相托于他："倘尊眷往来之便，将瞿塘中峡水携一瓮寄与老夫，则老夫衰老之年，皆子瞻所延也。"

不久，苏东坡亲自带水来见王安石。王安石即命人将水瓮抬进书房，亲以衣袖拂拭，纸片打开。又命僮儿条灶中煨火，用银铫汲水烹之。先取白定碗一只，投阳羡茶一撮于内，候汤如蟹眼，急取起倾入，此茶色半响方见。王安石问："此水何处取来？"东坡答："巫峡。"王安石道："是中峡了。"东坡回："正是。"王安石笑道："又来欺老夫了！此乃下峡之水，如何假名中峡？"东坡大惊，只得据实以告。原来东坡因鉴赏秀丽的三峡风光，船至下峡时，才记起所托之事。当时水流湍急，回溯为难，只得汲一瓮下峡水充之。东坡说："三峡相连，一般样水，老太师何以辨之？"王安石道："读书人不可轻举妄动，须是细心察理。这瞿塘水性，出于《水经补注》。上峡水性太急，下峡大缓，惟中峡缓急相半。太医院官乃明医，知老夫中脘变症，故用中峡水引经。此水烹阳羡茶，上峡味浓，下峡味淡，中峡浓淡之间。今茶色半晌方见，故知是下峡。"东坡离席谢罪。此事载入《警世通言·王安石三难苏学士》。

十三、白族三道茶的传说

很早以前，苍山脚下有一个手艺很好的老木匠，收了一个徒弟。这个徒弟跟他学了九年零九个月，手艺学成后，老木匠一直不让他出师。一天，老木匠告诉徒弟："只会雕刻，而不会砍树锯板，手艺不算学到家啊！"于是叫徒弟扛着锯子和斧头跟他上了苍山。爬上山顶，砍倒了一棵麻栗树，弹好线要锯板时，徒弟累得汗流浃背，口干舌燥。便求师傅让他到山沟里去喝点水。老木匠不准，严肃地说，太阳下山前锯不好板子，老虎、豹子出来怎么办？徒弟没法，只好与老木匠一起锯板，后来，他实在渴了，便在一旁的树上扯了一把树叶放进嘴里嚼了起来。老木匠问："味道怎样？"徒弟答道："苦得很！"老木匠一语双关地说："要把手艺学到手，不先尝点苦头是不行的啊！"板锯好后，徒弟累得坐在地下。这时，老木匠从怀里摸出了一小块红糖，叫徒弟含在嘴里，说："刚才你吃了一点苦头，现在叫你尝点甜味。"徒弟含着糖感到确实甜。老木匠又意味深长地说："先苦后甜，才尝的出甜中之甜啊！"回家后，老木匠让徒弟出师了。分别前，他熬一碗汤请徒弟喝，汤里放上蜂蜜、花椒叶、树叶等。并问道："这味道怎样？"徒弟仔细地品味后说："有苦、有甜、还有点麻辣，这味真叫人回味无穷。"老木匠听后，高兴地说："对了，一苦、二甜、三回味，学手艺和做人的道理都在这里面啊。"徒弟明白了师傅的苦心，出师走了。后来，他成为当地有名的木匠。

十四、蒙顶茶的传说

相传，很久以前，青衣江有鱼仙，因厌倦水底的枯燥生活，遂变化成一个美丽的村姑来到蒙山，碰见一个名叫吴理真的青年，两人一见钟情。鱼仙掏出几颗茶籽，赠送给吴理真，订了终身，相约在来年茶籽发芽时，鱼仙就前来和理真成亲。鱼仙走后，吴理真就将茶籽种在蒙山顶上。第二年春天，茶籽发芽了，鱼仙出现了，两人成亲之后，相亲相爱，共同劳作，培育茶苗。鱼仙解下肩上的白色披纱抛向空中，顿时白雾弥漫，笼罩了蒙山顶，滋润着茶苗，茶树越长越旺。鱼仙生下一儿一女，每年采茶制茶，生活很美满。但好景不长，鱼仙偷离水晶宫，私与凡人婚配的事，被河神发现了。河神下令鱼仙立即回宫。鱼仙无奈，只得忍痛离去。临走前，嘱咐儿女要帮父亲培植好满山茶树，并把那块能变云化雾的白纱留下，让它永远笼罩蒙山，滋润茶树。吴理真一生种茶，活到 80 岁，因思念鱼仙，最终投入古井而逝。后来有个皇帝，因吴理真种茶有功，追封他为"甘露普慧妙济禅师"。蒙顶茶因此世代相传，朝朝进贡。

项目小结

茶与其他物质产品一样，有其发展的历史，然而离开了文化的茶，只能仅仅作为供人们生理所需的普通产品，正因为如此，有了文化融合在内的茶，才一直在人们的生活中长盛不衰，可以说，有了文化的茶，就是有了灵魂的物质产品，它将在人们的生活中扮演越来越精彩的角色。

思考与练习题

一、单项选择题

1. 从地域上可分为民俗茶艺和（　　　）。

A. 生活茶艺　　　　B. 民族茶艺　　　　C. 宫廷茶艺　　　　D. 寺庙茶艺

2. 从形式上可分为表演茶艺和（　　　）。

A. 民族茶艺　　　　B. 宫廷茶艺　　　　C. 生活茶艺　　　　D. 寺庙茶艺

3. 在饮茶方法的演变中，明代的饮茶方法是（　　　）。

A. 散茶泡点法　　　B. 煮茶　　　　　　C. 调饮法　　　　　D. 点茶法

4. 曲艺进入茶馆，茶叶出口成为一种正式行业是在（　　　）。

A. 唐代　　　　　　B. 宋代　　　　　　C. 明代　　　　　　D. 清代

5. 中国的茶文化，融合了各宗教的优秀思想，以下没有影响中国茶文化发展的是（　　　）。

A. 佛教　　　　　　B. 基督教　　　　　C. 道教　　　　　　D. 儒家

二、简答题

1. 在茶文化的发展过程中，陆羽的贡献有哪些？

2. 谈谈宋代我国茶文化发展对后世的影响。

3. 中国茶文化的发展对日本的影响有哪些？

项目七　茶　道

 导语

你知道吗？喝茶能静心、静神，同时也有助于陶冶情操、去除杂念，这与提倡"清静、恬淡"的东方哲学思想很相符，也符合佛、道、儒的"内省修行"思想。这就是茶道，可以说，茶道精神是茶文化的核心，也是茶文化的灵魂。茶道的具体内涵是什么？世界各国的茶道存在差异，其形成和发展也有较大差别，要了解这些，请重点学习本项目以下内容：

1. 茶道的内涵
2. 中国茶道的形成与发展
3. 日本茶道的形成与发展
4. 韩国茶道的形成与发展

任务一　了解茶道的内涵

问题　什么是茶道？

茶道最早起源于中国。中国人至少在唐或唐以前，就在世界上首先将茶饮作为一种修身养性之道，唐朝《封氏闻见记》中就有这样的记载：茶道大行，王公朝士无不饮者。这是现存文献中对茶道的最早记载。在唐朝，寺院僧众念经坐禅，皆以茶为饮，清心养神。当时社会上茶宴已很流行，宾主在以茶代酒、文明高雅的社交活动中，品茗赏景，各抒胸臆。唐吕温在《三月三茶宴序》中对茶宴的优雅气氛和品茶的美妙韵味，做了非常生动的描绘。

在唐宋年间人们对饮茶的环境、礼节、操作方式等饮茶仪程都已很讲究，有了一些约定俗称的规矩和仪式，茶宴已有宫廷茶宴、寺院茶宴、文人茶宴之分。对茶饮在修身养性中的作用也有了相当深刻的认识，宋徽宗赵佶认为茶的芬芳品味，能使人闲和宁静、趣味无穷：至若茶之为物，擅瓯闽之秀气，钟山川之灵禀，祛襟涤滞，致清导和，则非庸人孺子可得知矣。中澹闲洁，韵高致静。

当代茶界泰斗吴觉农先生在《茶经述评》一书中给茶道下的定义是："茶道是把茶视为珍贵、高尚的饮料，饮茶是一种精神上的享受，是一种艺术，或是一种修身养性的手段。"周作人先生在《恬适人生·吃茶》中说："茶道的意思，用平凡的话来说，可以称作'忙里偷闲，苦中作乐'，享受一点美与和谐，在刹那间体会永久……"庄晚芳先生还归纳出中国茶道的基本精神为："廉、美、和、敬"。他解释说："廉俭育德、美真康乐、和诚处世、敬爱为人。"陈香白先生认为：中国茶道精神的核心是和。中国茶道就是通过饮茶，引导个体在美的享受过程中走向完成品格修养以实现全人类和谐安乐之道。陈香白先生的茶道理论可简称为"七艺一心"。台湾学者刘汉介先生提出："所谓茶道，是指品茗的方法与意境。"

综上所述，茶道是一种文化艺术，是茶事与文化的完美结合，是修养和教化的一种手段。

任务二　了解中国茶道的形成与发展

茶道是以修行悟道为宗旨的饮茶艺术，是饮茶之道和饮茶修道的统一。茶道包括茶艺、茶礼、茶境、修道四大要素。所谓茶艺是指备器、选水、取火、候汤、习茶的一套技艺；所谓茶礼，是指茶事活动中的礼仪、法则；所谓茶境，是指茶事活动的场所、环境；所谓修道，是指通过茶事活动来怡情修性、悟道体道。

道作为中国哲学的最高范畴，一般指宇宙法则、终极真理、事物运动的总体规律、万物的本质或本源。道，有儒家之道、道家之道，佛教之道，各家之道不尽一致。中国文化主流是"儒道互补"，而隋唐时期又趋于"三教合一"。一般的文人、士大夫往往兼修儒、道、佛，即使道士、佛徒，也往往是旁通儒佛、儒道。流传最广，最具中国特色的佛教禅宗一派，便吸收了老庄孔孟的一些思想，而宋、元、明、清佛教的一大特点便是融通儒道，调和三教；宋明新儒学兼收道、佛思想，有所谓"朱子道，陆子禅"之说；金、元道教全真派祖师王重阳，竭力提倡"三教合一"，其诗云："儒门释户道相通，三教从来一祖风"，"释道从来是一家，两般形貌理无差"。

茶道中所修何道？可为儒家之道，可为道家之道，也可为禅宗及佛教之道，因人而异。一般来说，茶道中所修之道为综合各家之道。修道的理想追求概括起来就是养生、怡情、修性、证道。证道是修道的理想结果，是茶道的终极追求，是人生的最高境界。证道则天人合一、即心即道，天地与我并生，万物与我为一，极高明而道中庸，无为而无不为。

茶艺是茶道的基础，茶道的形成必然是在饮茶普及、茶艺完善之后。唐代以前虽有饮茶，但不普遍。东晋虽有茶艺的雏形，还远未完善。晋、宋以及盛唐，是中国茶道的酝酿期。

问题一　中国茶道的形成与发展历程是怎样的？

中国茶道形成于 8 世纪中叶的中唐时期，先后产生了煎茶道、点茶道、泡茶道，它们先后传入日本，经日本茶人的重新改易，发扬光大，形成了日本的"抹茶道""煎茶道"。茶道发源于中国，光大于日本。以下是中国茶道形成与发展的历程。

（一）唐宋时期——煎茶道

煎茶法不知起于何时，陆羽《茶经》始有详细记载。《茶经》初稿成于唐代宗永泰元年（公元 765 年），又经修订，于德宗建中元年（公元 780 年）定稿。《茶经》问世，标志着中国茶道的诞生。其后，斐汶撰《茶述》，张又新撰《煎茶水记》，温庭筠撰《采茶录》，皎然、卢仝作茶歌，推波助澜，使中国煎茶道日益成熟。

1. 煎茶道茶艺

煎茶道茶艺有备器、选水、取火、候汤、习茶五大环节。

（1）备器。《茶经》"四之器"章列茶器二十四事，即风炉（含灰承）、筥、炭挝、火筴、鍑、交床、夹纸囊、碾拂末、罗、合、则、水方、漉水囊、瓢、竹筴、鹾簋揭、碗、熟、盂、畚、札、涤方、滓方、巾具列，另有的统贮茶器的都篮。

（2）选水。《茶经》"五之煮"云："其水，用山水上，江水中，井水下。""其山水，拣乳泉、石池漫流者上。""其江水，取去人远者。井，取汲多者。"陆羽晚年撰《水品》（一说《泉品》）一书。张又新于公元 825 年前后撰《煎茶水记》，书中引刘伯刍评判天下之水等，陆羽评判天下之水二十等。讲究水品，是中国茶道的特点。

（3）取火。《茶经》"五之煮"云："其火，用炭，次用劲薪。其炭曾经燔炙为膻腻所及，及膏木、败器不用之。"温庭筠撰于公元 860 年前后的《采茶录》"辨"条载："李约，汧公子也。一生不近粉黛，性辨茶。尝曰：'茶须缓火炙，活火煎。'活火谓炭之有焰者，当使汤无妄沸，庶可养茶。"

（4）候汤。《茶经》"五之煮"云："其沸，如鱼目，微有声为一沸，缘边如涌泉连珠为二沸，腾波鼓浪为三沸，已上水老不可食。"候汤是煎茶的关键。

（5）习茶。习茶包括藏茶、炙茶、碾茶、罗茶、煎茶、酌茶、品茶等。撰于8世纪末的《封氏闻见记》卷六饮茶条载："楚人陆鸿渐为茶论，说茶之功效，并煎茶炙茶之法，造茶具二十四事，以都统笼贮之。元近倾慕，好事者家藏一副。有常伯熊者，又因鸿渐之论广润色之，于量茶道大行，王公朝士无不饮者，御史大夫李季聊宜慰江南，至临淮县馆，或言伯熊善饮茶者，李公请为之。伯熊著黄被衫乌纱帽，手执茶器，口通茶名，区分指点，左右刮目……"常伯熊，生平事迹不详，约为陆羽同时人。他对《茶经》进行了润色，娴熟茶艺，是煎茶道的开拓者之一。

陆羽、常伯熊而外，皎然、斐汶、张又新、刘禹锡、白居易、李约、卢仝、钱起、杜牧、温庭筠、皮日休、陆伟蒙等人对煎茶道茶艺均有贡献。

2.茶礼

《茶经》"五之煮"云："夫珍鲜馥烈者，其碗数三，次之者，碗数五。若坐客数至五，行三碗。至七，行五碗。若六人已下，不约碗数，但阙一人，而已其隽永补所阙人。"一次煎茶少则三碗，多不过五碗。客人五位，则行三碗茶，客人七位，则行五碗茶，缺两碗，则以最先舀出的"隽永"来补。若客四人，行三碗，客六人，行大碗，所缺一碗以"隽永"补。若八人以上则两炉、三炉同时煮，再以人数多少来确定酌分碗数。

3.茶境

《茶经》"九之略"章有"若松间石上可坐"，"若瞰泉临涧"，"若援蔂跻岩，引絙入洞"，则饮茶活动可在松间石上，泉边涧侧，甚至山洞中。"十之图"章又载："用绢素或四幅或六幅分布写之，陈诸座隅。则茶之源、之具、之造、之器、之煮、之饮、之事、之出、之略目击而存，于是《茶经》之始终备焉"。室内饮茶，则在四壁陈挂写有《茶经》内容的挂轴，开后世悬挂书画条幅的先河。

吕温《三月三日花宴》序云："三月三日，上已禊饮之日，诸子议以茶酌而代焉。乃拨花砌，爱诞阴，清风逐人，日色留兴。卧借青霭，坐攀花枝，闻莺近席羽未飞，红蕊拂衣而不散……"莺飞花拂，清风丽日，环境清幽。

钱起《与赵莒茶宴》诗云："竹下忘言对紫茶，全胜羽客醉流霞。尘习洗尽兴难尽，一树蝉声片影斜。"翠竹摇曳，树影横斜，环境清雅。

唐代茶道，对环境的选择重在自然，多选在林间石上、泉边溪畔、竹树之下清静、幽雅的自然环境中。或在道观僧寮、书院会馆、厅堂书斋，四壁常悬挂条幅。

4. 修道

《茶经》"一之源"载："茶之为物，味至寒，为饮最宜。精行俭德之人，若热渴凝闷、脑疼目涩、四肢烦、百节不舒聊四五啜，与醍醐甘露抗衡也。"饮茶利于"精行俭德"，使人强身健体。

《茶经》"四之器"，其风炉的设计就应用了儒家的《易经》的"八卦"和阴阳家的"五行"思想。风炉上铸有"坎上巽下离于中"，"体均五行去百疾"的字样。镀的设计为："方其耳，以正令也；广其缘，以务远也；长其脐，以守中也。"正令、务远、守中，反映了儒家"中正"的思想。

《茶经》不仅阐发饮茶的养生功用，已将饮茶提升到精神文化层次，旨在培养俭德、正令、务远、守中。

诗僧皎然，年长陆羽，与陆羽结成忘年交。皎然精于茶道，作茶诗二十多首。其《饮茶歌诮崔石使君》诗有："一饮涤昏寐，情思朗爽满天地；再饮清我神，忽如飞雨洒轻尘；三饮便得道，何须苦心破烦恼……熟知茶道全尔真，唯有丹丘得如此。"皎然首标"茶道"，在茶文化史上功并陆羽。他认为饮茶不仅能涤昏、清神，更是修道的门径，三饮便可得道全真。

玉川子卢仝《走笔谢孟谏议寄新茶》诗中写道："一碗喉吻润，二碗破孤闷。三碗搜枯肠，惟有文字五千卷。四碗发轻汗，平生不平事，尽向毛孔散。五碗肌骨清，六碗通仙灵。七碗吃不得也，惟觉两腋习习清风生。""文字五千卷"，是指老子五千言《道德经》。三碗茶，惟存道德，此与皎然"三饮便得道"义同。四碗茶，是非恩怨烟消云散。五碗肌骨清，六碗通仙灵，七碗羽化登仙。"七碗茶"流传千古，卢仝也因此与陆羽齐名。

钱起《与赵莒茶宴》诗写主客相对饮茶，言忘而道存，洗尽尘心，远胜炼丹服药。

斐汶《茶述》记："茶，起于东晋，盛于今朝。其性精清，其味淡洁，其用涤烦，其功致和。参百品而不混，越众饮而独高。"茶，性清味淡，涤烦致和，和而不同，品格独高。

中唐以后，人们已经认识到茶的清、淡的品性和涤烦、致和、全真的功用。饮茶能使人养生、怡情、修性、得道，甚至能"羽化登仙"。陆羽《茶经》，斐汶《茶述》，皎然"三饮"，卢仝"七碗"，高扬茶道精神，把饮茶从日常物质生活提升到精神文化层次。

综上所述，8世纪下半叶，值中唐时期，煎茶茶艺完备，以茶修道思想确立，注重对饮茶环境具备初步的饮茶礼仪,这标志着中国茶道的正式形成。陆羽不仅是煎茶道的创始人,也是中国茶道的奠基人。煎茶道是中国最先形成的茶道形式,鼎盛于中、晚唐,经五代、北宋,至南宋而亡,历时约五百年。

(二)宋明时期——点茶道

点茶法约始于唐末,从五代到北宋,越来越盛行。

1.点茶道茶艺

点茶道茶艺包括备器、选水、取火、候汤、习茶五大环节。

(1)备器。《茶录》《茶论》《茶谱》等书对点茶用器都有记录。宋元之际的审安老人作《茶具图赞》,对点茶道主要的十二件茶器列出名、字、号,并附图及赞。归纳起来点茶道的主要茶器有:茶炉、汤瓶、砧椎、茶钤、茶碾、茶磨、茶罗、茶匙、茶筅、茶盏等。

(2)选水。宋代选水承继唐人观点,以山水上、江水中、井水下。但《大观茶论》"水"篇却认为"水以清轻甘洁为美,轻甘乃水之自然,独为难得。古人品水,虽日中泠、惠山为上,然人相去之远近,似不常得,但当取山泉之清洁者。其次,则井水之常汲者为可用。若江河之水,则鱼鳖之腥、泥泞之汗,虽轻甘无取。"宋徽宗主张水以清轻甘活为好,以山水、井水为用,反对用江河水。

(3)取火。宋代取火基本同于唐人。

(4)候汤。蔡襄《茶录》"候汤"条载:"候汤最难,未熟则沫浮,过熟则茶沉。前世谓之蟹眼者,过熟汤也。沉瓶中煮之不可辨,故日候汤最难。"蔡襄认为蟹眼汤已是过熟,且煮水用汤瓶,气泡难辨,故候汤最难。赵佶《大观茶论》"水"条记:"凡用汤以鱼目蟹眼连绎进跃为度,过老则以少新水投之,就火顷刻而后用。"赵佶认为水烧至鱼目蟹眼连绎进跃为度。蔡襄认为蟹眼已过熟,而赵佶认为鱼目蟹眼连绎进跃为度。汤的老嫩视茶而论,茶嫩则以蔡说为是,茶老则以赵说为是。

(5)习茶。点茶道习茶程序主要有:藏茶、洗茶、炙茶、碾茶、磨茶、罗茶、点茶(调膏、击拂)、品茶等。

蔡襄、赵佶、朱权、钱椿年、顾元庆、屠隆、张谦德而外,丁谓、范仲淹、梅尧臣、欧阳修、林通、苏轼、黄庭坚、陆游等人对点茶艺都有所贡献。苏轼的《叶嘉传》,明写人,暗写茶,文中暗含点茶法。

2.茶礼

朱权《茶谱》载:"童子捧献于前,主起举瓯奉客曰:为君以泻清臆。客起接,举瓯曰:非此不足以破孤闷。乃复坐。饮毕,童子接瓯而退。话久情长,礼陈再三。"

朱权点茶道注重主、客间的端、接、饮、叙礼仪，且礼陈再三，颇为严肃。

3. 茶境

点茶道对饮茶环境的选择与煎茶道相同，大致要求自然、幽静、清静。令诗有"果肯同尝竹林下"，苏轼诗有"一瓯林下记相逢"，陆游诗有"自挈风炉竹下来"，"旋置风炉清樾下。"朱权《茶谱》则记："或会于泉石之间，或处于松竹之下，或对皓月清风，或坐明窗静牖。"

4. 修道

《大观茶论》载："至若茶之有物，擅瓯闽之秀气，钟山川之灵禀。祛襟涤滞、致清导和，则非庸人孺子可得而知矣：冲淡闲洁、韵高致静，则百遑遽之时可得而好尚之。""缙绅之士，韦布之流，沐浴膏泽，薰陶德化，盛以雅尚相推，从事茗饮。"茶，祛襟涤滞，致清导和，冲淡闲洁，韵高致静，士庶率以薰陶德化。

审安老人作《茶具图赞》列"茶具十二先生姓名字号"，附图及赞语。以朝廷职官命名茶具，赋予了茶具文化内涵，而赞语更反映出儒、道两家待人接物、为人处世之理。木侍制《砧椎》赞有"上应列宿，万民以济，禀性刚直。"金法槽（茶碾）赞有"柔亦不茹，刚亦不吐，圆机运用，一皆有法。"石转运（茶磨）赞有"抱坚质，怀直心。啖嚅英华，周行不怠。"胡员外（茶瓢）赞有"周旋中规而不逾其间，动静有常而性苦其卓。"罗枢密（罗合）赞有"凡事不密则害成，今高者抑之，下者扬之。"宗从事（茶帚）赞有"孔门子弟，当洒扫应付。"陶宝文（茶盏）赞有"虚已待物，不饰外貌。"汤提点（汤瓶）赞有"养浩然之气，发沸腾之声，以执中之能，辅成汤之德。"竺副帅（茶筅）赞有"子之清节，独以身试，非临难不顾者畴见多。"

朱权《茶谱》序曰："予尝举白眼而望青天，汲清泉而烹活火。自谓与天语以扩心志之大，符水火以副内炼之功。得非游心于茶灶，又将有裨于修养之道矣，其惟清哉！"又曰："茶之为物，可以助诗兴而云顿色，可以伏睡魔而天地忘形，可以倍清淡而万象惊寒……乃与客清谈款话，探虚玄而参造化，清心神而出尘表……卢仝吃七碗，老苏不禁三碗，予以一瓯，足可通仙灵矣。"活火烹清泉，以副内炼之功。助诗兴，倍清淡。探虚玄大道，参天地造化，清心出尘，一瓯通仙。

赵佶、朱权贵为帝王，亲撰茶书，倡导茶道。宋明茶人进一步完善了唐代茶人的饮茶修道思想，赋予了茶清、和、淡、洁、韵、静的品性。

综上所述，点茶道酝酿于唐末五代，至11世纪中叶北宋时期发展成熟。点茶道鼎盛于北宋后期至明代前期，亡于明代后期，历时约六百年。

（三）明清时期——泡茶道

泡茶法大约始于中唐，南宋末至明代初年泡茶多用于末茶。明初以后，泡茶用叶茶，流行至今。

16世纪末的明代后期，张源著《茶录》，其书有藏茶、火候、汤辨、泡法、投茶、饮茶、品泉、贮水、茶具、茶道等篇；许次纾著《茶疏》，其书有择水、贮水、舀水、煮水器、火候、烹点、汤候、瓯注、荡涤、饮啜、论客、茶所、洗茶、饮时、宜辍、不宜用、不宜近、良友、出游、权宜、宜节等篇。《茶录》和《茶疏》，共同奠定了泡茶道的基础。17世纪初，程用宾撰《茶录》，罗廪撰《茶解》。17世纪中期，冯可宾撰《岕茶笺》。17世纪后期，清代冒襄撰《岕茶汇抄》。这些茶书进一步补充、发展、完善了泡茶道。

1. 泡茶道茶艺

泡茶道茶艺包括备器、选水、取火、候汤、习茶五大环节。

（1）备器。泡茶道茶艺的主要器具有茶炉、汤壶（茶铫）、茶壶、茶盏（杯）等。

（2）选水。明清茶人对水的讲究比唐宋有过之而无不及。明代，田艺衡撰《煮泉小品》，徐献忠撰《水品》，专书论水。明清茶书中，也多有择水、贮水、品泉、养水的内容。

（3）取火。张源《茶录》"火候"条载："烹茶要旨，火候为先。炉火通红，茶瓢始上。扇起要轻疾，待有声稍稍重疾，新文武之候也。"

（4）候汤。《茶录》"汤辨"条载："汤有三大辨十五辨。一曰形辨，二曰声辨，三曰气辨。形为内辨，声为外辨，气为捷辨。如虾眼、蟹眼、鱼眼、连珠皆为萌汤，直至涌沸如腾波鼓浪，水气全消，方是纯熟；如初声、转声、振声、骤声皆为萌汤，直至无声，方是纯熟；如气浮一缕、二缕、三四缕，及缕乱不分，氤氲乱绕，皆是萌汤，直至气直冲贵，方是纯熟。"又"汤用老嫩"条称："今时制茶，不假罗磨，全具元体，此汤须纯熟，元神始发。"

（5）习茶。

①壶泡法。据《茶录》《茶疏》《茶解》等书，壶泡法的一般程序有：藏茶、洗茶、浴壶、泡茶（投茶、注汤）、涤盏、酾茶、品茶。

②撮泡法。陈师撰于16世纪末的《茶考》记："杭俗烹茶用细茗置茶瓯，以沸汤点之，名为撮泡。"撮泡法简便，主要有涤盏、投茶、注汤、品茶。

③工夫茶。工夫茶形成于清代，流行于广东、福建和台湾地区，是用小茶壶泡青茶（乌龙茶），主要程序有治壶、投茶、出浴、淋壶、烫杯、酾茶、品茶等，又进一

步理解为孟臣沐霖、马龙入宫、悬壶高中、春风拂面、重洗仙颜、若琛出浴、游山玩水、关公巡城、韩信点兵、鉴赏三色、喜闻幽香、品啜甘露、领悟神韵。

对泡茶道茶艺有贡献的，除张源、许次纾、程用宾、罗廪、冯可宾、冒襄外，还有陈继儒、徐渭、陆树声、张大复、周高起、张岱、袁枚、屠本俊、闻龙等人。

2. 茶礼

中国茶道注重自然，不拘礼法，茶书对此多有省略。

3. 茶境

16世纪后期，陆树声撰《茶寮记》，其"煎茶七类"篇"茶候"条有"凉台静室、曲几明窗、僧寮道院、松风竹月"等。徐渭也撰有《煎茶七类》，内容与陆树声所撰相同。《徐文长秘集》又有"品茶宜精舍、宜云林、宜寒宵兀坐、宜松风下、宜花鸟间、宜清流白云、宜绿鲜苍苔、宜素手汲泉、宜红装扫雪、宜船头吹火、宜竹里瓢烟。"

许次纾《茶疏》"饮时"条有"明窗净几、风日晴和、轻阴微雨、小桥画舫、茂林修竹、课花责鸟、荷亭避暑、小院焚香、清幽寺院、名泉怪地石"等二十四宜。又"茶所"条记："小斋之外，别置苟寮。高燥明爽，勿令闭寒。壁边列置两炉，炉以小雪洞覆之，只开一面，用省灰尘脱散。寮前置一几，以顿茶注、茶盂，为临时供具。别置一几，以顿他器。旁列一架，巾帨悬之……"

屠隆《茶说》"茶寮"条记："构一斗室，相傍书斋，内设茶具，教一童子专主茶设，以供长日清谈，寒宵兀坐。幽人首务，不可少废者。"张谦德《茶经》中也有"茶寮中当别贮净炭听用""茶炉用铜铸，如古鼎形……置茶寮中乃不俗。"

明清茶人品茗修道环境尤其讲究，设计了专门供茶道用的茶室——茶寮，使茶事活动有了固定的场所。茶寮的发明、设计，是明清茶人对茶道的一大贡献。

4. 修道

明清茶人继承了唐宋茶人的饮茶修道思想，创新不多。

综上所述，泡茶道酝酿于元代至明代前期，正式形成于16世纪末叶的明代后期，鼎盛于明代后期至清代前中期，绵延至今。

问题二　中国的茶道精神是什么？

中国人的民族特性是崇尚自然，朴实谦和，不重形式。饮茶也是这样，不像日本茶道具有严格的仪式和浓厚的宗教色彩。但茶道毕竟不同于一般的饮茶。在中国饮茶分为两类，一类是"混饮"，即在茶中加盐、加糖、加奶或葱、橘皮、薄荷、桂圆、红枣，根据个人的口味嗜好，爱怎么喝就怎么喝。另一类是"清饮"，即在茶中不加入任何有损茶本味与真香的配料，单单用开水泡茶来喝。"清饮"又可分为四个层次。将茶当饮料解渴，大碗海喝，称之为"喝茶"。如果注重茶的色、香、味，讲究水质、茶具，喝的时候又能细细品味，可称之为"品茶"。如果讲究环境、气氛、音乐、冲泡技巧及人际关系等，则可称之为"茶艺"。而在茶事活动中融入哲理、伦理、道德，通过品茗来修身养性、陶冶情操、品味人生、参禅悟道，达到精神上的享受和人格上的升华，这才是中国饮茶的最高境界——茶道。

茶道不同于茶艺，它不但讲求表现形式，而且注重精神内涵。

中国茶道的基本精神是什么呢？台湾中华茶艺协会第二届大会通过的茶艺基本精神是"清、敬、怡、真"。台湾教授吴振铎解释："清"是指"清洁""清廉""清静""清寂"。茶艺的真谛不仅要求事物外表之清，更需要心境清寂、宁静、明廉、知耻。"敬"是万物之本，敬乃尊重他人，对己谨慎。"怡"是欢乐怡悦。"真"是真理之真，真知之真。饮茶的真谛，在于启发智慧与良知，诗人生活的淡泊明志、俭德行事。臻于真、善、美的境界。

我国大陆学者对茶道的基本精神有不同的理解，其中最具代表性的是茶业界泰斗庄晚芳教授提出的"廉、美、和、敬"。庄老解释为："廉俭育德，美真康乐，和诚处世，敬爱为人。"

武夷山"茶痴"林治先生认为"和、静、怡、真"应作为中国茶道的四谛。因为，"和"是中国这茶道哲学思想的核心，是茶道的灵魂。"静"是中国茶道修习的不二法门。"怡"是中国茶道修习实践中的心灵感受。"真"是中国茶道终极追求。

（一）"和"——中国茶道哲学思想的核心

"和"是儒、佛、道三教共通的哲学理念。茶道追求的"和"源于《周易》中的"保合太和"，"保合太和"的意思指世间万物皆有阴阳两要素构成，阴阳协调，保全太和之元气以普利万物才是人间真道。陆羽在《茶经》中对此论述得很明白。惜墨如金的陆羽不惜用250个字来描述它设计的风炉。指出：风炉用铁铸从"金"；放置在地上从"土"；炉中烧的木炭从"木"；木炭燃烧从"火"；风炉上煮的茶汤从"水"。煮茶的过程就是金、木、水、火、土相生相克并达到和谐平衡的过程。可见五行调和等理念是茶道的哲学基础。

儒家从"太和"的哲学理念中推出"中庸之道"的中和思想。在儒家眼里和是中，和是度，和是宜，和是当，和是一切恰到好处，无过亦无不及。儒家对和的诠释，在茶事活动中表现得淋漓尽致。在泡茶时，表现为"酸甜苦涩调太和，掌握迟速量适中"的中庸之美。在待客上表现为"奉茶为礼尊长者，备茶浓意表浓情"的明礼之伦。在饮茶过程中表现为"饮罢佳茗方知深，赞叹此乃草中英"的谦和之礼。在品茗的环境与心境方面表现为"普事故雅去虚华，宁静致远隐沉毅"的俭德之行。

(二)"静"——中国茶道修习的必由之径

中国茶道是修身养性，追寻自我之道。静是中国茶道修习的必由途径。如何从小小的茶壶中去体悟宇宙的奥秘？如何从淡淡的茶汤中去品味人生？如何在茶事活动中明心见性？如何通过茶道的修习来升华精神，锻炼人格，超越自我？答案只有一个——静。老子说："至虚极，守静笃，万物并作，吾以观其复。夫物芸芸，各复归其根。归根曰静，静曰复命。"庄子说："水静则明烛须眉，平中准，大匠取法焉。水静犹明，而况精神。圣人之心，静，天地之鉴也，万物之镜。"老子和庄子所启示的"虚静观复法"是人们明心见性，洞察自然，反观自我，体悟道德的无上妙法。道家的"虚静观复法"在中国的茶道中演化为"茶须静品"的理论实践。宋徽宗赵佶在《大观茶论》中写道："茶之为物……冲淡闲洁，韵高致静。"

中国茶道是通过茶事创造一种宁静的氛围和一个空灵虚静的心境，当茶的清香静静地浸润你的心田和肺腑的每一个角落的时候，你的心灵便在虚静中显得空明，你的精神便在虚静中升华净化，你将在虚静中与大自然融涵玄会，达到"天人和一"的"天乐"境界。得一静字，便可洞察万物、道通天地、思如风云，心中常乐，且可成为男儿中之豪情。道家主静，儒家主静，佛教更主静。

我们常说："禅茶一味"。在茶道中以静为本，以静为美的诗句有很多，例如唐代皇甫曾的《送陆鸿渐山人采茶回》云：

> 千峰待逋客，香茗复丛生。
>
> 采摘知深处，烟霞美独行。
>
> 幽期山寺远，野饭石泉清。
>
> 寂寂燃灯夜，相思一磬声。

这首诗写的是境之静。

宋代杜小山有诗云：

> 寒夜客来茶当酒，竹炉汤沸火初红。
>
> 寻常一样窗前月，才有梅花便不同。

写的是夜之静。

清代郑板桥诗云：

> 不风不雨正晴和，翠竹亭亭好节柯。
>
> 最爱晚凉佳客至，一壶新茗泡松萝。

这首诗写的是心之静。在茶道中，静与美常相得益彰。古往今来，无论是羽士还是高僧或儒生，都殊途同归地把"静"作为茶道修习的必经大道。因为静则明，静则虚，静可虚怀若谷，静可内敛含藏，静可洞察明澈，体道入微。可以说"欲达茶道通玄境，除却静字无妙法"。

(三)"怡"——中国茶道中茶人的身心享受

"怡"者和悦、愉快之意。中国茶道是雅俗共赏之道，它体现在日常生活之中，它不讲形式，不拘一格。突出体现了道家"自恣以适己"的随意性。同时，不同地位、不同信仰、不同文化层次的人对茶道有不同的追求。历史上王公贵族讲茶道，他们意在"茶之珍"，意在炫耀权势，夸示富贵，附庸风雅。文人学士讲茶道重在"茶之韵"，托物寄怀，激扬文思，交朋结友。佛家讲茶道重在"茶之德"，意在去困提神，参禅悟道，见性成佛。道家讲茶道，重在"茶之功"，意在品茗养生，保生尽年，羽化成仙。普通老百姓讲茶道，重在"茶之味"，意在去腥除腻，涤烦解渴，享受人生。无论什么人都可以在茶事活动中取得生理上的快感和精神上的畅适。

参与中国茶道，可抚琴歌舞，可吟诗作画，可观月赏花，可论经对弈，可独对山水，亦可以翠娥捧瓯，可潜心读《易》，亦可置酒助兴。儒生可"怡情悦性"，羽士可"怡情养生"，僧人可"怡然自得"。中国茶道的这种怡悦性，使得它有极广泛的群众基础，这种怡悦性也正是中国茶道区别于强调"清寂"的日本茶道的根本标志之一。

(四)"真"——中国茶道的终极追求

中国人不轻易言"道"，而一旦论道，则执着于"道"，追求于"真"。"真"是中国茶道的起点也是中国茶道的终极追求。中国茶道在从事茶事时所讲究的"真"，不仅包括茶应是真茶、真香、真味；环境最好是真山、真水；挂的字画最好是名家名人的真迹；用的器具最好是真竹、真木、真陶、真瓷，还包含了对人要真心，敬客要真情，说话要真诚，心境要真闲。茶事活动的每一个环节都要认真，每一个环节都要求真。

中国茶道追求的"真"有三重含义：

追求道之真，即通过茶事活动追求对"道"的真切体悟，达到修身养性，品味人生之目的。

追求情之真，即通过品茗述怀，使茶友之间的真情得以发展，达到茶人之间互见真心的境界。

追求性之真，即在品茗过程中，真正放松自己，在无我的境界中去放飞自己的心灵，放牧自己的天性，达到"全性葆真"。爱护生命，珍惜生命，让自己的身心都更健康、更畅适，让自己的一生过得更真实，做到"日日是好日"，这是中国茶道追求的最高层次。

 茶博士

我国五家茶艺中心（或协会）的茶艺精神

一、中华茶艺业联谊会

静、美，中华茶艺业联谊会为茶艺推广先锋，分则各据据点，推广茶艺文化；合则统筹规划，汇办全国活动，发展茶艺，其功甚伟。惜该会至今尚未新拟统一之精神，故仍以草创期精神为探讨依据，中华茶艺业联谊会，第二次会员大会手册言明以静、美为营构理念，以社会众生为诉求对象，引导民众进入清净桃花源，人、茶、室的营构理念退居次要地位，属创始期茶艺文化，不似近年，各出心裁，特色明显。

二、中华民国茶艺协会

清、敬、怡、真是中华民国茶艺协会的精神，发表于民国七十三年十二月会员大会，据该会理事长吴振铎释义如下："清"即"清洁""清廉""清静"及"清寂"之清。"茶艺"的真谛，不仅需求事物外表之清洁，更需求心境之清寂、宁静、明廉、知耻。在静寂的境界中，饮水清见底之纯洁茶汤，方能体味饮茶之奥妙。"敬"者万物之本，无敌之道也。敬乃对人尊敬，对己谨慎，朱子说：主一无适。即言敬之态度应专诚一意，其显现于形表者为诚恳之仪态，无轻藐虚伪之意，敬与和相辅，勿论宾主，一举一动，均怡有"能敬能和"之心情，不流凡俗，一切烦思杂虑，由之尽涤，茶味所生，宾主之心归于一体。"怡"据说文解字注"怡者和也、悦也、桨也。"可见"怡"字含意广博。调和之意味，在于形式与方法，悦桨之意味，在于精神与情感，饮茶啜苦咽甘，启发生活情趣，培养宽阔胸襟与远大眼光。使人、我之间的纷争，消弭于形。怡悦的精神在于不矫饰自负，处身于温和之中，养成谦恭之行为。"真"真理之真，真知之真，至善即是真理与真知结合的总体。至善的境界，是存天性、去物欲，不为利害所诱，格物致知，精益求精，换言之，用科学方法，求得一切事物的至诚。饮茶的真谛，在于

启发智慧与良知，使人人在日常生活中淡泊明志，俭德行事，臻于真、善、美的境界。

三、陆羽茶艺中心

"美津、健康、养性、明伦"的陆羽茶艺中心茶思想是林荆南制定的，文中要旨如下："美律"。美是茶的事物，律是茶的秩序。事由人为，治茶事，必先洁其身而正其心，必敬必诚，才能建茶功立茶德。洁身的要求及于衣履，正心的要求见诸仪容器度。所谓物，是茶之所属，诸如品茶的环境，所用的器具，都必须美观，而且调和，从洁身、正心，至环境、器具，务必合于秩序，治茶时必须从容中矩，连而贯之，充分展示幽雅的律美，造成至佳的品茗气氛。须知品茗有层次，从层次而见其升华，否则茶功败矣，遑论茶德。

"健康"。茶为健康饮品，其有益于人身健康是毫无疑义的。推广饮品，应该从家庭式开始，拜茶之赐，一家大小健康，家家健康，见到全体人类健康，茶就有"修、齐、治、平"的同等奥义。

"养性"。茶人必须顺茶性，从清趣中培养灵源，涤除积垢，还其本来性善。

"明伦"。茶之功用，是敦睦人际关系的桥梁。今举茶为天伦饮，合乎五伦十义（父慈、子孝、夫唱、妇随、兄友、弟恭、友信、朋宜、君敬、臣忠）。

四、高雄市茶艺协会

"中庸、俭德、养气、品味"。高雄市茶艺协会七十四年元月十九日，理事长叶荣裕的大会颂文，该会精神如下。

茶道中庸化。思想的一贯，动作的适中，致中和，允执厥中，不偏不倚，无过与不及，也就是如何在迟速之间把握中庸之道。

茶道主性俭。陆羽在茶经上说："茶之性俭。"又说："茶，行优而有俭德者饮之甚宜。"易经卦文："君子以俭德辟难，不可荣以禄。"我国茶道中人率先戒绝奢侈，扬弃华服美饰，自力更生，勤俭建国。则俭能养廉，俭能建国，其理自明矣。

茶道贵养气。当文明行将被人欲淹没之时，吾辈心智更应受茶之涤清，而振奋正刚正大的浩然气，以中华民族礼义廉耻的传统，来作中流砥柱，则中兴有望，复国可期。

茶道善品味。茶之味至甘，其性至和，善饮之余，当能啜苦咽甘，转移风气，振奋人心，励志报国。

五、峨眉派

峨眉派茶道精神是公元 845 年间，由昌福禅师提出的，其精神没在世间传播，只在佛门中使用，所以得法者少，其人水合一、人茶合一、人壶合一、天人合一四大茶品、茶人、茶道、茶事理念想必无人能匹，揽天地山水，人文具象于一体。

昌福禅师说："得上苑之风，落上东之水，取下仪之器，集下沉之礼。"这是茶道的最高法境。容"和、敬、清、寂"于一小章，"合天地而惟一，成佛者之灵光"。

从这一观点上看，争论日本茶道精神和中国茶道精神都是一纸空山语，佛语中我们不难看出昌福禅师对茶道理解是何等的大气而又现实，只有得天地人和，才有格律谈茶道。这个本位的法理都没有，谈和、敬、清、寂本就是一种小器。再则，用昌福的观点还可以得出以上其他四家的茶道精神都没有完全的根基，和日本茶道一样，都有强词夺理的味道。要求别人怎么处事为人，不是茶道讲的，教人怎样用茶也不是茶道讲的，评述自己静心也不是茶道所要表达得全面的。佛说：放下屠刀，立地成佛。这八个字让多少人学到老死都没有学通，那么茶道应为什么理念呢？昌福禅师说："学苍生而爱苍天，习凡尘而助众物。"这里说到"学苍生"和"习凡尘"其意重在包罗万象，"大庸者不能，大学者则为之"，所以，按昌福的意思理解为：茶道，不是谁都能学，也不是谁都能做到的，好比"居庙堂之高则忧其民，处江湖之远则忧其君"一样，不是用来作摆设好奇，不是喊出来标榜自己用的。

任务三　了解日本茶道的形成与发展

问题一　日本茶道的形成和发展历史是怎样的？

茶道，是一种具有悠久历史的古典雅致的文化修养，也是日本人接待宾客的一种特殊礼仪。日本人饮茶的风俗最早是由中国传入的，后来广泛流行于民间。如今日本的茶道人口约达1000万人，将近全国总人口的1/10。

公元8世纪，也就是奈良时代绿茶传入了日本。根据日本《茶经详说》，729年，圣武天皇在宫中召集僧侣百人念《般若经》，第二天赠茶犒劳众僧。在《茶道入门》中记载道，749年，孝谦天皇在奈良东大寺召集五千僧侣在佛前诵经，事毕以茶犒赏，当时的茶是由遣隋使、遣唐使带回来的，非常珍贵。因此，能得到天皇以茶犒赏的仪式也就非同一般了。当时的茶主要作药用。平安时代，日本高僧永忠、最澄、空海先后将中国茶种带回日本播种，并传授中国的茶礼和茶俗。

到了镰仓时代，日本兴起品茶风，带头人是曾经留学中国的禅师荣西。1191年，他亲自种茶，还把茶种送给京都高僧明惠上人，明惠把茶种种在栂尾山上，后来这成为日本闻名遐迩的"栂尾茶"。荣西研究中国唐代陆羽的《茶经》，写出了日本第一部饮茶专著《吃茶养生记》。他认为"饮茶可以清心，脱俗，明目，长寿，使人高尚。"他把此书献给镰仓幕府，上层阶级开始爱好饮茶。随后，日本举国上下都盛行饮茶之风，日本茶道中的"抹茶"也是从镰仓时代开始的。

14世纪室町时代以后，茶树的栽种已普及起来。把饮茶仪式引入日本的是大应国师，后有一休和尚。品茗大师村田珠继承和发展了他们的饮茶礼仪，创造了更为典雅的品茗形式，他被称为日本茶道的创始人。后来茶道又不断得以完善，并作为一种品茗艺术流传于世。

现在日本流行的茶道，是在16世纪后期由茶道大师千利休创立的。他继承了前辈创制的苦涩茶，在环境幽雅的地方建筑茶室，讲究茶具的"名器之美"。千利休集茶道之大成，主张茶室的简洁化，庭园的创意化，茶碗小巧，木竹互用，形成独具风格的"千家流"茶法。

1591年，千利休被武将丰臣秀吉逼迫自杀，他的技艺由其孙子继承下来。到江户时代，建立了"家元制度"，使茶道"传宗接代，不出祖流"。这期间产生了不同的派别，其中以里千家最有名，弟子最多，另外还有表千家、宗宋、石川、织部等流派。虽然各派都有自己的规矩和做法，但各派之间互相学习，和谐共处。现在日本人不仅用隆重的茶道迎接外宾，有的茶道流还出国访问，表演茶道艺术。

问题二　日本的茶道精神内涵有哪些?

日本的茶道源于中国，却具有日本民族味。它有自己的形成、发展过程和特有的内蕴。

日本的茶在安土、桃山、江户盛极一时之后，于明治维新初期一度衰落，但不久又进入稳定的发展期。20世纪80年代以来，中日间的茶文化交流频繁。此外，更主要的是日本茶文化向中国的回传。日本茶道的许多流派均到中国进行交流，日本茶道里千家家元千宗室多次带领日本茶道代表团到中国访问。千宗室以论文《〈茶经〉与日本茶道的历史意义》获南开大学哲学博士。日本茶道丹月流家元丹下明月多次到中国访问并表演。日本当代著名的茶文化学者布目潮沨、沧泽行洋不仅对中华茶文化有着精深的研究，并且到中国进行实地考察。2001年4月，日本中国茶协会会长王亚雷，秘书长藤井真纪子等一行到安徽农业大学中华茶文化研究所进行茶文化交流。

与此同时，国际茶业科学文化研究会会长陈彬藩、浙江大学教授童启庆、台湾中华茶文化学会会长范增平、天仁集团总裁李瑞河、浙江湖州的蔻丹、安徽农业大学中华茶文化研究所顾问王镇恒、安徽农业大学副校长宛晓春等纷纷前往日本访问交流。北京大学的滕军博士在日本专习茶道并获博士学位，出版了《日本茶道文化概论》一书。

 茶博士

日本茶道的"四规与七则"

日本茶道讲究遵循"四规""七则"。四规指"和、敬、清、寂"，乃茶道之精髓。"和、敬"是指主人与客人之间应具备的精神、态度和辞仪。"清、寂"则是要求茶室和饮茶庭园应保持清静典雅的环境和气氛。七则指的是：提前备好茶，提前放好炭，茶室应冬暖夏凉，室内插花保持自然美，遵守时间，备好雨具，时刻把客人放在心上。

问题三　日本茶道的器具有哪些？

煮水：煮水器皿。

炉：位于地板里的火炉，利用炭火煮釜中的水。

风炉：放置在地板上的火炉，功能与炉相同；用于五月至十月之间气温较高的季节。

柄杓：竹制的水杓，用来取出釜中的热水；用于炉与用于风炉的柄杓在型制上略有不同。

盖置：用来放置釜盖或柄杓的器具，有金属、陶瓷、竹等各种材质；用于炉与用于风炉的盖置在型制上略有不同。

水指：备用水的储水器皿，有盖。

建水：废水的储水器皿。

枣：薄茶用的茶罐。

茶入：浓茶用的茶罐。

仕覆：用来包覆茶的布袋。

茶杓：从茶罐（枣或茶入）取茶的用具。

茶碗：饮茶所用的器皿。

乐茶碗：以乐烧（手捏成型低温烧制）制成的茶碗。

茶筅：圆筒竹刷，乃是将竹切成细刷状所制成。

问题四　日本茶室是怎样的?

为了茶道所建的建筑。大小以四叠（榻榻米）半为标准，大于四叠半称作"广间"，小于四叠半者称作"小间"。

水屋：位于茶室旁的空间，用来准备及清洗茶道具。

问题五　日本茶道的宗师有哪些?

首先创立茶道概念的是 15 世纪奈良称名寺的和尚村田珠光（1423—1502）。1442 年，19 岁的村田珠光来到京都修禅。当时奈良地区盛行由一般百姓主办参加的"汗淋茶会"（一种以夏天洗澡为主题的茶会），这种茶会首创的采用了具有古朴的乡村建筑风格的茶室——草庵。这种古朴的风格对后来的茶道产生了深远的影响，成为日本茶道的一大特色。村田珠光在参禅中将禅法的领悟融入饮茶之中，他在小小的茶室中品茶，从佛偈中领悟出"佛法存于茶汤"的道理，那首佛偈就是大家都熟悉的"菩提本无树，明镜亦非台。本来无一物，何处染尘埃"。村田珠光以此开创了独特的尊崇自然、尊崇朴素的草庵茶风。由于将军义政的推崇，"草庵茶"迅速在京都附近普及开来。村田珠光主张茶人要摆脱欲望的纠缠，通过修行来领悟茶道的内在精神，开辟了茶禅一味的道路。据日本茶道圣典《南方录》记载，标准规格的四张半榻榻米茶室就是村田珠光确定的，而且专门用于茶道活动的壁龛和地炉也是他引进茶室的。此外，村田珠光还对点茶的台子、茶勺、花瓶等也做了改革。自此，艺术与宗教哲学被引入喝茶这一日常活动的内容之中并得到不断发展。

继村田珠光之后的一位杰出的大茶人就是武野绍鸥（1502—1555 年）。他对村田珠光的茶道进行了很大的补充和完善，还把和歌理论输入了茶道，将日本文化中独特的素淡、典雅的风格再现于茶道，使日本茶道进一步的民族化了。

在日本历史上真正把茶道和喝茶提高到艺术水平上的则是日本战国时代的千利休（1522—1592 年），他早年名为千宗易，后来在丰臣秀吉的聚乐第举办茶会之后获得秀吉的赐名才改为千利休。他和薮内流派的始祖薮内俭仲均为武野绍鸥的弟子。千利休将标准茶室的四张半榻榻米缩小为三张甚至两张，并将室内的装饰简化到最小的限度，使茶道的精神世界最大限度地摆脱了物质因素的束缚，使得茶道更易于为一般大众所接受，从此结束了日本中世茶道界百家争鸣的局面。同时，千利休还将茶道从禅茶一体的宗教文化还原为淡泊寻常的本来面目。他不拘于世间公认的名茶具，将生活用品随手拈来作为茶道用具，强调体味和"本心"；并主张大大简化茶道的规定动作，抛开外界的形式操纵，以专心体会茶道的趣味。茶道的"四规七则"就是由他确定下来并沿用至今的。所谓"四规"即：和、敬、清、寂。"和"就是和睦，表现为主客之间的和睦；"敬"就是尊敬，表现为上下关系分明，有礼仪；"清"就是纯洁、清静，表现在茶室茶具的清洁、人心的清净；"寂"就是凝神、摒弃欲望，表现为茶室中的气氛恬静、茶人们表情庄重，凝神静气。所谓"七则"就是：茶要浓、淡适宜；添炭煮茶要注意火候；茶水的温度要与季节相适应；插花要新鲜；时间要早些，如客人通常提前 15～30 分钟到达；不下雨也要准备雨具；要照顾好所有的顾客，包括客人的客人。从这些规则中可以看出，日本的茶道中蕴含着很多来自艺术、哲学和道德伦理的因素。茶道将精神修养融于生活情趣之中，通过茶会的形式，宾主配合，在幽雅恬静的环境中，以用餐、点茶、鉴赏茶具、谈心等形式陶冶情操，培养朴实无华、自然大方、洁身自好的完美意识和品格；同时，它也使人们在审慎的茶道礼法中养成循规蹈矩和认真的、无条件的履行社会职责，服从社会公德的习惯。因此，日本人一直把茶道视为修身养性、提高文化素养的一种重要手段。这也就不难理解，为什么茶道在日本会有着如此广泛的社会影响和社会基础，且至今仍盛行不衰了。

 茶博士

日本茶道的流派

安乐庵流　怡溪派　上田宗个流　有乐流　里千家流　江户千家流　远州流　大口派　表千家流　织部流　萱野流　古石州流　小堀流　堺流　三斋流　清水派　新石州流　石州流　宗旦流　宗偏流　宗和流　镇信流　奈良流　南坊流　野村派　速水流　普斋流　久田流　藤林流　不白流　不昧流　古市流　细川三斋流　堀内流　松尾流　三谷流　武者小路千家流　利休流　薮内流

任务四　了解韩国茶道的形成与发展

起源于中国的茶文化在向世界各地传播时较早地传入朝鲜半岛。中韩茶文化交流

的历史悠久、源远流长，一千多年来绵延不断。汉魏两晋南北朝以及隋，中国饮茶风俗从巴蜀地区向中原广大地区传播，茶文化由萌芽进而逐渐发展。当时朝鲜半岛可能会接触中国的饮茶，但无可靠的文字记载因而忽略。下面从新罗统一、高句丽、朝鲜、现当代四个时期来叙述韩国茶道的形成和发展。

问题一 新罗时期的茶道情况是怎样的？

这个时期在中国，饮茶风俗普及，中国茶道——煎茶道形成并流行，茶文学兴盛，茶具独立发展，茶书画初起，茶馆萌芽，形成了中华茶文化第一个高峰。

（一）新罗饮茶之始

在6世纪和7世纪，新罗为求佛法前往中国的僧人中，载入《高僧传》的就有近30人，他们中的大部分是在中国经过10年左右的专心修学，尔后回国传教的。他们在唐土时，当然会接触到饮茶，并在回国时将茶和茶籽带回新罗。高句丽时代金富轼《三周史记·新罗本纪》载："茶自善德王有之。"新罗第二十七代善德女王公元632—647年在位。高句丽时代普觉国师一然《三国遗事》中收录的金良鉴所撰《驾洛国记》记载："每岁时酿醪醴，设以饼、饭、茶、果、庶羞等奠，年年不坠"。这是驾洛国金首露王的第十五代后裔新罗第三十代文武王即位那年（公元661），首露王庙合祀于新罗宗庙，祭祖时所遵行的礼仪，其中茶作祭祀之用。由此可知，新罗饮茶不会晚于7世纪中叶。

（二）新罗饮茶的发展

在宫廷，新罗大多数国王及王子与茶相依，茶为祭祀品中至要之物。三十五代景德王（公元741—765年在位）每年三月初三集百官于大殿归正门外，置茶会，并用茶赐臣民；在宗教界，与陆羽同时代的僧忠谈精于茶事，每年三月初三及九月初九在庆川的南山三花岭于野外备茶具向弥勒世尊供茶，忠谈曾煎茶献于景德王；仙界人物花郎饮茶以为练气之用，花郎有四仙人在镜浦台室外以石灶煮茶。曾在大唐为官的新罗学者崔致远有书函称其携中国茶及中药回归故里，每获新茶必为文言其喜悦之情，以茶供禅客或遗羽客，或自饮以止渴，或以之忘忧。崔致远自称为道家，但其思想倾向于儒家，被尊为"海东孔子"。

（三）新罗茶风的兴盛

《三国史记·新罗本纪·兴德王三年》载："冬十二月，遣使入唐朝贡，文宗召对于麟德殿，宴赐有差。入唐回使大廉持茶种子来，王使命植于地理山。茶自善德王有之，至于此盛焉。前于新罗第二十七代善德女王时，已有茶。唯此时方得盛行。"新罗第四十二代兴德王三年（公元828年）新罗使者金大廉，于唐土得茶籽，植于地理山。韩国饮茶始兴于9世纪初的兴德王时期，并且开始种茶，这时的饮茶风气主要在上层社会和僧侣及文士之间传播，民间也开始流行。

（四）新罗的饮茶法

新罗当时的饮茶方法是采用唐代流行的饼茶煎饮法，茶经碾、罗成末，在茶釜中煎煮，用勺盛到茶碗中饮用。崔致远在唐时，曾作《谢新茶状》（见《全唐文》）其中有："所宜烹绿乳于金鼎，泛香膏于玉瓯"，描写的便是煎茶法。崔致远为创建双溪寺的新罗国真鉴国师（公元755—850年）撰写的碑文中记："复以汉茗为供，以薪爨石釜，为屑煮之曰：'吾未识是味如何？惟濡腹尔！'守真忤俗，皆此之类也。"真鉴国师曾于公元804—830年在唐留学，"为屑煮之"乃将茶碾罗成末煎之，且用石釜煎茶。崔致远于唐僖宗时在唐，正是唐代煎茶法盛行之时，故回国后带回大唐的煎茶法。

新罗统一初期，开始引入中国的饮茶风俗，接受中国茶文化，是新罗茶文化萌芽时期，但那时饮茶仅限于王室成员、贵族和僧侣，且用茶祭祀、礼佛。新罗统一后期，是新罗全面输入中国茶文化时期，同时也是茶文化发展时期。饮茶由上层社会、僧侣、文士向民间传播、发展，并开始种茶、制茶。在饮茶方法上仿效唐代的煎茶法。

总之，新罗统一时期，新罗接受、输入中国的茶文化，开始了本国茶文化的发展。这个时期在中国，点茶茶道形成并流行，茶文学和茶具文化日益繁荣，茶馆兴起，茶书画始兴，形成了中华茶文化第二个高峰。

问题二　高句丽王朝时期的茶道情况是怎样的？

高句丽王朝时期，受中国茶文化发展的影响，是朝鲜半岛茶文化和陶瓷文化的兴盛时代。高句丽的茶道——茶礼在这个时期形成，茶礼普及于王室、官员、僧侣、百姓中。

（一）王室及朝廷茶文化

每年两大节：燃灯会和八关会必行茶礼。燃灯会为二月二十五日，供释迦，八关会是敬神而设，对五岳神、名山大川神、龙王等在秋季之十一月十五日设祭。由国王出面敬献茶于释迦佛，向诸天神敬祷。

太子寿日宴、王子王妃册封日、公主吉期均行茶礼，君王、臣民宴会有茶礼。朝廷的其他各种仪式中亦行茶礼。

（二）佛教茶文化

高句丽以佛教为国教，佛教气氛隆盛，禅宗中兴，禅风大化。中国禅宗茶礼传入高句丽成为高句丽佛教茶礼的主流。中国唐代怀海禅师制订的《百丈清规》，宋代的《禅苑清规》、元代的《敕修百丈清规》和《禅林备用清规》等传到高句丽，高句丽的僧人遂效仿中国禅门清规中的茶礼，建立韩国的佛教茶礼。如流传至今的"八正禅茶礼"，它以茶礼为中心，以茶艺为辅助形式。表演者席地而坐，讲究方位与朝向。

高句丽王朝时期与新罗时期的明显区别不仅在于以茶供佛，而且僧侣们要将茶礼用于自己的修行。真觉国师便欲参悟赵州"吃茶去"之旨，其《茶偈》曰："呼儿音落松罗雾，煮茗香传石径风。才入白云山下路，已参庵内老师翁。"

著名诗人、学者、韩国茶道精神集大成者李奎报（1168—1241年）也把参禅与饮茶联系在一起，其诗有："草庵他日扣禅居，数卷玄书讨深旨。虽老犹堪手汲泉，一瓯即是参禅始……"表现了禅茶一味的精神。

（三）儒道两家的茶文化

高句丽末期，由于儒者赵浚、郑梦周和李崇仁等人的不懈努力，接受了朱文公家礼。在男子冠礼、男女婚礼、丧葬礼、祭祀礼中，均行茶礼。著名茶人、大学者郑梦周《石鼎煎茶》诗云："报国无效老书生，吃茶成癖无世情；幽斋独卧风雪夜，爱听石鼎松风声。"

流传至今的高句丽五行献茶礼，核心是祭祀"茶圣炎帝神农氏"，规模宏大，参与人数众多，内涵丰富，是韩国茶礼的主要代表。

道家茶礼，焚香、叩拜，然后献茶，其源出于宋。

问题三 朝鲜李朝时期的茶道情况是怎样的？

朝鲜李朝时期，前期的15、16世纪，受明朝茶文化的影响，饮茶之风颇为盛行，散茶壶泡法和撮泡法流行朝鲜。始于新罗统一、兴于高句丽时期的韩国茶礼，随着茶礼器具及技艺化的发展，茶礼的形式被固定下来，更趋完备。朝鲜中期以后，酒风盛行，又适清军入侵，致使茶文化一度衰落。至朝鲜李朝晚期，幸有丁若镛、崔怡、金正喜、草衣大师等的热心维持，茶文化渐见恢复。

丁若镛（公元1762—1836年），号茶山，著名学者，对茶推崇备至。著有《东茶记》，乃韩国第一部茶书，惜已散逸。金正喜（公元1786—1856年）是与丁若镛同时而齐名的哲学家，亲得清朝考证学泰斗——翁方纲、阮元的指导。他的金石学和书法也达到了极高的水平，对禅宗和佛教有着渊博的知识，有咏茶诗多篇传世，如《留草衣禅师》诗："眼前白吃赵州菜，手里牢拈焚志华。喝后耳门软个渐，春风何处不山家"草衣禅师（1786—1866年），曾在丁若镛门下学习，通过40年的茶生活，领悟了禅的玄妙和茶道的精神，著有《东茶颂》和《茶神传》，成为朝鲜茶道精神伟大的总结者，被尊为茶圣，丁若镛的《东茶记》和草衣禅师的《东茶颂》是朝鲜茶道复兴的成果。

在《世宗实录》（公元1454年）里记载庆尚道有6个地方、全罗道有28个地方产茶，在《东国舆地胜览》（公元1530年）记载庆尚道有10个地方、全罗道有35个地方产茶，庆尚道有3个地方、全罗道有18个地方产贡茶。高宗二年（公元1885年）中国茶二次大规模渡海传入。朝鲜时期产茶遍及朝鲜半岛的南部。

朝鲜李朝时期，中国的泡茶道传入，并被茶礼所采用。但煎茶法和点茶法同时并存。朝鲜茶文化通过吸收、消化中国茶文化之后，进入稳定的发展时期，在民间的饮茶风尚走向衰弱后，反而茶精神发展到了高峰时期。朝鲜的茶文化由盛而衰，由衰而复兴。

问题四　现当代时期的茶道情况是怎样的？

现当代是指20世纪以来，这个时期，韩国茶文化走着一条独立发展的道路。

韩国在日本统治下，全国47所高等女子学校中的大部分学校中都开设了茶道课，但茶文化发展缓慢。1945年光复后，茶文化复苏，饮茶之风再度兴盛，韩国的茶文化进入复兴时期。

这一时期，韩国茶人出版了《韩国茶道》（1973），建立了茶道大学，创立了多种茶文化团体，后又创办了《茶的世界》杂志。

韩国"茶学泰斗"韩雄斌先生不仅将陆羽《茶经》翻译为韩文，还积极收集茶文化资料、撰述中国茶文化史，奠定韩国茶文化向中国寻根的观念。

项目小结

品茶人其实品的是一种心境，茶只是载体而已，所以历代茶道的发展离不开修身养性的宗教，佛教和道教的发展促进了茶道的发展，人们也通过泡茶的方法来表达一种心境，表达一种人与自然和谐的篇章，这过程成就了今天的茶道。本项目阐述了茶道的内涵，中国、日本、韩国茶道的形成与发展。

思考与练习题

一、单项选择题

1. 现在日本茶道中的抹茶道采用的就是（ ）。

A. 煮茶   B. 点茶法   C. 散茶泡点法   D. 调饮法

2. 点茶法的程序是（ ）。

A. 炙茶、碾罗、候汤、烘盏、击拂   B. 炙茶、候汤、烘盏、击拂、碾罗

C. 碾罗、候汤、炙茶、烘盏、击拂   D. 炙茶、碾罗、烘盏、候汤、击拂

3. 茶艺的具体内容包含了（ ）。

A. 技艺、道   B. 礼法、道   C. 技艺、礼法   D. 技艺、礼法和道

4. 因写了《七碗茶诗》而闻名的是（ ）。

A. 陆羽   B. 常伯熊   C. 皎然   D. 卢仝

5. 中国的泡茶道是在（ ）传入韩国的。

A. 新罗时期   B. 高句丽王朝时期   C. 朝鲜李朝时期   D. 现当代时期

二、简答题

1. 中国茶道和日本茶道有什么联系？

2. 茶道在中国的发展受到哪些宗教的影响？

3. 茶道在日本的发展有哪些阶段？各时期的代表分别提出怎样的茶道精神？

附录　中国各茶原产地茶品目录

安徽省

红茶有祁门的祁红；绿茶有休宁、歙县的屯绿，黄山的黄山毛峰、黄山银钩，六安的六安瓜片、齐山名片，太平的太平猴魁，休宁的休宁松萝，泾县的涌溪火青、泾县特尖，青阳的黄石溪毛峰，歙县的老竹大方、绿牡丹，宣城的敬亭绿雪、天湖凤片、高峰云雾茶，金寨的齐山翠眉、齐山毛尖，舒城的兰花茶，桐城的天鹅香茗、桐城小花，九华山的闵园毛峰，绩溪的金山时雨，休宁的白岳黄芽、茗洲茶，潜山的天柱剑毫，岳西的翠兰，宁国的黄花云尖，霍山的翠芽，庐江的白云春毫等；黄茶有皖西黄大茶等。

浙江省

绿茶有杭州的西湖龙井、莲芯、雀舌、莫干黄芽，天台的华顶云雾，嵊州市的前岗辉白、平水珠茶，兰溪的毛峰，建德的苞茶，长兴的顾渚紫笋，景宁的金奖惠明茶，乐清的雁荡毛峰，天目山的天目青顶，普陀的佛茶，淳安的大方、千岛玉叶、鸠坑毛尖，象山的珠山茶，东阳的东白春芽、太白顶芽，桐庐的天尊贡芽，余姚的瀑布茶、仙茗，绍兴的日铸雪芽，安吉的白片，金华的双龙银针、婺州举岩、翠峰，开化的龙顶，嘉兴的家园香茗，临海的云峰、蟠毫，余杭的径山茶，遂昌的银猴，盘安的云峰，江山的绿牡丹，松阳的银猴，仙居的碧绿，泰顺的香菇寮白毫，富阳的岩顶，浦江的春毫，宁海的望府银毫，诸暨的西施银芽等；黄茶有温州黄汤；红茶有杭州的九曲红梅。

江西省

绿茶有庐山的庐山云雾，遂川的狗牯脑茶，婺源的茗眉、大鄣山云雾茶、珊厚香茶、灵岩剑峰、梨园茶、天舍奇峰，井冈山的井冈翠绿，上饶的仙台大白、白眉，南城的麻姑茶，修水的双井绿、眉峰云雾、凤凰舌茶，临川的竹叶青，宁都的小布岩茶、翠微金精、太沽白毫，安远的和雾茶、九龙茶，兴国的均福云雾茶，南昌的梁渡银针、白虎银毫、前岭银毫，吉安的龙舞茶，上犹的梅岭毛尖，永新的崖雾茶，铅山的苦甘香茗，遂川的羽绒茶、圣绿，定南的天花茶，丰城的罗峰茶、周打铁茶，高安的瑞州黄檗茶，永修的攒林茶，金溪的云林茶，宜丰的黄檗茶，泰和的蜀口茶，南康的窝坑茶，石城的通天岩茶，吉水的黄狮茶，玉山的三清云雾等；红茶有修水的宁红。

四川省

绿茶有名山的蒙顶茶、蒙山甘露、蒙山春露、万春银叶、玉叶长春，雅安的峨眉毛峰、金尖茶、雨城银芽、雨城云雾、雨城露芽，灌县的青城雪芽，永川的秀芽，邛崃的文君绿茶，峨眉山的峨芯、竹叶青，雷波的黄郎毛尖，达县的三清碧兰，乐山的沫若香茗，重庆的巴山银芽、缙云毛蜂、大足松茗等；红茶有宜宾的早白尖工夫红茶，南川的大叶红碎茶；紧压茶有重庆沱茶。

江苏省

绿茶有宜兴的阳羡雪芽、荆溪云片，南京的雨花茶，无锡的二泉银毫、无锡毫茶，溧阳的南山寿眉、前峰雪莲，江宁的翠螺、梅花茶，苏州的碧螺春，金坛的雀舌、茅麓翠峰、茅山青峰，连云港的花果山云雾茶，镇江的金山翠芽等。

湖北省

绿茶有思施的玉露，宜昌的邓村绿茶、峡州碧峰、金岗银针，随州的车云山毛尖、棋盘山毛尖、云雾毛尖，当阳的仙人掌茶，大梧的双桥毛尖，红安的天台翠峰，竹溪的毛峰，宜都的熊洞云雾，鹤蜂的容美茶，武昌的龙泉茶、剑毫，咸宁的剑春茶、莲台龙井、白云银毫、翠蕊，保康的九皇云雾，蒲圻的松峰茶，隆中的隆中茶，英山的长冲茶，麻城的龟山岩绿，松滋的碧涧茶，兴山的高岗毛尖，保康的银芽等。

湖南省

绿茶有长沙的高桥银峰、湘波绿、河西园茶、东湖银毫、岳麓毛尖，郴县的五盖山米茶、郴州碧云，江华的毛尖，桂东的玲珑茶，宜章的骑田银毫，永兴的黄竹白毫，古丈的毛尖、狮口银芽，大庸的毛尖、青岩茗翠、龙虾茶，沅陵的碣滩茶、官庄毛尖，岳阳的洞庭春、君山毛尖，石门的牛抵茶，临湘的白石毛尖，安化的安化松针，衡山的南岳云雾茶、岳北大白，韶山的韶峰，桃江的雪峰毛尖，保靖的保靖岚针，慈利的甑山银毫，零陵的凤岭容诸笋茶，华容的终南毛尖，新华的月芽茶等。

福建省

乌龙茶有崇安武夷山的武夷岩茶，包括武夷水仙、大红袍、肉桂等，安溪的铁观音、黄金桂、色种等，崇安、建瓯的龙须茶，永春的佛手，诏安的八仙茶等；绿茶有南安的石亭绿，罗源的七境堂绿茶，龙岩的斜背茶，宁德的天山绿茶，福鼎的莲心茶等。白茶有政和、福鼎的白毫银针、白牡丹，福安的雪芽等；花茶有福州的茉莉花茶，还有茉莉银毫、茉莉春风、茉莉雀舌毫等；红茶有福鼎的白琳工夫，福安的坦洋工夫，崇安的正山小种等。

云南省

红茶有凤庆、勐海的滇红工夫红茶、云南红碎茶；黑茶有西双版纳、思茅的普洱茶；紧压茶有下关的云南沱茶；绿茶有勐海的南糯白毫、云海白毫、竹筒香茶，宜良的宝洪茶，大理的苍山雪绿，墨江的云针，绿春的玛玉茶，牟定的化佛茶，大关的翠华茶等。

广东省

乌龙茶有潮州的凤凰单丛、凤凰乌龙、凤凰水仙，还有岭头单丛、石古坪乌龙、大叶奇兰等；红茶有英德红茶、荔枝红茶、玫瑰红茶等；绿茶有高鹤的古劳茶、信宜的合箩茶等。

海南省

南海、通什、岭头等的海南红茶。

广西壮族自治区

绿茶有桂平的西山茶，横县的南山白毛茶，凌云的凌云白毫，贺州市的开山白毫，昭平的象棋云雾，桂林的毛尖，贵港的覃塘毛尖等；花茶有桂北的桂花茶；红茶有广西红碎茶。

河南省

绿茶有信阳的信阳毛尖，固始的仰天雪绿，桐柏的太白银毫等。

山东省

绿茶有日照的雪青、冰绿等。

贵州省

绿茶有贵定的贵定云雾，都匀的都匀毛尖，湄潭的湄江翠片、遵义毛峰，大方的海马宫茶，贵阳的羊艾毛峰，平坝的云针绿茶等。

陕西省

绿茶有西乡的午子仙毫，南郑的汉水银梭，镇巴的秦巴雾毫，紫阳的紫阳毛尖、紫阳翠峰，平利的八仙云雾等。

台湾地区

乌龙茶有南投的冻顶乌龙，台北、花莲的包种茶等。

参考文献

［1］严英怀，林杰. 茶文化与品茶艺术［M］. 成都：四川科学技术出版社，2003（4）.

［2］郑春英. 茶艺概论［M］. 北京：高等教育出版社，2001（7）.

［3］李丹. 茶文化［M］. 呼和浩特：内蒙古人民出版社，2005（3）.

［4］陆羽. 茶经［M］. 哈尔滨：黑龙江美术出版社，2004（11）.

［5］李伟，李学昌. 学茶艺［M］. 郑州：中原农民出版社，2003（2）.

［6］朱永兴，周巨根. 茶学概论［M］. 北京：中国中医药出版社，2013（3）.

［7］丁以寿. 中国茶文化概论［M］. 北京：科学出版社，2018（4）.

［8］林素彬. 茶艺师基本技能［M］. 北京：中国劳动社会保障出版社，2014（1）.

［9］张凌云. 中华茶文化［M］. 北京：中国轻工业出版社，2019（1）.